放輕鬆！多讀會考的！

（一）瓶頸要打開

肚子大瓶頸小，水一樣出不來！考試臨場像大肚小瓶頸的水瓶一樣，一肚子學問，一緊張就像細小瓶頸，水出不來。

（二）緊張是考場答不出的原因之一

考場怎麼解都解不出，一出考場就通了！很多人去考場一緊張什麼都想不出，一出考場**放輕鬆**了，答案馬上迎刃而解。出了考場才發現答案不難。

人緊張的時候是肌肉緊縮、血管緊縮、心臟壓力大增、血液循環不順、腦部供血不順、腦筋不清一片空白，怎麼可能寫出好的答案？

（三）親自動手做，多參加考試累積經驗

111 年度題解出版，還是老話一句，不要光看解答，自己**一定要動手親自做**過每一題，東西才是你的。

考試跟人生的每件事一樣，是經驗的累積。每次考試，都是一次進步的過程，經驗累積到一定的程度，你就會上。所以並不是說你不認真不努力，求神拜佛就會上。**多參加考試**，事後檢討修正再進步，你不上也難。考不上也沒損失，至少你進步了！

（四）多讀會考的，考上機會才大

多讀多做考古題，你就會知道考試重點在哪裡。**九華考題，題型系列**的書是你不可或缺最好的參考書。

祝　大家輕鬆、愉快、健康、進步

九華文教　陳主任

☙ 感　謝 ❧

※　本考試相關題解，感謝諸位老師編撰與提供解答。

林宏麟　老師

陳俊安　老師

李奇謀　老師

謝　安　老師

周　耘　老師

許　銘　老師

王國書　老師

陳昶旭　老師

※　由於每年考試次數甚多，整理資料的時間有限，題解內容如有疏漏，煩請傳真指證。我們將有專門的服務人員，儘速為您提供優質的諮詢。

※　本題解提供為參考使用，如欲詳知真正的考場答題技巧與專業知識的重點。仍請您接受我們誠摯的邀請，歡迎前來各班親身體驗現場的課程。

目錄
Contents

目錄

Contents

單元 1

公務人員高考三級

111年 公務人員高等考試三級考試試題／工程力學（包括材料力學）

一、有一材質均勻之六邊形板尺寸如下圖所示，板中心有一 26 mm 直徑之開孔。試求此板形心 C 與板邊界之距離 a 及 b。如 x 與 y 為通過板形心 C 之水平軸與垂直軸，試求此板之慣性矩 I_x，I_y 及慣性矩乘積 I_{xy}。（25 分）

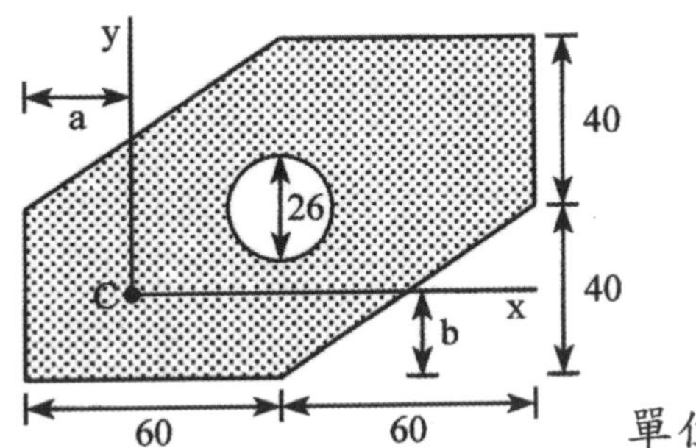

單位：mm

提示：

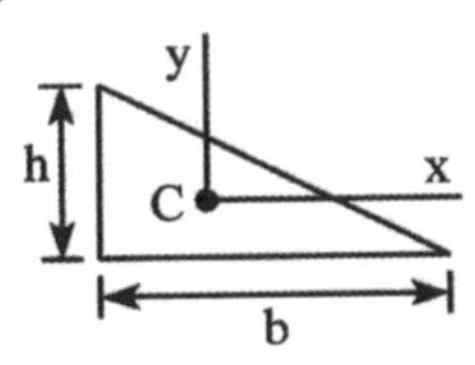

$I_x = \frac{bh^3}{36}$

$I_{xy} = -\frac{b^2h^2}{72}$

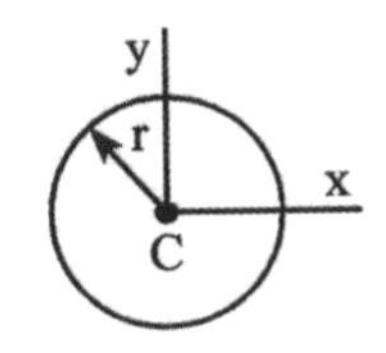

$I_x = I_y = \frac{\pi r^4}{4}$

參考題解

（一）計算 a、b

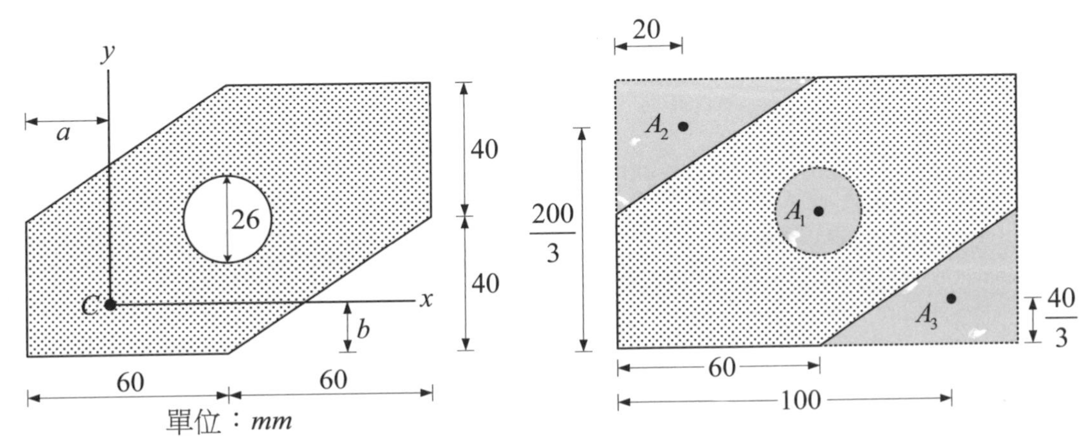

編號	A_i	x_i	y_i	x_iA_i	y_iA_i
大矩形	$A_{矩}=80\times120=9600$	$x_{矩}=60$	$y_{矩}=40$	576000	384000
①	$A_1=-\dfrac{\pi}{4}\times26^2=-530.93$	$x_1=60$	$y_1=40$	−31855.8	−21237.2
②	$A_2=-\dfrac{1}{2}\times40\times60=-1200$	$x_2=20$	$y_2=\dfrac{200}{3}$	−24000	−80000
③	$A_3=-\dfrac{1}{2}\times40\times60=-1200$	$x_3=100$	$y_3=\dfrac{40}{3}$	−120000	−16000
Σ	6669.07			400144.2	266762.8

$$a=x_c=\frac{\sum x_iA_i}{\sum A_i}=\frac{400144.2}{6669.07}=60mm \qquad b=y_c=\frac{\sum y_iA_i}{\sum A_i}=\frac{266762.8}{6669.07}=40mm$$

（二）計算 I_x、I_y、I_{xy}

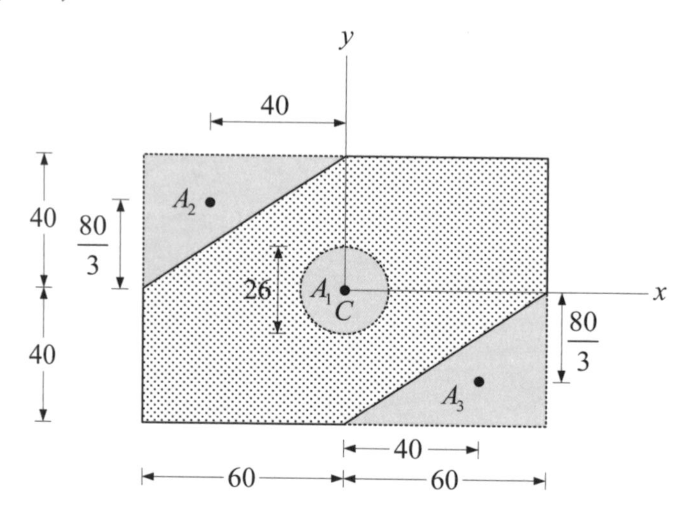

1. 計算 I_x

$$I_{x,大矩}=\frac{1}{12}\times120\times80^3=5120000\ mm^4$$

$$I_{x,A1}=\frac{\pi}{64}\times26^4=22432\ mm^4$$

$$I_{x,A2}=I_c+Ad_2=\frac{1}{36}\times60\times40^3+(1200)\times\left(\frac{80}{3}\right)^2=960000\ mm^4$$

$$I_{x,A3}=I_c+Ad_2=\frac{1}{36}\times60\times40^3+(1200)\times\left(\frac{80}{3}\right)^2=960000\ mm^4$$

$$I_x=I_{x,大矩}-I_{x,A1}-I_{x,A2}-I_{x,A3}=3177568\ mm^4$$

2. 計算I_y

$$I_{y,大矩}=\frac{1}{12}\times 80\times 120^3=11520000\ mm^4$$

$$I_{y,A1}=\frac{\pi}{64}\times 26^4=22432\ mm^4$$

$$I_{y,A2}=I_c+Ad^2=\frac{1}{36}\times 40\times 60^3+(1200)\times(40)^2=2160000\ mm^4$$

$$I_{y,A3}=I_c+Ad^2=\frac{1}{36}\times 40\times 60^3+(1200)\times(40)^2=2160000\ mm^4$$

$$I_y=I_{y,大矩}-I_{y,A1}-I_{y,A2}-I_{y,A3}=7177568\ mm^4$$

3. 計算I_{xy}

$$I_{xy,大矩}=0 \qquad I_{xy,A1}=0$$

$$I_{xy,A2}=I_{x_c y_c}+A\cdot d_x\cdot d_y=\frac{1}{72}\times 60^2\times 40^2+(1200)\times(-40)\left(\frac{80}{3}\right)=-1200000\ mm^4$$

$$I_{xy,A3}=I_{x_c y_c}+A\cdot d_x\cdot d_y=\frac{1}{72}\times 60^2\times 40^2+(1200)\times(40)\left(-\frac{80}{3}\right)=-1200000\ mm^4$$

$$I_{xy}=I_{xy,大矩}-I_{xy,A1}-I_{xy,A2}-I_{xy,A3}=2400000\ mm^4$$

二、一 AB 水平桿件受一垂直均佈載重 q、三個垂直集中載重及一個集中彎矩載重，A 點為鉸支承（hinge），B 點為自由端。若已知該桿件處於靜止狀態，試計算均佈載重 q 之值、A 點之水平與垂直反力（包含作用方向），並試繪此桿件之剪力圖及彎矩圖。（25 分）

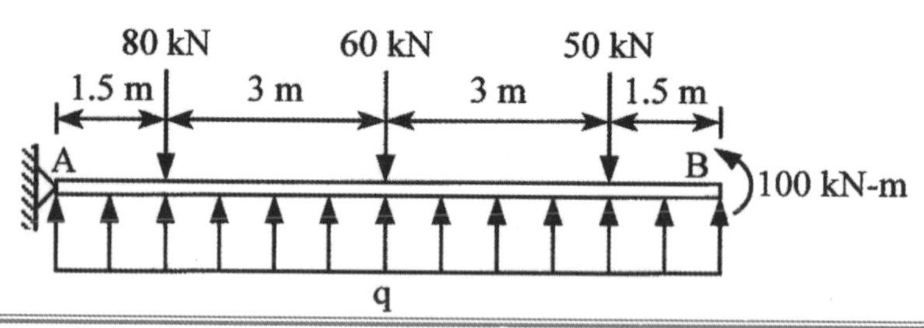

參考題解

（一）計算 q 與支承反力

$\sum M_A = 0$，$80\times.5+60\times4.5+50\times7.5=(q\times9)4.5+100 \quad \therefore q=16.42\ kN/m$

$\sum F_y = 0$，$A_y + q^{16.42}\times9=80+60+50 \quad \therefore A_y=42.22\ kN$

$\sum F_x = 0$，$A_x = 0$

（二）繪製剪力彎矩圖

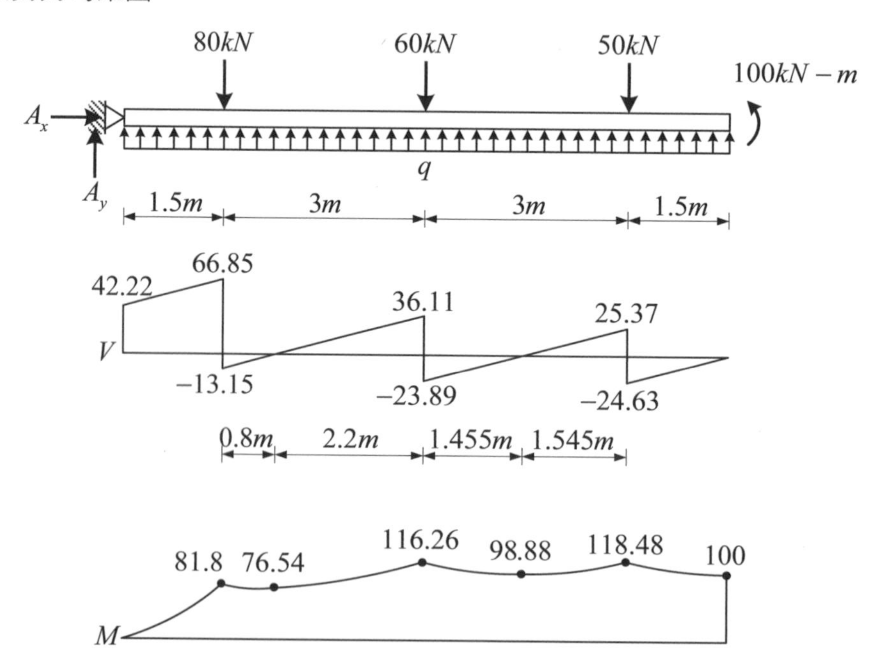

三、有一矩形斷面之懸臂梁，梁長度 L=4m，寬度 b = 40cm，高度 h = 60cm。此梁於自由端受一集中載重 P，P 平行於 x 軸且作用於梁斷面之角落。此梁任一斷面受到之彎矩 M_y 及 M_z 違何？如此梁所能承受之最大張應力值或最大壓應力值皆不能超過 40 Mpa，試計算 P 之最大值為何？（25 分）

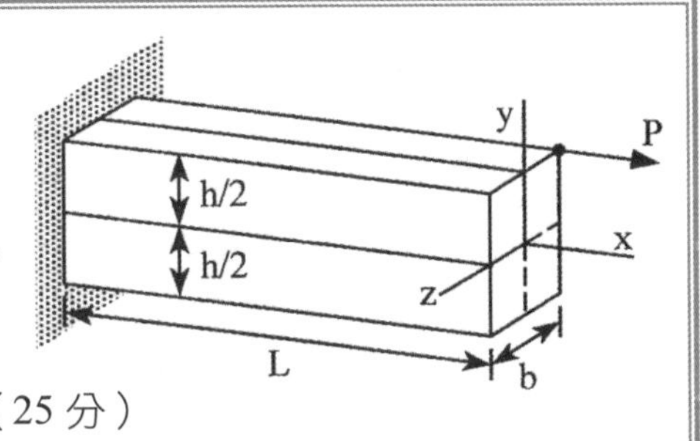

參考題解

計算單位：N 、mm 、MPa

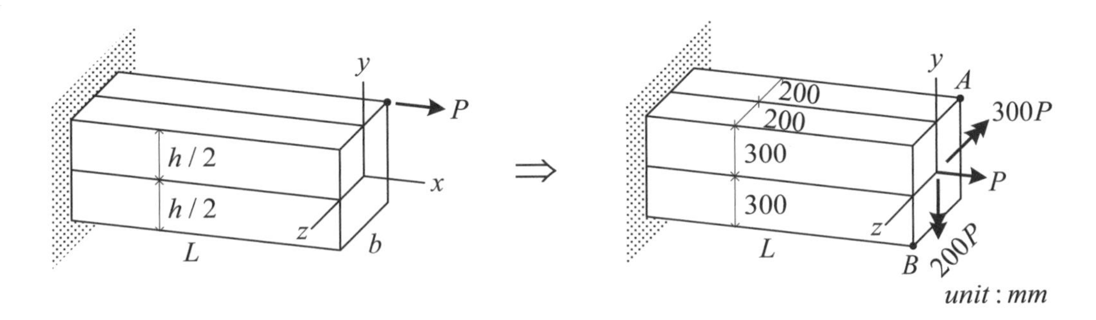

$$I_y = \frac{1}{12}\times 600\times 400^3 = 32\times 10^8\ mm^4\ ;\ I_z = \frac{1}{12}\times 400\times 600^3 = 72\times 10^8\ mm^4$$

（一）任一段面受到之彎矩 M_y 、 M_z

$$M_y = -P\times 200 = -200P\ (N-mm)$$

$$M_z = -P\times 300 = -300P\ (N-mm)$$

（二）P 力之最大值

1. 此斷面受到「雙軸彎矩」與「軸拉應力」聯合作用
   最大拉應力會發生在 A 點；斷面最大壓應力會發生在 B 點
2. 由於梁能承受的最大拉、壓應力皆不可超過 40 Mpa
   梁又承受軸拉力 P，故最大 P 力必為拉應力強度所控制（發生位置會在 A 點）
3. 帶入雙軸應力公式，計算 A 點應力 σ_A

$$\sigma_x = \frac{P_x}{A} + \frac{M_y z}{I_y} - \frac{M_z y}{I_z} \Rightarrow \sigma_A = \frac{P}{400\times 600} + \frac{-200P(-200)}{32\times 10^8} - \frac{-300P(300)}{72\times 10^8}$$

$$\Rightarrow \sigma_A = 4.167\times 10^{-6}P + 1.25\times 10^{-5}P + 1.25\times 10^{-5}P = 2.9167\times 10^{-5}P$$

4. $\sigma_A \le 40MPa \Rightarrow 2.9167\times 10^{-5}P \le 40\ \therefore P \le 1371413N \approx 1371.41\ kN$

四、有一 ABC 連續梁，B 點為鉸支承，A 點及 C 點為滑動支撐（sliding support），設梁之彎矩勁度為 EI。試求 B 點之反力及作用方向、B 點之彎矩（註明正值或負值），A 點及 C 點之彎矩（註明正值及負值），A 點及 C 點之位移及位移方向。（25 分）

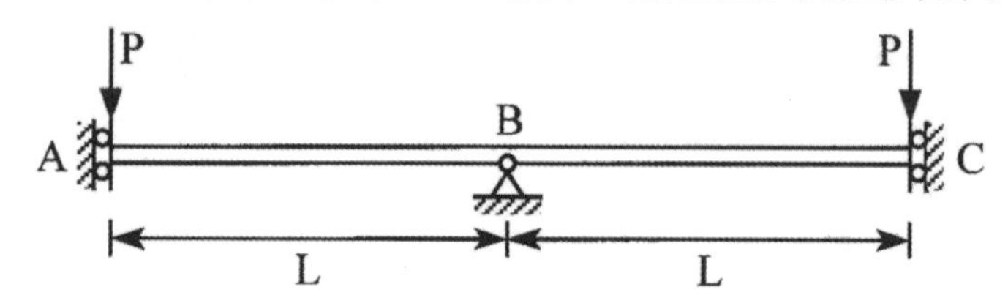

提示：考慮對稱性及重疊法

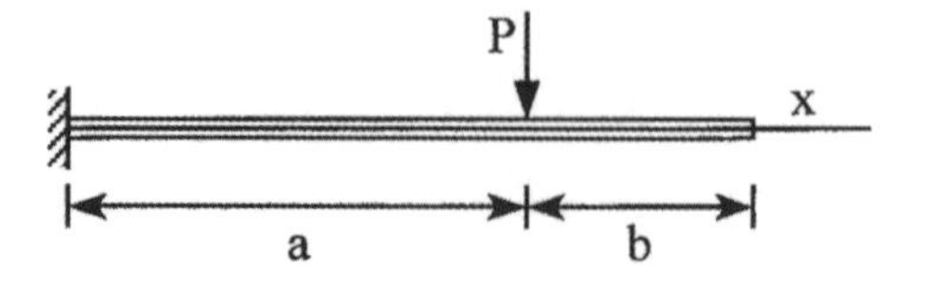

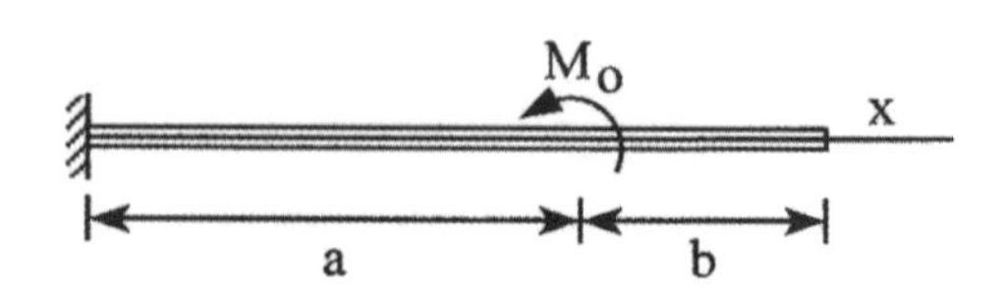

$v(x)=-\dfrac{Px^2}{6EI}(3a-x),\quad (0\le x\le a)$　　$v(x)=\dfrac{M_0x^2}{2EI},\quad (0\le x\le a)$

參考題解

（一）B 點反力及作用方向

$\sum F_y=0$，$R_B=2P\ (\uparrow)$

$\sum F_x=0$，$H_B=0$ (對稱性)

（二）A、C 點彎矩與位移

根據對稱性切一半分析，B 點可修正為固定端

1. 計算 A、C 點彎矩 M

取 C 點彎矩為贅力 M，以基本變位公式搭配 θ_C 的諧和變位條件求解 M

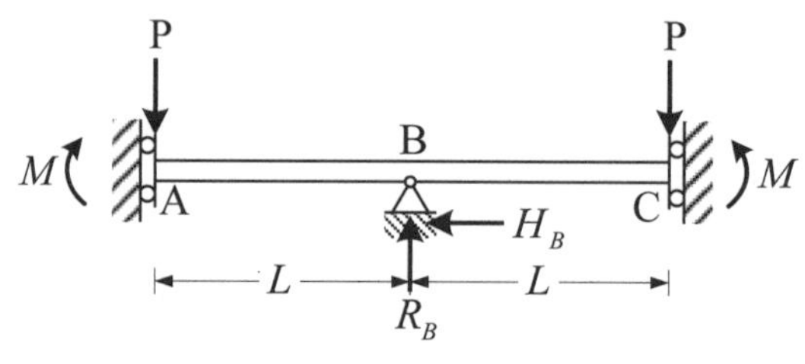

$\cancel{\theta_C}^{0} = \frac{1}{2}\frac{PL^2}{EI} - \frac{1}{1}\frac{ML}{EI}$ $\therefore M = \frac{1}{2}PL$ $(\curvearrowleft) \Rightarrow$ A、C點彎矩皆為$\frac{1}{2}PL$(正彎矩)

2. 計算 A、C 點位移Δ ：$\Delta = \frac{1}{3}\frac{PL^3}{EI} - \frac{1}{2}\frac{ML^2}{EI} = \frac{1}{3}\frac{PL^3}{EI} - \frac{1}{2}\frac{(PL/2)L^2}{EI} = \frac{1}{12}\frac{PL^3}{EI}$ $(\downarrow)$

   根據對稱性$\Delta_A = \Delta_C = \Delta = \frac{1}{12}\frac{PL^3}{EI}$ $(\downarrow)$

3. B 點彎矩：對 BC 桿取力矩平衡，可得 B 點彎矩

   $\sum M_B = 0$，$PL = \cancel{M}^{PL/2} + M_B$ $\therefore M_B = \frac{PL}{2}$ (負彎矩)

111年 公務人員高等考試三級考試試題／土壤力學（包括基礎工程）

一、回答下列有關地盤下陷問題：

（一）現地土層模型如表所列，砂土層 A 下方為厚度 4m 之黏土層 B，地下水位以上簡化為乾土單位重，地下水位位於地表下 2m。當地下水位於短時間內降至地表下 5m 深度後維持不變，計算因地下水位下降引致之黏土層壓密完成後之地盤下陷量。（10 分）

（二）若此黏土層於室內進行試體厚度 2.5 cm 之雙向排水單向度壓密試驗，達到 50% 平均壓密度（U_{avg}%）所需時間為 120 秒，請預測現地達 50%平均壓密度所需天數（$U_{avg}\% = 50\%$，$T_{v,50\%} = 0.197$），並參考圖推估此時於深度 10 m 及 12 m 之孔隙水壓。（15 分）

$$T_v = \frac{c_v t}{(H_{dr})^2}, \quad \begin{cases} T = \dfrac{\pi}{4}\left(\dfrac{U\%}{100}\right)^2 & \text{for } U \le 60\% \\ T = 1.781 - 0.933\log(100 - U\%) & \text{for } U > 60\% \end{cases}$$

表　土層模型

土層	深度(m)	土壤種類	相關參數
A	0.0~8.0	砂土	乾單位重 = 14kN/m^3 飽和單位重 = 17.8kN/m^3
B	8.0~12.0	黏土	飽和單位重 = 18.8kN/m^3，孔隙比 = 0.8 LL = 40，壓縮性指數(C_c) = 0.27，回脹性指數(C) = 0.05，預壓密應力(σ'_p) = 100kPa
C	12.0 以下	岩盤	

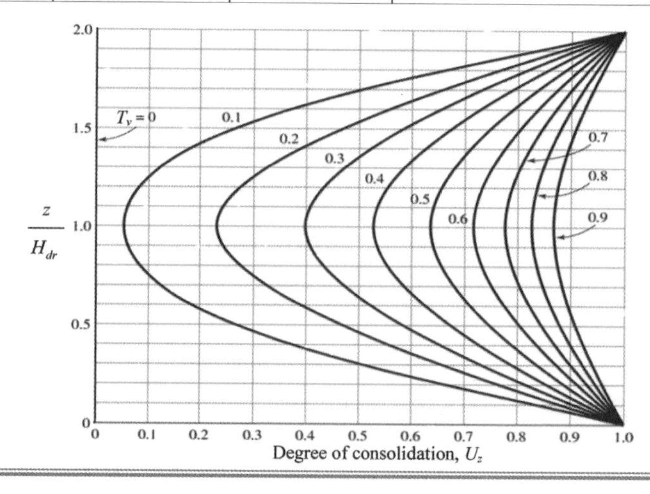

圖 無因次壓密度變化圖

參考題解

（一）黏土層壓密沉陷量（將土層分布條件以下圖形表示）

黏土層中點初始有效應力$\sigma'_0 = 14 \times 2 + 17.8 \times 6 + 18.8 \times 2 - 9.81 \times 8$

$= 93.92\ \text{kPa} < \sigma'_p (= 100\text{kPa})$ O. C.

降水後長期黏土層中點有效應力$\sigma'_1 = 14 \times 5 + 17.8 \times 3 + 18.8 \times 2 - 9.81 \times 5$

$= 111.95\ \text{kPa} > \sigma'_p (= 100\text{kPa})$ N. C.

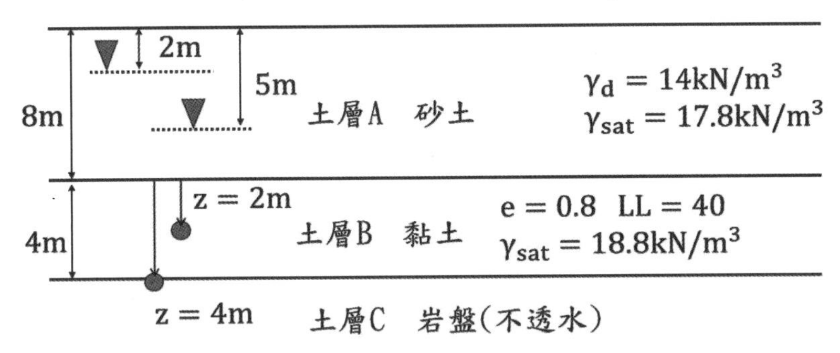

黏土層層中點經歷 OC→NC，則最終壓縮量：

$$\Delta H = \frac{C_r}{1+e_0} H_0 \log\frac{\sigma'_c}{\sigma'_0} + \frac{C_c}{1+e_0} H_0 \log\frac{\sigma'_0 + \Delta\sigma'}{\sigma'_c}$$

$$= \frac{0.05}{1+0.8} \times 400 \times \log\frac{100}{93.92} + \frac{0.27}{1+0.8} \times 400 \times \log\frac{111.95}{100}$$

$= 0.3 + 2.94 = 3.24\text{cm}$ ………………………………………… Ans.

（二）1. 現地達 50%平均壓密度所需天數

$$T_v = \frac{C_v t}{H_{dr}^2} \Rightarrow 0.197 = \frac{C_v \times 120}{\left(\frac{2.5}{2}\right)^2}(\text{實驗室}) = \frac{C_v \times t}{\left(\frac{400}{1}\right)^2}(\text{現地})$$

$\Rightarrow t = 12288000\text{sec} = 142.22\ \text{days}$ ……………………………… Ans.

2. 推估此時於深度 10m 之孔隙水壓力

此時 $T_v = 0.197 \approx 0.2$ $H_{dr} = \frac{4}{1} = 4$

深度 10m：$z = 2\text{m} \Rightarrow$ 深度因子 $Z = \frac{z}{H_{dr}} = \frac{2}{4} = 0.5$

當 $T_v = 0.2$ 且 $Z = \frac{z}{H_{dr}} = 0.5$ 查圖，可知深度 10 m 的壓密度 $U_z \approx 0.47$

代表該處 3m 超額孔隙水壓已消散 47%，深度 10m 黏土層孔隙水壓力：

$u_w = 8 \times 9.81 - 3 \times 9.81 \times 0.47 = 64.65\ \text{kPa}$ ………………………….. Ans.

或$u_w = 5 \times 9.81 + 3 \times 9.81 \times (1 - 0.47) = 64.65\ \text{kPa}$ …………… Ans.

3. 推估此時於深度 12 m 之孔隙水壓力

此時 $T_v = 0.197 \approx 0.2 \quad H_{dr} = \frac{4}{1} = 4$

深度 12 m：$z = 4\ m \Rightarrow$ 深度因子 $Z = \frac{z}{H_{dr}} = \frac{4}{4} = 1$

當 $T_v = 0.2$ 且 $Z = \frac{z}{H_{dr}} = 1$ 查圖，可知深度 12 m 的壓密度$U_z \approx 0.23$

代表該處的超額孔隙水壓已消散 23%，深度 12 m 黏土層孔隙水壓力：

$u_w = 10 \times 9.81 - 3 \times 9.81 \times 0.23 = 91.33\ kPa$ ………………………..Ans.

或$u_w = 7 \times 9.81 + 3 \times 9.81 \times (1 - 0.23) = 91.33\ kPa$ ……………Ans.

二、回答下列側向土壓力與擋土牆問題：

（一）對有效剪力強度參數為（$c' = 0$，$\varphi' = 30°$）之顆粒性土壤，考慮一土壤元素其垂直有效應力為 100kPa，計算此元素於K_0、Rankine 主動破壞及 Rankine 被動破壞這三種狀態之水平土壓力並繪製此三莫爾圓（Mohr circle），並標註其極點（Pole）。（15 分）

（二）列出傳統 RC 擋土牆穩定性分析需考慮五種可能破壞型態。（10 分）

參考題解

（一）1. 靜止狀態 $K_0 = 1 - \sin\varphi' = 0.5$

$\sigma'_v = 100kPa \Longrightarrow \sigma'_h = K_0\sigma'_v = 50kPa$ ………………………………Ans.

2. Rankine 主動破壞$K_a = \tan^2(45° - \frac{\varphi'}{2}) = 1/3$

$\sigma'_v = 100kPa \Longrightarrow \sigma'_h = K_a\sigma'_v = (100/3)kPa$ ……………………Ans.

3. Rankine 被動破壞$K_p = \tan^2(45° + \frac{\varphi'}{2}) = 3$

$\sigma'_v = 100kPa \Longrightarrow \sigma'_h = K_p\sigma'_v = 300kPa$ ……………………………Ans.

繪製此三莫爾圓（Mohr circle），並標註其極點（Pole）如下：

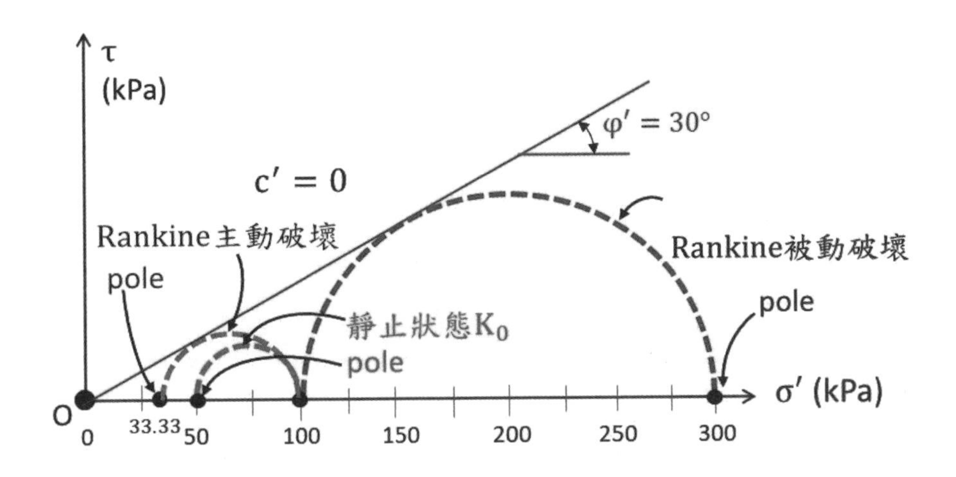

（二）傳統 RC 擋土牆穩定性分析需考慮五種可能破壞型態：

1.傾覆破壞、2.水平滑動破壞及 3.承載力不足發生剪力破壞之穩定分析。

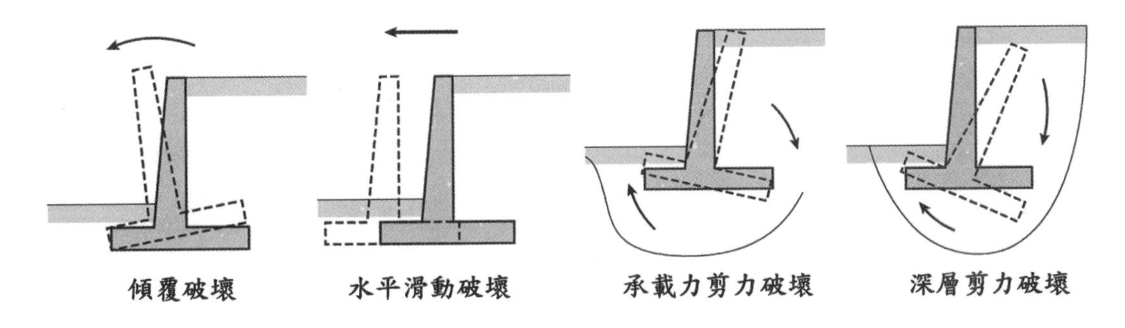

圖片來源：圖取自 Principles of Foundation Engineering 9E, Braja M. Das, Nagaratnam Sivakugan

4. 整體穩定性

擋土牆設計時應檢核沿擋土牆底部土層滑動之整體穩定性，其安全係數於長期載重狀況時應大於 1.5。當擋土牆承載土層內存在軟弱土層時，除檢核牆體抵抗滑動及傾覆之安全係數之外，尚需檢核沿擋土牆底部深層土壤滑動之可能性，檢核其最小安全係數應符合上列規定，其檢核方法可參考相關之邊坡穩定分析方法。

5. 土壤液化評估

擋土牆設計時應評估牆背面土壤及牆基礎下方土壤在受地震作用時之液化潛能，並研判其對牆體穩定性之影響。經土壤液化潛能評估結果，擋土牆之牆背土壤或承載土壤於地震時抵抗液化之安全係數低於安全要求時，可考慮採用地層改良、深基礎或結構加強等方式處理。

三、考慮 40 m 內土層模型如表 2 所示，地下水位位於地表下 5 m，假設地下水位以上土壤總體單位重與飽和單位重相同，考慮一底部封閉之圓型鋼管樁，其外徑為 50 cm，厚度為 4 cm，貫入土中樁長為 30 m，計算下列數值：

（一）使用 Meyerhof（1976）公式，推估樁尖垂直承載力（Point bearing capacity, Q_p）。（5 分）

（二）分別採用α-method（採用$\alpha = 0.5(\bar{\sigma}'_v/c_u)^{0.45}$，$\bar{\sigma}'_v$為平均垂直有效應力）、β-method（兩黏土層重模有效摩擦角均為 $\varphi'_R = 30°$）及 λ-method（$\lambda = 0.14$）計算樁側阻抗力（shaft resistance）。（15 分）

（三）採用$FS = 4.0$，計算不同樁側阻抗力下之淨容許承載力（net allowable pile capacity）。（5 分）

表 2　樁基礎分析地質模型

土層	深度(m)	土壤種類	相關參數
A	0.0~10.0	黏土	飽和單位重 $= 18.8\ kN/m^3$，正常壓密黏土 不排水剪力強度$c_u = 30kPa$
B	10.0~40.0	黏土	飽和單位重 $= 19.8\ kN/m^3$，正常壓密黏土 不排水剪力強度$c_u = 100kPa$

參考題解

（一）Meyerhof（1976）公式計算樁底之極限點承力Q_p

$Q_p = c_u N_c^* A_b$，其中一般基樁 $N_c^* = 5 \times \left[1 + 0.2\left(\frac{B}{L}\right)\right] \times \left[1 + 0.2\left(\frac{Df}{B}\right)\right]$

當 $\frac{Df}{B} = \frac{25}{0.5} \geq 2.5$，則取 $\frac{Df}{B} = 2.5$

$\Rightarrow N_c^* = 7.5 \times \left[1 + 0.2\left(\frac{B}{L}\right)\right] \Rightarrow$ 圓形鋼管樁 $B = L \Rightarrow N_c^* = 9$

$\Rightarrow Q_p = c_{u2} N_c^* A_b = 100 \times 9 \times \frac{\pi \times 0.5^2}{4} = 176.71kN$ ………………Ans.

（二）樁側阻抗力（shaft resistance）Q_s

先將土層隨深度變化之垂直有效應力分布劃出如下圖：

1. α 法：$f_s = \alpha c_u$

   已知 $\alpha = 0.5(\bar{\sigma}'_v/c_u)^{0.45}$

   0m~5m：$\alpha_1 = 0.5(\bar{\sigma}'_v/c_u)^{0.45} = 0.5(47/30)^{0.45} = 0.612$

5m~10m：$\alpha_2 = 0.5(\bar{\sigma}'_v/c_u)^{0.45} = 0.5(116.475/30)^{0.45} = 0.92$

10m~30m：$\alpha_3 = 0.5(\bar{\sigma}'_v/c_u)^{0.45} = 0.5(238.85/100)^{0.45} = 0.74$

$\Rightarrow Q_s = \sum \alpha c_u A_s$

$= 0.612 \times 30 \times (\pi \times 0.5 \times 5) + 0.92 \times 30 \times (\pi \times 0.5 \times 5)$

$+0.74 \times 100 \times (\pi \times 0.5 \times 20)$

$= 144.2 + 216.77 + 2324.78 = 2685.75\text{kN}$ ………………Ans.

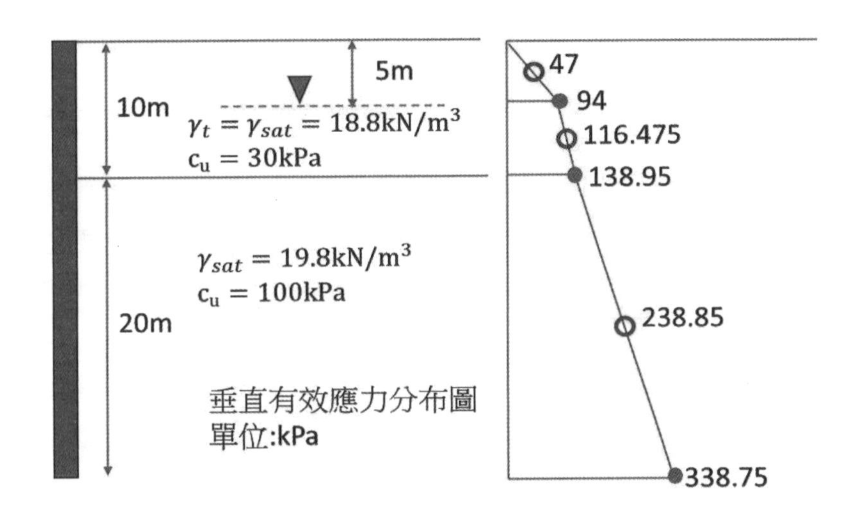

2. $\beta-\text{method} \quad f_s = \beta\sigma'_v$

土層均為正常壓密，有效摩擦角均為$\varphi'_R = 30°$

$\beta = K_s\tan\varphi'_R = (1-\sin\varphi_R)\tan\varphi'_R = 0.2887$

極限摩擦力 $Q_s = \sum f_s A_s = \sum \beta\bar{\sigma}'_v A_s = 0.2887 \times 47 \times (\pi \times 0.5 \times 5) +$

$0.2887 \times 116.475 \times (\pi \times 0.5 \times 5) + 0.2887 \times 238.85 \times (\pi \times 0.5 \times 20)$

$= 106.57 + 264.1 + 2166.32 = 2536.99\text{kN}$ ………………Ans.

3. λ 法：$f_s = \lambda(\bar{\sigma}'_v + 2c_u)$

$$\bar{\sigma}'_v = \frac{47 \times 5 + 116.475 \times 5 + 238.85 \times 20}{30} = 186.48\text{kPa}$$

$$\Rightarrow c_u = \frac{30 \times 10 + 100 \times 20}{30} = 76.67\text{kPa}$$

已知基樁長 L = 30 m，λ = 0.14

$f_s = \lambda(\bar{\sigma}'_v + 2c_u) = 0.14 \times (186.48 + 2 \times 76.67) = 47.5748\text{kPa}$

極限摩擦力$Q_s = f_s A_s = 47.575 \times (\pi \times 0.5 \times 30) = 2241.91\text{ kN}$ ……Ans.

（三）採用安全係數 4.0

$$\alpha\text{ 法：}Q_{all}=\frac{Q_p+Q_s}{FS}=\frac{176.71+2685.75}{4}=715.62kN\ldots\ldots\ldots\ldots\ldots Ans.$$

$$\beta\text{ 法：}Q_{all}=\frac{Q_p+Q_s}{FS}=\frac{176.71+2536.99}{4}=678.43kN\ldots\ldots\ldots\ldots\ldots Ans.$$

$$\lambda\text{ 法：}Q_{all}=\frac{Q_p+Q_s}{FS}=\frac{176.71+2241.91}{4}=604.66kN\ldots\ldots\ldots\ldots\ldots Ans.$$

四、回答下列土壤物理性質問題：

（一）請列出最常見之三種黏土礦物，並說明如何以一般物理性質試驗辨別。（10 分）

（二）分別說明進行 AASHTO 及 USCS 土壤分類所需資料，並列出必要之篩號。（10 分）

（三）請說明如何以角錐貫入儀法（fall cone method）量測細顆粒土壤液限。（5 分）

參考題解

（一）三種主要黏土礦物為蒙脫土、伊利土、高嶺土，依據經驗我們已知這三種三種主要黏土礦物分布在 Casagrande 塑性圖之位置，如圖所示，故當取得土壤阿太堡相關限度與指數後，標示坐落在 Casagrande 塑性圖內之位置後，即可得知該土壤具有何種黏土礦物。

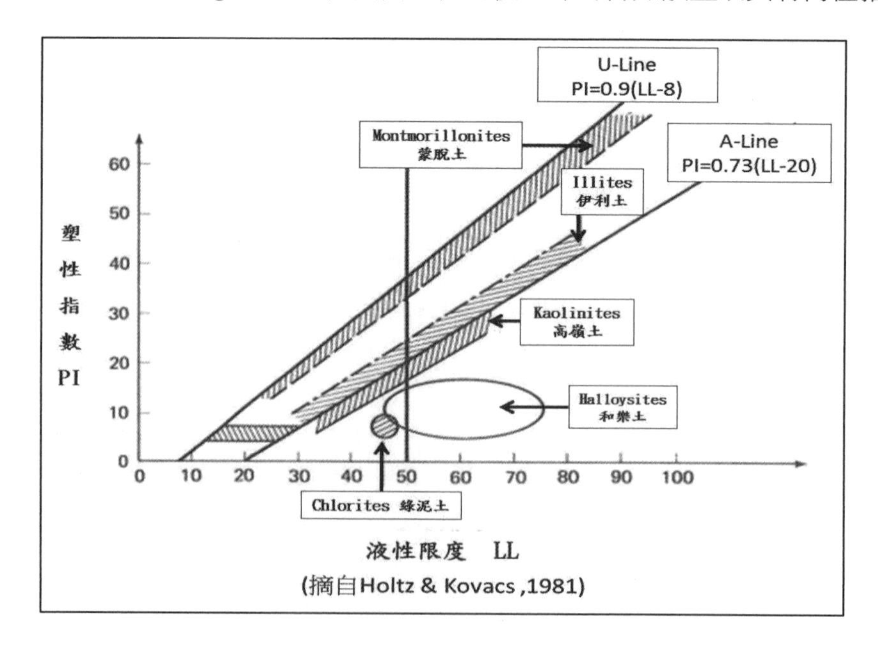

(摘自Holtz & Kovacs ,1981)

（二）AASHTO 分類法與統一分類法（USCS）之比較

分類法	AASHTO 分類法	統一分類法（USCS）
分類依據	粒徑分布曲線 阿太堡限度與指數	
粗細粒料分界	#200（篩孔 0.075 mm）	
粗細粒料含量	通過#200 ≤ 35%為粗粒土壤 通過#200 ≥ 36%為細粒土壤	通過#200 < 50%為粗粒土壤 通過#200 ≥ 50%為細粒土壤
礫石與砂石分界	10 號篩（篩孔 2 mm）	4 號篩（篩孔 4.75 mm）
粉土與黏土劃分	依粒徑劃分： 0.005 mm < 粉土 < #200 黏土 < 0.005 mm	以塑性圖劃分： A-Line 上方且 PI>7 為黏土 A-Line 下方或 PI<4 為粉土
符號	A－1~A－3為粗粒土壤 A－4~A－7為細粒土壤	G、S 為粗粒土壤 M、C 為細粒土壤
工程應用	道路路基	土壩、結構基礎

（三）根據研究細顆粒土壤（黏土）於液性限度時，其不排水剪力強度約為 2 kPa 上下，同時假設不排水剪力強度之對數值與含水量存在一線性關係，Wood & Wroth 及 Belviso 等人建議以重量 80 g 及 240 g 的落錐分別對一土樣進行貫入試驗，以獲得落錐貫入深度（換算可得不排水剪力強度）之對數值與含水量的線性關係，再以線性內插方式即可得到該土壤的液性限度（或塑性限度、塑性指數）等。惟此法所得結果誤差極大，近來已甚少提及此法。

111年 公務人員高等考試三級考試試題／結構學

一、如下圖梁，承受$1.5kN/m$的均佈活載重和$8kN$的單一集中載重，靜載重為$2kN/m$。請回答下列問題（A 點是滾接支承，B 點是鉸支承，構件自重不計）。（25 分）

（一）繪製 C 點剪力影響線

（二）繪製 C 點彎矩影響線

（三）求 C 點最大正剪力

（四）求 C 點最大正彎矩

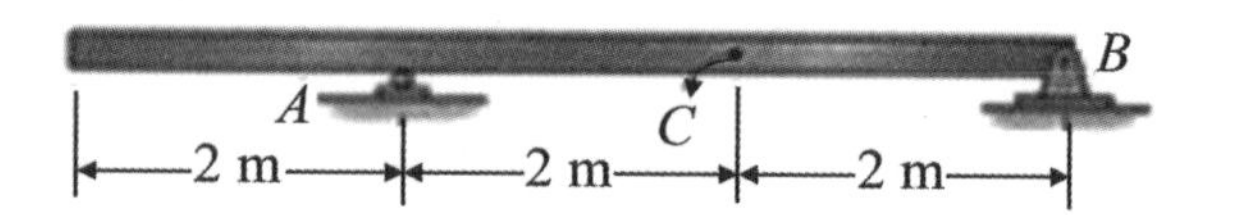

參考題解

假設：

均布活載重 $w_L = 1.5kN/m$ 的作用位置與長度可任意配置

單一集中載重 $P = 8kN$ 可作用於任意位置

均佈靜載重 $w_D = 2kN/m$ 作用於梁全跨度

（一）C 點剪力影響線

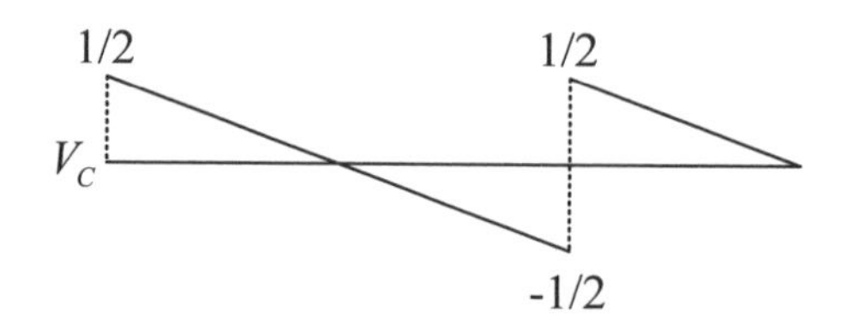

（二）C 點彎矩影響線

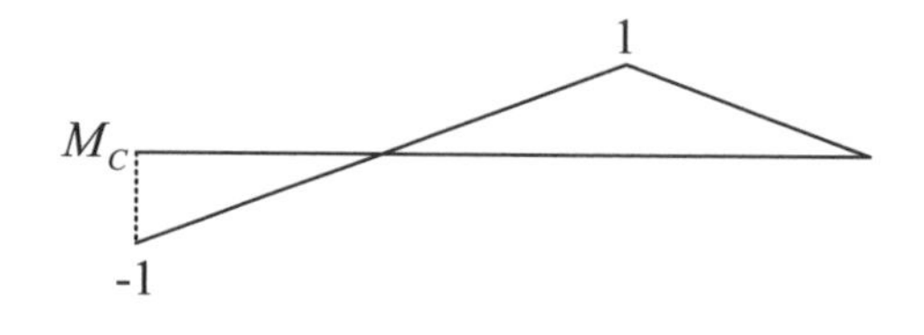

（三）C 點最大正剪力

$$V_{c,\max}^{+} = w_D\left[\left(\frac{1}{2}\times 2\times\frac{1}{2}\right)\times 2-\frac{1}{2}\times 2\times\frac{1}{2}\right]$$
$$+w_L\left(\frac{1}{2}\times 2\times\frac{1}{2}\right)\times 2+P\times\frac{1}{2}$$
$$=2\times 0.5+1.5\times 1+8\times\frac{1}{2}=6.5\ kN$$

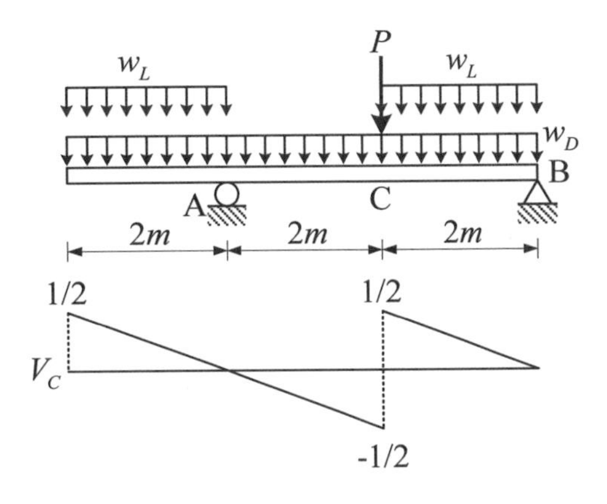

（四）C 點最大正彎矩

$$M_{c,\max}^{+} = w_D\left[\frac{1}{2}\times 4\times 1-\frac{1}{2}\times 2\times 1\right]$$
$$+w_L\left(\frac{1}{2}\times 4\times 1\right)+P\times 1$$
$$=2\times 1+1.5\times 2+8\times 1=13\ kN-m$$

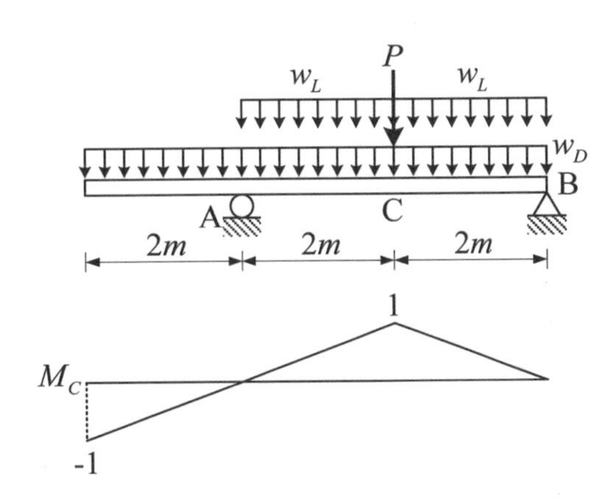

二、如下圖超靜定桁架，A 點是鉸支承，B 點與 C 點是滾支承，指定 C 點支承的反力 C_Y 為贅力，請以最小功法計算超靜定桁架各支承點的反力與桿件桿力（構件自重不計，使用其他方法或是使用反力 C_Y 以外其他贅力，一律不予計分）。（每小題 5 分，共 30 分）

（一）劃出以反力 C_Y 替代支承點 C 成為靜定桁架 S。

（二）計算承受原載重的靜定桁架 S，如圖(a)各桿件桿力。

（三）計算承受未知反力 C_Y 的靜定桁架 S，如圖(b)各桿件桿力。

（四）依據各桿桿力，列表計算桁架應變能 U 對贅力 C_Y 的偏微分式。

（五）解得 C_Y。

（六）計算各桿桿力。

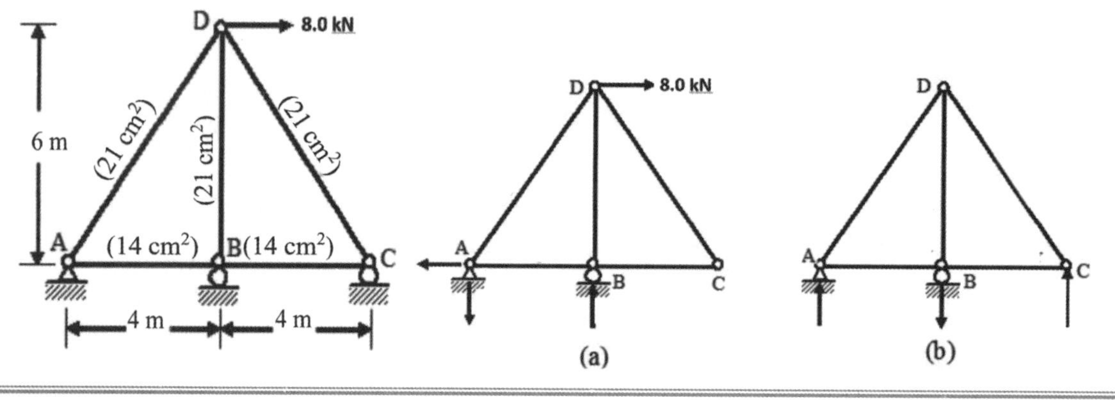

參考題解

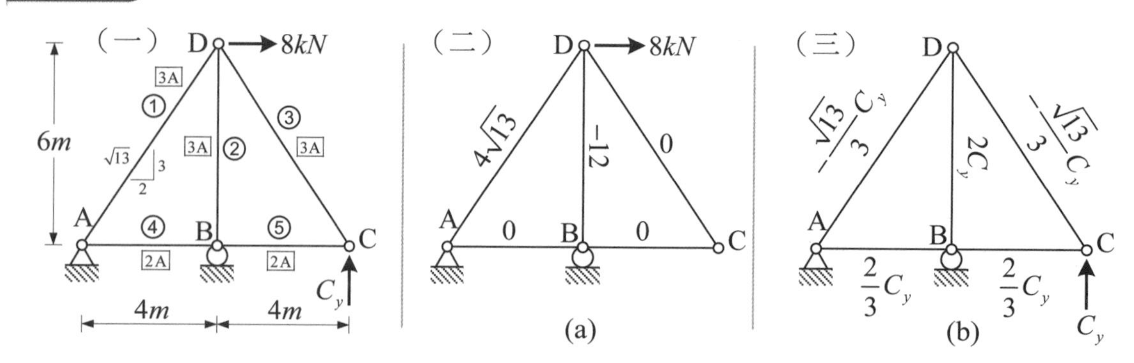

（四）

桿件	N	$\partial N / \partial C_y$	L	A	$\frac{\partial N}{\partial C_y}\cdot\frac{NL}{A}$	N $(C_y=5.36)$
①	$4\sqrt{13}-\frac{\sqrt{13}}{3}C_y$	$-\frac{\sqrt{13}}{3}$	$2\sqrt{13}$	$3A$	$\left(-41.66+3.472C_y\right)/A$	7.98
②	$-12+2C_y$	2	6	$3A$	$\left(-48+8C_y\right)/A$	−1.28
③	$-\frac{\sqrt{13}}{3}C_y$	$-\frac{\sqrt{13}}{3}$	$2\sqrt{13}$	$3A$	$3.472C_y/A$	−6.44
④	$\frac{2}{3}C_y$	$\frac{2}{3}$	4	$2A$	$\frac{8}{9}C_y/A$	3.57
⑤	$\frac{2}{3}C_y$	$\frac{2}{3}$	4	$2A$	$\frac{8}{9}C_y/A$	3.57
Σ					$\left(-89.66+16.722C_y\right)/A$	

$$\text{PS：}\begin{cases}A_{AD}=A_{BD}=A_{CD}=21cm^2\\A_{AB}=A_{BC}=14cm^2\end{cases}\xrightarrow{\text{令}A=7cm^2}\begin{matrix}A_{AD}=A_{BD}=A_{CD}=3A\\A_{AB}=A_{BC}=2A\end{matrix}$$

（五）$\frac{\partial U}{\partial C_y}=0\Rightarrow\Sigma\frac{\partial N}{\partial C_y}\cdot\frac{NL}{EA}=0\Rightarrow\left(-89.66+16.722C_y\right)/EA=0\ \therefore C_y=5.36\ kN$

（六）將 C_y 帶回，可得各桿件內力（如表格最後一行與下圖）

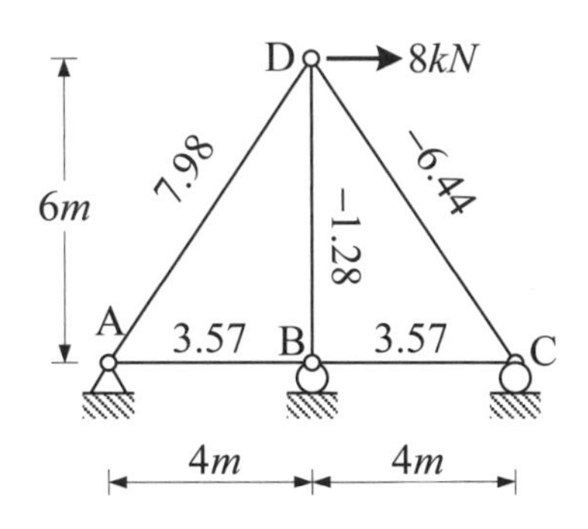

三、如下圖剛架，A 點為鉸支承，B 點為剛接點，C 點為滾接支承。以卡氏第二定理（Castigliano's Second Theorem）詳細計算剛架上支承點 C 的水平變位，構件自重不計（使用其他方法一律不予計分）。

（一）在 C 點加上一個向右水平變數作用力 P，並推得 A 與 C 點支承點反力。（5 分）

（二）列出各段斷面彎矩函數及對 P 的偏微分。（10 分）

（三）使用積分公式計算支承點 C 的水平變位。（10 分）

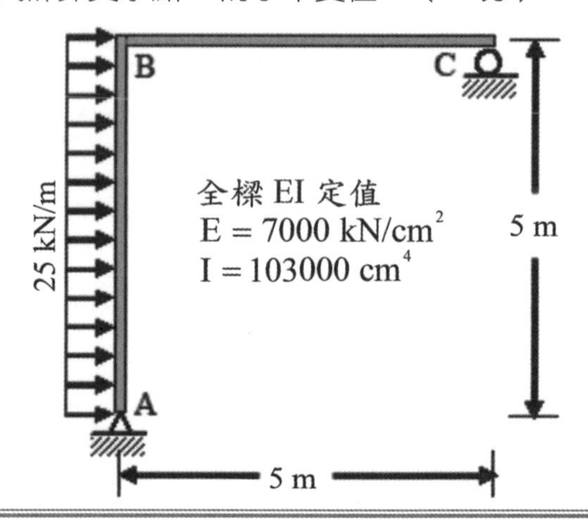

參考題解

$EI = 7000kN/cm^2 \times 103000cm^4 = 7.21\times10^8\ kN-cm^2 = 7.21\times10^4\ kN-m^2$

（一）

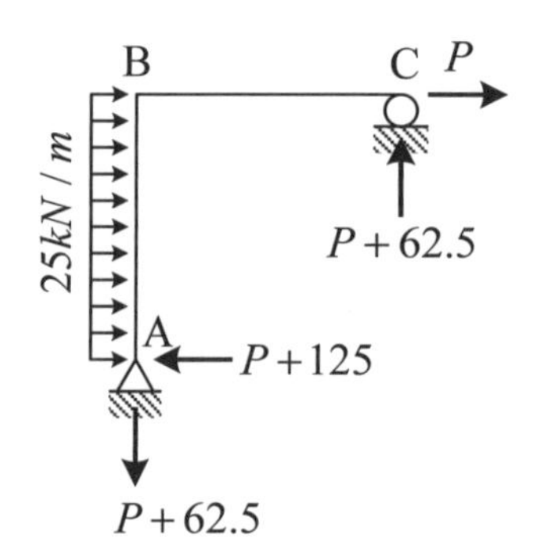

（二）1. AB 段

$$(P+125)x = 25\cdot x\cdot\frac{x}{2} + M(x)$$

$$\Rightarrow M(x) = -12.5x^2 + (P+125)x$$

$$\therefore \frac{\partial M(x)}{\partial P} = x$$

2. BC 段

$M(x)$　C　P　x　$P+62.5$

$$M(x)=(P+62.5)x$$

$$\therefore \frac{\partial M(x)}{\partial P}=x$$

（三）

桿件	$M(x)$	$\dfrac{\partial M(x)}{\partial P}$	$\dfrac{\partial M(x)}{\partial P}\dfrac{M(x)}{EI}\Big\|_{P=0}$
$A\to B$	$-12.5x^2+(P+125)x$	x	$-12.5x^3+125x^2$
$C\to B$	$(P+62.5)x$	x	$62.5x^2$

$$\left.\frac{\partial U}{\partial P}\right|_{P=0}=\int_{AB}\frac{\partial M(x)}{\partial P}\frac{M(x)}{EI}+\int_{BC}\frac{\partial M(x)}{\partial P}\frac{M(x)}{EI}$$

$$=\int_0^5\frac{1}{EI}\left(-12.5x^3+125x^2\right)dx+\int_0^5\frac{1}{EI}\left(62.5x^2\right)dx$$

$$=\frac{1}{EI}\left(-\frac{12.5}{4}x^4+\frac{125}{3}x^3\right)\Bigg|_0^5+\frac{1}{EI}\left(\frac{62.5}{3}x^3\right)\Bigg|_0^5$$

$$=\frac{5859.375}{EI^{\,7.21\times10^4}}=0.0813\ m\ (\rightarrow)$$

四、如下圖大梁 AB，A 點是鉸支承，B 點是滾接支承，假若 EI 為固定值，請以共軛梁法詳細計算梁在 B 點的轉角與 C 點的撓度（使用其他方法一律不予計分），構件自重不計。（每小題 5 分，共 20 分）

（一）劃出共軛梁承受彈性載重圖。

（二）求出共軛梁，梁端反力。

（三）計算梁在 B 點的轉角。

（四）計算梁 C 點的撓度。

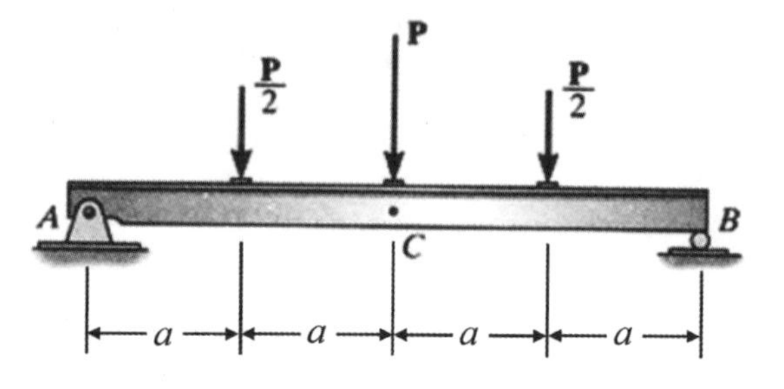

參考題解

（一）共軛梁彈性載重圖

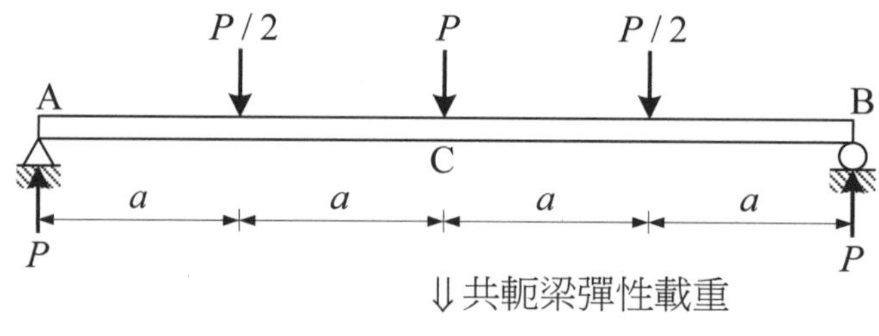

⇓共軛梁彈性載重

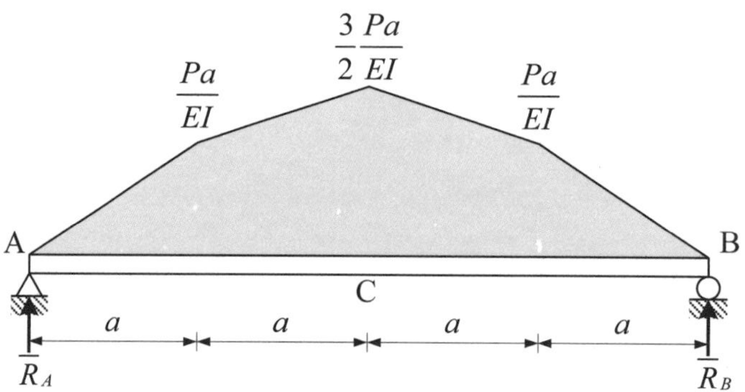

（二）共軛梁梁端反力

共軛梁上總載重：$F=\frac{1}{2}\times 2a\times\left(\frac{1}{2}\frac{Pa}{EI}\right)+\frac{1}{2}(2a+4a)\times\left(\frac{Pa}{EI}\right)=\frac{7}{2}\frac{Pa^2}{EI}$

由於共軛梁受力對稱：$\overline{R}_A=\overline{R}_B=\frac{F}{2}=\frac{7}{4}\frac{Pa^2}{EI}$

（三）B 點轉角

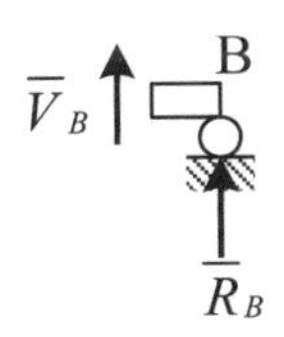

$$\overline{V}_B = -\overline{R}_B = -\frac{7}{4}\frac{Pa^2}{EI} \quad \therefore \theta_B = \frac{7}{4}\frac{Pa^2}{EI} \ (\curvearrowleft)$$

（四）C 點撓度

$$\sum M_C = 0 \text{ , } \overline{R}_A \times 2a = \overline{M}_C + F_1 \times \frac{4}{3}a + F_2 \times \frac{a}{2} + F_3 \times \frac{a}{3}$$

$$\Rightarrow \frac{7}{4}\frac{Pa^2}{EI} \times 2a = \overline{M}_C + \left(\frac{1}{2}\frac{Pa^2}{EI}\right) \times \frac{4}{3}a + \left(\frac{Pa^2}{EI}\right) \times \frac{a}{2} + \left(\frac{1}{4}\frac{Pa^2}{EI}\right) \times \frac{a}{3}$$

$$\Rightarrow \overline{M}_C = \frac{9}{4}\frac{Pa^3}{EI} \quad \therefore \Delta_C = \frac{9}{4}\frac{Pa^3}{EI} \ (\downarrow)$$

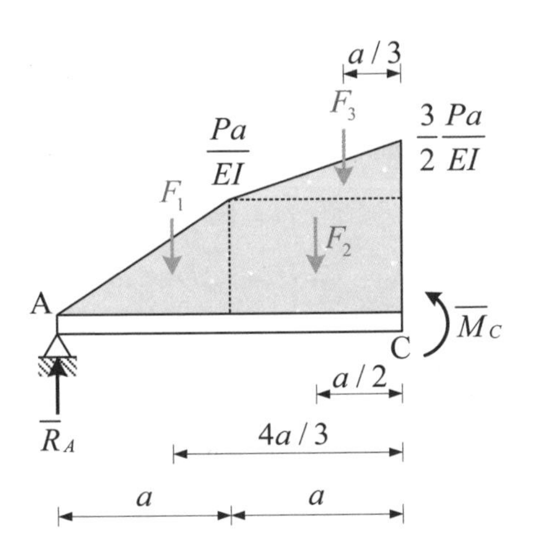

$$F_1 = \frac{1}{2} \cdot \frac{Pa}{EI} \cdot a = \frac{1}{2}\frac{Pa^2}{EI}$$

$$F_2 = \frac{Pa}{EI} \cdot a = \frac{Pa^2}{EI}$$

$$F_3 = \frac{1}{2} \cdot \frac{1}{2}\frac{Pa}{EI} \cdot a = \frac{1}{4}\frac{Pa^2}{EI}$$

111年 公務人員高等考試三級考試試題／鋼筋混凝土學與設計

註：「鋼筋混凝土學與設計」作答依據及規範：內政部營建署「混凝土結構設計規範」(內政部 110 年 3 月 2 日台內營字第 1100801841 號令)。未依上述規範作答，不予計分。

一、一供公眾使用之鋼筋混凝土構件，受靜載重 D、活載重 L、地震力 E 及風力 W 四種力量作用，而風力受方向因數折減。設計此構件所需考慮之設計載重組合 U，除了 $U=1.4D$、$U=1.2D+1.6L$ 與 $U=1.2D+1.0L$ 外，還有哪些？請全部列出，不用管它們之間的大小。(25 分)

參考題解

① $U=1.4(D+F)$ $\Rightarrow U=1.4D$（題目已給）

② $U=1.2(D+F+T)+1.6(L+H)+0.5(L_r\text{ 或 }S\text{ 或 }R)$ $\Rightarrow U=1.2D+1.6L$（題目已給）

③ $U=1.2D+1.6(L_r\text{ 或 }S\text{ 或 }R)+(1.0L\text{ 或 }0.8W)$ $\Rightarrow U=\begin{cases}1.2D+1.0L\text{（題目已給）}\\1.2D+0.8W\end{cases}$

④ $U=1.2D+1.6W+1.0L+0.5(L_r\text{ 或 }S\text{ 或 }R)$ $\Rightarrow U=1.2D+1.6W+1.0L$

⑤ $U=1.2D+1.0E+1.0L+0.2S$ $\Rightarrow U=1.2D+1.0E+1.0L$

⑥ $U=0.9D+1.6W+1.6H$ $\Rightarrow U=0.9D+1.6W$

⑦ $U=0.9D+1.0E+1.6H$ $\Rightarrow U=0.9D+1.0E$

$(F=T=H=L_r=S=R=0)$

$$\therefore U=\begin{cases}③\ 1.2D+0.8W\\④\ 1.2D+1.6W+1.0L\\⑤\ 1.2D+1.0E+1.0L\\⑥\ 0.9D+1.6W\\⑦\ 0.9D+1.0E\end{cases}$$

二、圖示橫箍筋矩形斷面短柱，鋼筋量 $A_s = A_s' = 40cm^2$，混凝土抗壓強度 $f_c' = 280\ kgf/cm^2$，鋼筋降伏強度 $f_y = 4200\ kgf/cm^2$，鋼筋中心保護層厚度 $= 6cm$。計算平衡破壞時之軸壓力 P_b、偏心距 e_b 及彎矩 M_b。壓力鋼筋所占面積需從受壓混凝土面積扣除。需詳列解答過程。（25 分）

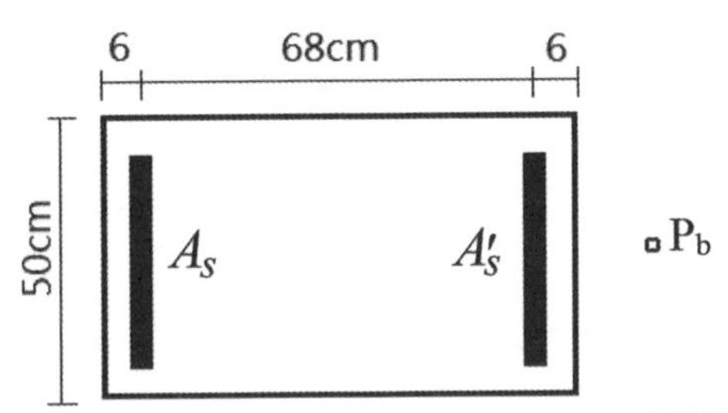

參考題解

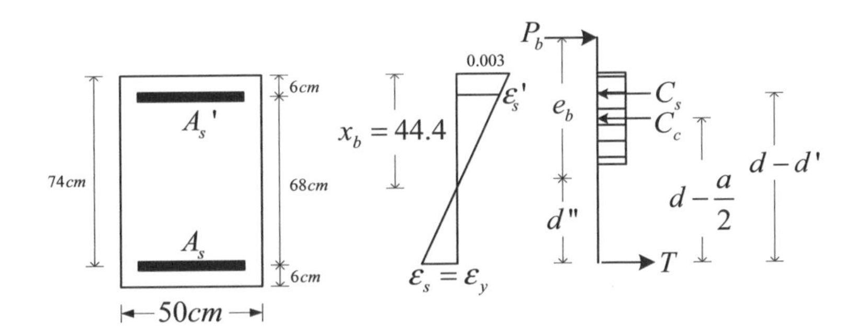

（一）中性軸位置：$x_b = \frac{3}{5}(74) = 44.4\ cm$　（以 $\varepsilon_y = 0.002$ 計算）

（二）計算鋼筋應力

1. 壓力筋：

$$\varepsilon_s' = \left(\frac{x-d'}{x}\right)0.003 = \left(\frac{44.4-6}{44.4}\right)0.003 = 0.00259 > \varepsilon_y \ \Rightarrow f_s' = f_y = 4200\ kgf/cm^2$$

2. 拉力筋：平衡狀態，$f_s = f_y = 4200\ kgf/cm^2$

（三）混凝土與鋼筋的受力

1. 混凝土壓力：$C_c = 0.85 f_c' ba = 0.85(280)(50)(0.85\times 44.4) = 449106\ kgf \approx 449.1\ tf$

2. 壓力筋壓力：$C_s = A_s'(f_y - 0.85 f_c') = (40)(4200 - 0.85\times 280) = 158480\ kgf \approx 158.48\ tf$

3. 拉力筋拉力：$T = A_s f_y = (40)(4200) = 168000\ kgf \approx 168\ tf$

（四）計算 P_b、e_b、M_b

1. $P_b = C_c + C_s - T = 449.1 + 158.48 - 168 = 439.58\ tf$

2. 以拉力筋為力矩中心，計算偏心距 e_b：$d'' = \dfrac{68}{2} = 34$

$$P_b\left(e_b + d''\right) = C_c\left(d - \frac{a}{2}\right) + C_s\left(d - d'\right)$$

$$\Rightarrow 439.58\left(e_b + 34\right) = 449.1\left(74 - \frac{0.85 \times 44.4}{2}\right) + 158.48\left(74 - 6\right) \quad \therefore e = 46.8\ cm$$

3. $M_b = P_b e_b = 439.58(46.8) = 20572\ tf - cm \approx 205.72\ tf - m$

三、撓剪裂縫與腹剪裂縫為鋼筋混凝土梁承受垂直載重作用時可能產生的剪力相關裂縫。請詳述何謂撓剪裂縫與腹剪裂縫？其會發生於何情況？以圖中簡支梁為例，在這些裂縫常發生的位置畫出示意圖。（25 分）

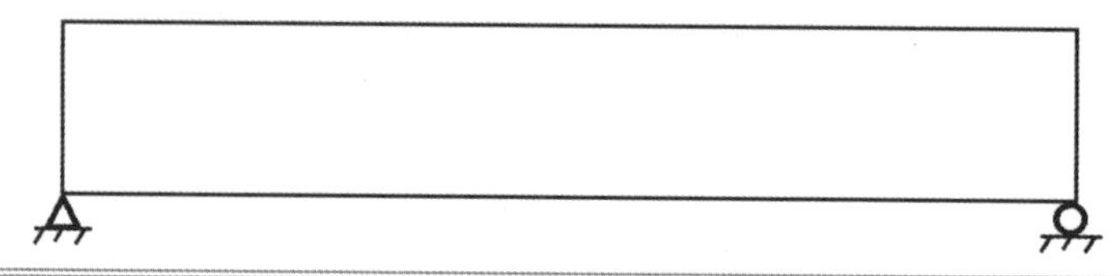

參考題解

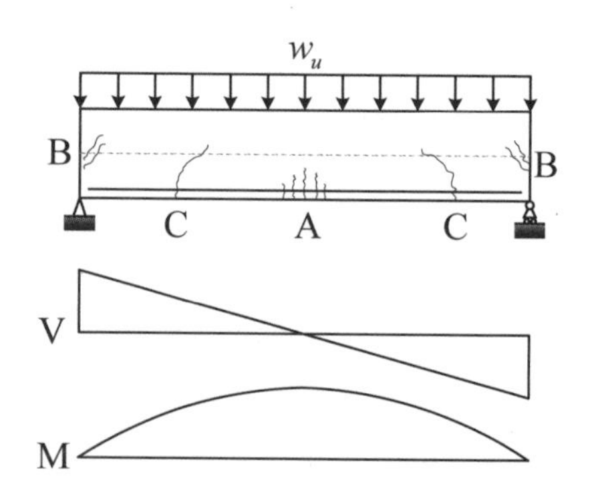

（一）撓曲裂縫（A 點）

1. 造成原因：撓曲正應力的主拉應力造成。
2. 裂縫特徵：垂直向裂縫。
3. 發生位置：梁底部，大彎矩小剪力的斷面。

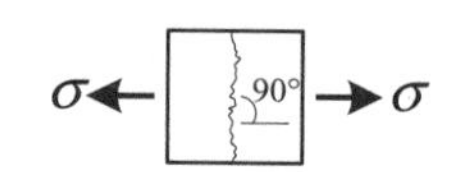

（二）腹剪裂縫（B 點）

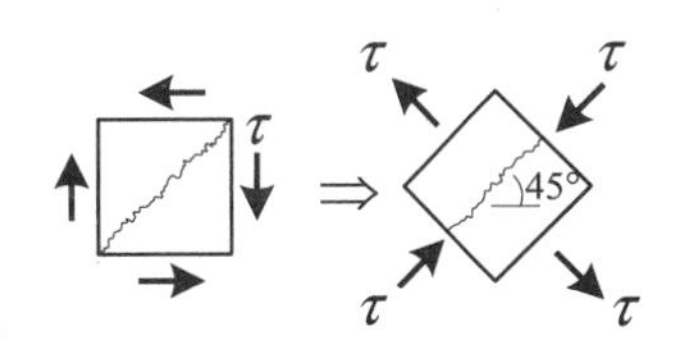

1. 造成原因：撓曲剪應力經應力轉換後的主拉應力造成。
2. 裂縫特徵：斜向的 45°裂縫。
3. 發生位置：梁腹中央 N.A 附近，大剪力小彎矩的斷面。

（三）撓剪裂縫（C 點）

1. 造成原因：彎矩造成的撓曲正應力與剪力造成的撓曲剪應力「聯合作用下」，經**應力轉換**後的主拉應力造成，其主拉應力的方向會隨著斷面深度不斷轉向，因此撓剪裂縫的方向亦會隨著斷面深度不斷轉向。
2. 裂縫特徵：裂縫一開始為垂直向，通過主筋後逐漸轉為斜向，至中性軸處會轉成 45°。
3. 發生位置：梁底部至 N.A 處，同時存在剪力與彎矩的斷面。

σ θ σ | σ θ τ σ | θ τ

$\theta = 90°$ ⇒ $90° > \theta > 45°$ ⇒ $\theta = 45°$

四、以強度設計法計算圖中擋土牆基礎底板 A-A 斷面（牆踵）處每公尺寬所需之拉力鋼筋量 A_s（以 cm^2 為單位）。鋼筋中心保護層厚度=10 cm，混凝土抗壓強度 $f_c' = 210\ kgf/cm^2$，鋼筋降伏強度 $f_y = 4200\ kgf/cm^2$，牆背土壤單位重 $= 1.6 tf/m^3$。不考慮基礎底版下面的所有向上壓力。需詳列解答過程。省略最大及最小鋼筋量檢核。（25 分）
（提示：將 A-A 斷面右側的基礎底版視為單筋懸臂梁，梁上載重為自重及土壤重，求得 A-A 斷面所受彎矩內力用以設計拉力鋼筋。）

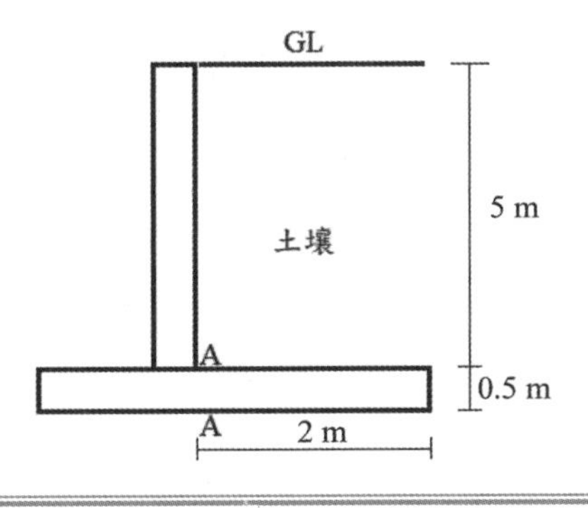

參考題解

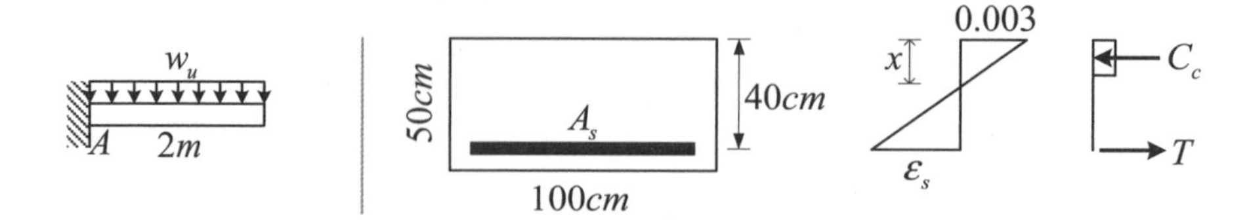

（一）A-A 斷面設計彎矩 M_u

1. 設計載重 w_u

$w_D = 2.4 \times 0.5 \times 1 = 1.2\ tf/m$

$w_H = 1.6 \times 5 \times 1 = 8\ tf/m$

$w_u = 1.2w_D + 1.6w_H = 1.2 \times 1.2 + 1.6 \times 8 = 14.24\ tf/m$

2. A 處彎矩：$M_u = \frac{1}{2} w_u \times L^2 = \frac{1}{2}(14.24) \times 2^2 = 28.48\ tf-m$

（二）採單筋梁設計：假設 $\varepsilon_t \ge 0.005 \Rightarrow \phi = 0.9\ \therefore M_n = \frac{28.48}{\phi} = \frac{28.48}{0.9}\ tf-m$

1. 計算中性軸位置

$C_c = 0.85 f_c' ba = 0.85(210)(100)(0.85x) = 15173x$

$M_n = C_c\left(d - \frac{a}{2}\right) \Rightarrow \frac{28.48}{0.9} \times 10^5 = 15173x\left(40 - \frac{0.85x}{2}\right)$

$\Rightarrow -0.425x^2 + 40x - 209 = 0\ \therefore \begin{cases} x = 5.6\ cm \\ x = 88.6\ cm（不合） \end{cases}$

PS：$\varepsilon_t = \frac{d-x}{x}(0.003) = \frac{40-5.6}{5.6}(0.003) = 0.0184 \ge 0.005\ (OK)$

2. 設計鋼筋量：$C_c = T \Rightarrow 15173x = A_s f_y \Rightarrow 15173(5.6) = A_s(4200)\quad \therefore A_s = 20.23\ cm^2$

111年 公務人員高等考試三級考試試題／營建管理與工程材料

一、政府採購法中訂定的採購標的主要區分為三類，請分別舉例說明其內容。（25 分）

參考題解

採購標的依「政府採購法」第 2 條之規定：指工程之定作財物之買受、定製、承租及勞務之委任或僱傭等。其內容分述於下：

（一）工程之定作

工程指在地面上下新建、增建、改建、修建、拆除構造物與其所屬設備及改變自然環境之行為，包括建築、土木、水利、環境、交通、機械、電氣、化工及其他經主管機關認定之工程。（同法第 7 條）

例如：

1. 拆除工程（分類代碼 5112）
2. 各類建築工程（分類代碼 5121～5129）
3. 橋梁、高架快速道路、隧道及地鐵（分類代碼 5132）
4. 水道、海港、水壩及其他水利工程（分類代碼 5133）
5. 混凝土工程（分類代碼 5154）等。

（二）財物之買受、定製、承租

財物指各種物品（生鮮農漁產品除外）、材料、設備、機具與其他動產、不動產、權利及其他經主管機關認定之財物。（同法第 7 條）

例如：

1. 石材、砂及泥土（分類代碼 15）
2. 非結構性陶瓷製品（分類代碼 372）
3. 混凝土、水泥及灰泥商品（分類代碼 375）
4. 滾壓、拉拔、摺疊製鋼鐵製品（分類代碼 412）
5. 各類土地（分類代碼 531～533&539）等。

（三）勞務之委任或僱傭

勞務指專業服務、技術服務、資訊服務、研究發展、營運管理、維修、訓練、勞力及其他經主管機關認定之勞務。（同法第 7 條）

例如：

1. 不動產服務（分類代碼 82）
2. 電腦及相關服務（分類代碼 84）
3. 管理諮詢服務（分類代碼 865）
4. 建築服務（含技術監造服務）（分類代碼 8671）
5. 工程服務（含技術監造服務）（分類代碼 8672）等。

二、混凝土是各種營建工程常見的基本材料之一。依據施工規範之規定，混凝土係由水泥、粗細粒料及水按規定比例拌和而成，必要時得摻用化學摻料或其他摻料。請舉例說明化學摻料之三種主要類型以及其作用。（25 分）

參考題解

化學摻料主要分為緩凝劑、早強劑與減水劑等三種主要類型，分述於下：

（一）緩凝劑類

1. 分類：

依 CNS 12283 之規定，包括下列幾類：

①單項功能：B 型（緩凝劑）。

②多項功能：D 型（減水緩凝劑）與 G 型（高性能減水緩凝劑）等 2 種。

2. 作用：

係利用磺化木質素或碳水化合物等成份遲滯 C_3A 與 C_3S 之水化，其作用如下：

（1）新拌混凝土：

①延遲混凝土凝結時間。

②降低水化熱。

③降低坍度損失現象。

④可能過度泌水。

⑤影響輸氣量。

（2）硬固混凝土：

①避免冷縫產生、②早期強度較低。

（二）早強劑類

1. 分類：

依 CNS12283 之規定，包括下列幾類：

（1）單項功能：C 型（早強劑）。

（2）多項功能：E 型（減水早強劑）。

2. 作用：

利用鈣鹽、氟化物等成份促進 C_3A 與 C_3S 之水化，其作用如下：

（1）新拌混凝土：

①減少凝結時間。

②減少泌水。

③水化熱增加。

（2）硬固混凝土：

①增加早期強度。

②耐久性降低。

③收縮增加。

（三）減水劑類

1. 分類：

依 CNS12283 之規定，依功能特性分為下列幾類：

（1）單項功能：A 型（減水劑）與 F 型（高性能減水劑）。

（2）多項功能：D 型（減水緩凝劑）、E 型（減水早強劑）與 G 型（高性能減水緩凝劑）。

若依減水率，則可分為下列幾類：

（1）傳統型減水劑（減水率＜12%）：

A 型（減水劑）、D 型（減水緩凝劑）與 E 型（減水早強劑）等 3 種。

（2）高性能減水劑（減水率≧12%）：

F 型（高性能減水劑）與 G 型（高性能減水緩凝劑）等 2 種。

2. 作用：

減水劑係利用邊界潤滑原理，使水泥顆粒表面帶負電斥開，降低磨耗，可減少拌合所需用水量，並依其策略達成預定目標（增加品質、工作性或經濟性）。其主要之作用為：

（1）新拌混凝土：

①增加工作性。

②減少泌水（採減少拌合用水量）。

（2）硬固混凝土：

①增加強度（採降低水灰比或水膠比）。

②增加耐久性與水密性（採降低水灰比或水膠比）。

③提高經濟性（採減少膠結材）。

三、請將以下網圖資訊繪製於答案卷中，並完成要徑法計算後，回答以下問題：

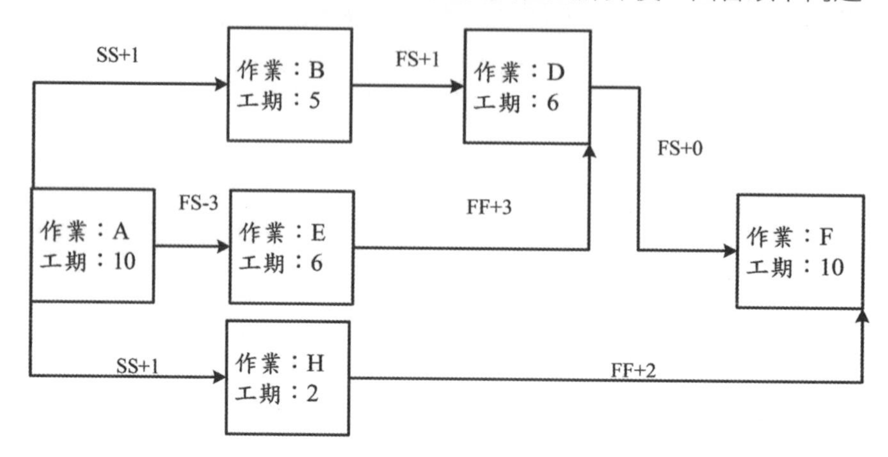

單位：天。SS+1 表示 Start-Start 的邏輯關係，中間間隔 1 天，其他雷同。

（一）本專案的要徑為何？（5 分）

（二）本專案之總工期為何？（10 分）

（三）若作業 B 工期延長為 9 天完成，作業 E 提早 1 天開始但工期不變，其餘作業工期與時間皆不變，請問專案何時完成？（10 分）

參考題解

（一）本專案的要徑：

本專案網圖計算結果，如下圖。

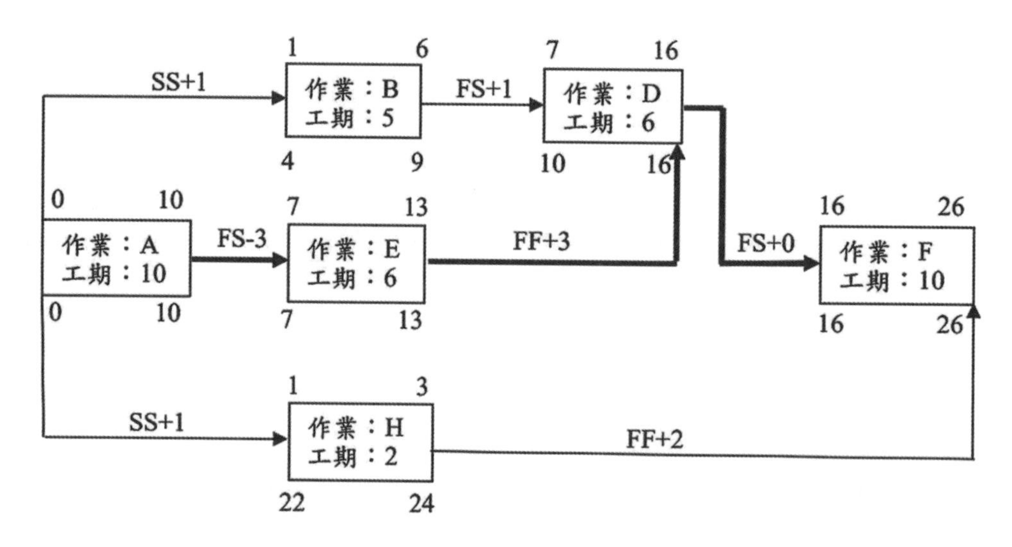

本專案的要徑：A→E→D→F

（二）本專案之總工期：

本專案之總工期為 26 天。

（三）本專案修正後總工期：

本專案依題意修正後網圖計算結果，如下圖。

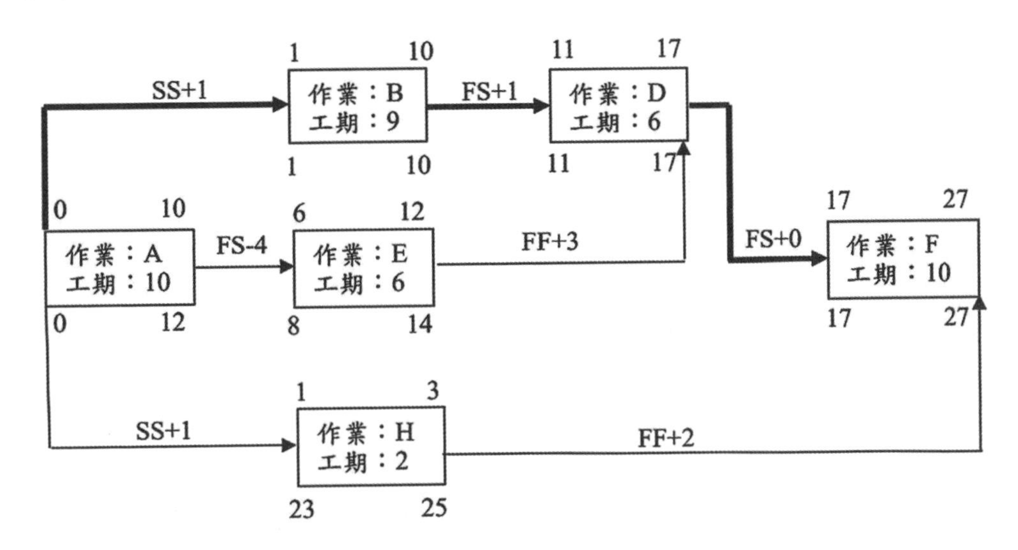

本專案修正後之總工期為 27 天。

四、時程差異（SV）、成本差異（CV）、時程績效指標（SPI）、成本績效指標（CPI）是進行評估專案績效的指標。請說明四項指標之意義，並解釋「SV>0、CV<0、SPI>1、CPI<1」時所代表的專案績效情境為何及如何改善？（25 分）

參考題解

（一）四項指標之意義

採專案管理之 EVM 法（實獲值法）作答於下：

1. 時程差異（SV）：

   $SV = EV - PV$

2. 成本差異（CV）：

   $CV = EV - AC$

3. 時程績效指標（SPI）：

$$SPI = \frac{EV}{PV}$$

4. 成本績效指標（CPI）：

$$CPI = \frac{EV}{AC}$$

以上各項指標公式中參數定義：

1. PV（Planned Value；計畫值）：

   PV＝預定完成數量×預算單價。

2. EV（Earned Value；實獲值）：

   EV＝實際完成數量×預算單價。

3. AC（Actual Cost；實際成本）：

   AC＝實際完成數量×實際單價。

註：本題若採採 Cost / Schedule Control System 法作答，內涵相同，但各項指標公式中參數名稱，應改為：

PV ⇨ BCWS（Budget Cost of Work Schedule；計劃進度預算）

EV ⇨ BCWP（Budget Cost of Work Performed；實際完成預算）

AC ⇨ ACWP（Actual Cost of Work Performed；實際成本）

（二）績效情境與改善方法

1. 績效情境：

   SV>0、CV<0、SPI>1、CPI<1 表示時程控制良好（進度超前），但成本控制欠佳（成本超支）。

2. 改善方法：

   （1）檢討施工成本：逐項檢討各工項機具、勞務與材料費用合理性。

   （2）採行最佳方案：執行價值工程，降低成本。

   （3）簡明人事管理：管理階層架構精簡與權責明確，提升效率。

   （4）有效管控材料：材料正確保存，零料有效使用。

   （5）降低風險發生：減少工程意外性成本之支出。

   （6）減少修補作業：落實品質管制與施工前界面檢討，減少因瑕疵或衝突敲除衍生修補作業。

註：本題因 SV>0 與 SPI>1，改善方法不建議書寫如「落實進度管理，減少因趕工增加成本」等有關進度方面改善答案。

111年 公務人員高等考試三級考試試題／測量學

一、任何測量作業之先，大都需要實施控制測量，建立一些控制點以作為後續測量作業的依據。請說明控制測量的工作項目及其作業的基本原則。（25 分）

參考題解

凡測量必從控制開始，在特定區域（如全國或某局部地區）設置一系列長期保存的固定點，稱為控制點，控制點之間彼此連結構成一個整體網形，稱為控制網。所謂控制測量，是指控制網經由觀測和數據處理後，確定網系中每一個控制點在特定坐標系中的坐標值，進而作為給下游測量引用或各種應用性測量使用或作為學術研究資料。一般控制測量可以區分為平面控制測量和高程控制測量，然不論何者，其工作項目和作業原則大致是相同的。

（一）控制測量的工作項目大致如下：

1. 已知點位清查及檢測：確定欲引用知已知點的位置分佈、坐標值，及點位坐標的正確性等工作。
2. 網形設計及精度評估：根據控制測量的目的規劃控制點位置和數量，並根據控制點精度需求，事先評估觀測量的精度需求及控制網整體可達精度，例如三角網之圖形強度分析等。
3. 作業規劃：根據前述項目結論，進行包含儀器、測法、時程和人員等作業規劃。
4. 儀器裝備校正：所有儀器設備均應實施必要的校正，確保觀測量的正確性。
5. 觀測及計算：按照規劃之儀器和測法實地施測，並對初獲觀測量進行必要的改正計算。
6. 網形平差及成果精度分析：確定控制網整體精度及各控制點坐標成果和精度。
7. 調製成果圖表：方便後續測量引用。

（二）控制測量作業的基本原則如下：

1. 從整體到局部。
2. 從高精度到低精度。

根據上述基本元測實施控制測量，可以獲致下列目的：

1. 若測區過大，可以適當規劃逐級加密的控制網，能避免網形過於複雜。
2. 可以逐級放寬各級控制網對誤差的容許程度，能對測量誤差作有效的掌控。
3. 可以方便控制網之平差計算。

4. 可以適當規劃控制點位置分布，使控制點能均勻分佈及方便引用。
5. 當測區事先建立的控制點分布均勻、數量足夠，及點位精度符合需求且均勻的情況下，便能夠同時在各控制點分工同步施測，縮短工期，各控制點的測量成果可以容易的相互整合，獲得精度一致的最後成果。

二、今有一大型圓形構造物，因故無法在其中心或頂端設置任何測量儀器，且圓形構造物內外部無法通視，內部也無法對空通視，其外緣一圈也對空通視不良。在該圓形構造物的外部不遠處有兩個可以互相通視的已知點 A 和 B（如略圖），試設計一個以全測站儀測量求定該圓形構造物中心坐標及圓半徑的可行方法，並請說明應用所設計的測量方法如何計算出該圓形構造物的中心坐標及圓半徑。（25 分）

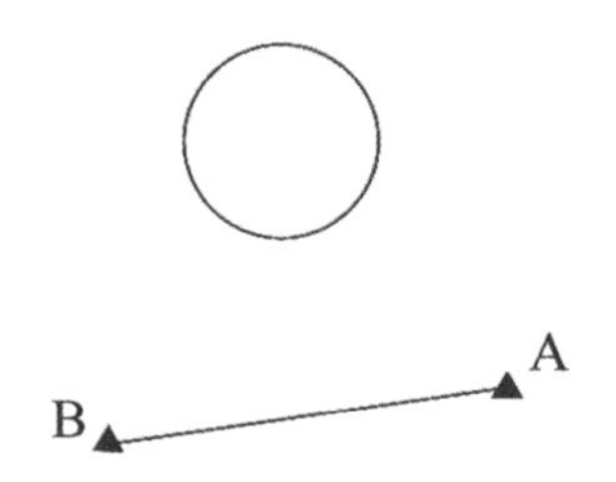

參考題解

（一）儀器：免稜鏡之雷射全站儀。

（二）如圖，測量步驟及計算過程說明如下：

1. 將全站儀安置於 A 點，並使視線水平，再後視 B 點並將水平度盤歸零。
2. 順時針平轉望遠鏡使縱絲照準構造物左側外緣之 C 點，觀測得水平角讀數為 β_C。
3. 繼續順時針平轉望遠鏡使縱絲照準構造物右側外緣 D 點，觀測得水平角讀數為 β_D，則得：

$$\angle CAD = \theta = \beta_D - \beta_C$$

4. 逆時針回轉望遠鏡 $\theta/2$ 角度（即水平度盤讀數為 $\beta_C + \theta/2$），即得構造物語 A 點最短距離之 E 點，並測量距離 $\overline{AE} = S$。
5. 構造物圓半徑計算：

根據直角三角形 AOD 得：$\sin\dfrac{\theta}{2} = \dfrac{R}{S+R}$，即可解得圓半徑 R。

6. 構造物圓心坐標計算：

由 A、B 二點已知坐標計算 A 至 B 之方位角：$\phi_{AB} = \tan^{-1}\dfrac{E_B - E_A}{N_B - N_A}$

A 至 O 之方位角：$\phi_{AO}=\phi_{AB}+\beta_C+\dfrac{\theta}{2}$

圓心 O 之坐標：$N_O=N_A+(S+R)\times\cos\phi_{AO}$

$E_O=E_A+(S+R)\times\sin\phi_{AO}$

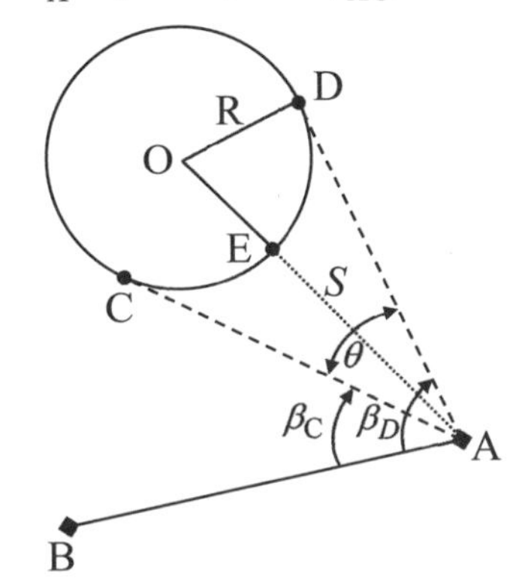

三、一條公路如圖所示，BC 為圓弧路段，B 點為圓弧曲線的起點（B.C.），C 點為圓弧曲線的終點（E.C.）。A、B、C 三點共圓，其坐標分別為$(x_A, y_A)=(190.000,\ 260.000)$、$(x_B, y_B)=(500.000,\ 560.000)$和$(x_C, y_C)=(755.000,\ 110.000)$（單位均為公尺），I.P.點的里程為$210K+348$。試求三角形$\Delta ABC$的三個邊長和三個內角值、圓弧曲線曲率半徑、B 點到 I.P.點的切線長、圓弧$\widehat{BC}$的長度和角度 I 之值、圓弧曲線起點（B.C.）和終點（E.C.）的里程。（所有角度計算到秒，秒以下四捨五入；長度計算到毫米，毫米以下四捨五入）。（25 分）

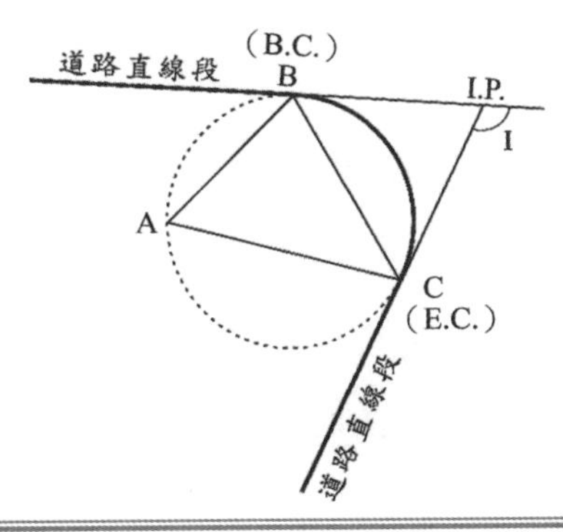

參考題解

（一）計算ΔABC的三個邊長：

$$\overline{AB}=\sqrt{(500.000-190.000)^2+(560.000-260.000)^2}=431.393m$$

$$\overline{BC}=\sqrt{(755.000-500.000)^2+(110.000-560.000)^2}=517.228m$$

$$\overline{AC}=\sqrt{(755.000-190.000)^2+(110.000-260.000)^2}=584.572m$$

（二）計算ΔABC的三個內角：

$$\angle A=\cos^{-1}(\frac{\overline{AB}^2+\overline{AC}^2-\overline{BC}^2}{2\times\overline{AB}\times\overline{AC}})=\cos^{-1}(\frac{431.939^2+584.572^2-517.228^2}{2\times431.939\times584.572})=58°55'45''$$

$$\angle B=\cos^{-1}(\frac{\overline{AB}^2+\overline{BC}^2-\overline{AC}^2}{2\times\overline{AB}\times\overline{BC}})=\cos^{-1}(\frac{431.393^2+517.228^2-584.572^2}{2\times431.393\times517.228})=75°28'40''$$

$$\angle C=\cos^{-1}(\frac{\overline{AC}^2+\overline{BC}^2-\overline{AB}^2}{2\times\overline{AC}\times\overline{BC}})=\cos^{-1}(\frac{584.572^2+517.228^2-431.393^2}{2\times584.572\times517.228})=45°35'35''$$

（三）計算圓弧曲線之外偏角 I：

如圖所示，因圓心角為 2 倍圓周角，即圓心角等於$2\angle A=117°51'30''$，又外偏角 I 等於圓心角，故得$I=117°51'30''$。

（四）計算圓弧曲線之曲率半徑 R：

由於$\overline{BC}$是長弦，故得$517.228=2\times R\times\sin\frac{117°51'30''}{2}$，解得$R=301.932m$。

（五）計算切線長 T：

$$T=R\times\tan\frac{I}{2}=301.932\times\tan\frac{117°51'30''}{2}=501.096m$$

（六）計算圓弧曲線長 L：

$$L=301.932\times117°51'30''\times\frac{\pi}{180°}=621.080m$$

（七）計算 $B.C.$椿和 $E.C.$椿之椿號：

$B.C.=210K+348-501.096=209K+846.904$

$E.C.=209K+846.904+621.080=210K+467.984$

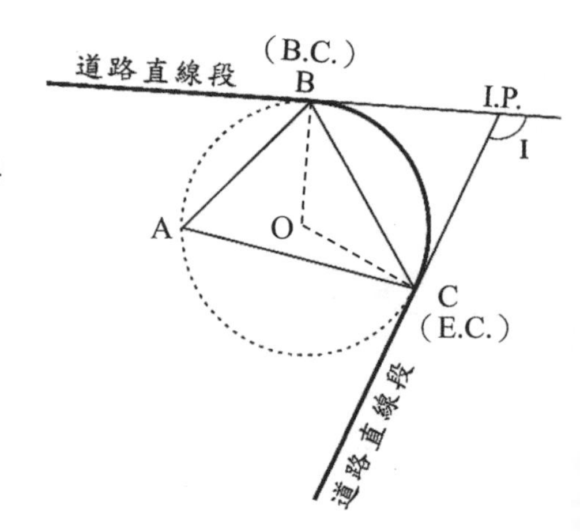

四、試申論大氣折光差及水準面曲率差（習稱為地球曲率差）對於一條直接水準測線的影響。（25 分）

參考題解

大氣折光差和地球曲率差合稱為**兩差**，對水準測量標尺讀數的綜合影響量為 $\frac{(1-k)S^2}{2R}$，式中 $k=0.13$ 為大氣折光係數，S 為視距值（水平距離），$R=6371km$ 為地球曲率半徑。

如圖，設水準測量單一測站之後視讀數為 b，視距值為 d_1；前視讀數為 f，視距值為 d_2。在考慮兩差影響後之正確高程差為：

$$\Delta h' = [b - \frac{(1-k)\cdot d_1^2}{2R}] - [f - \frac{(1-k)\cdot d_2^2}{2R}]$$
$$= (b-f) - \frac{(1-k)}{2R}\cdot(d_1^2 - d_2^2) = \Delta h - \frac{(1-k)}{2R}\cdot(d_1^2 - d_2^2)$$

由上式得知，兩差對單一測站高程差的影響量為：

$$\delta = \frac{1-k}{2R}\times(d_1^2 - d_2^2)$$

因此，對 n 個測站的水準線而言，各測站的兩差影響是累積的情形，即：

$$\delta_{總} = \delta_1 + \delta_2 + \cdots\cdots + \delta_n = \frac{1-k}{2R}\cdot\sum(d_1^2 - d_2^2)$$

若水準測量時，各測站之前後視距離能保持相等（即 $d_1 = d_2$），則 $\delta_{總} = 0$，否則應計算出 $\delta_{總}$ 對水準線的高程差進行改正。

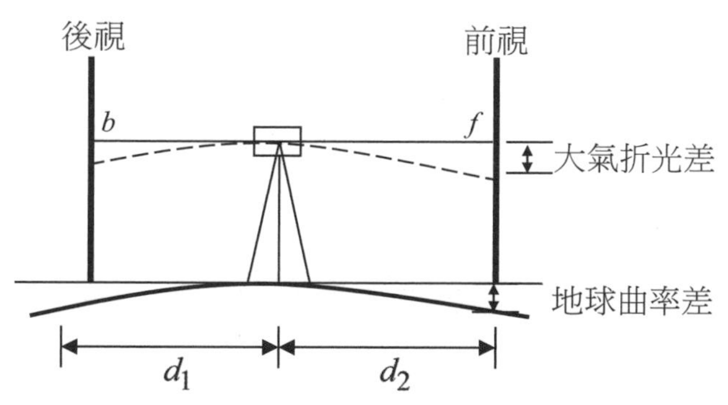

單元 2

公務人員普考

111年 公務人員普通考試試題／工程力學概要

一、左右對稱的箱型梁斷面，若斷面積的形心位置在 x' 軸與 y' 軸的交點 O，如圖所示。試求箱型梁的形心位置 $\bar{y}$ 和斷面積對 x' 軸的慣性矩。（25 分）

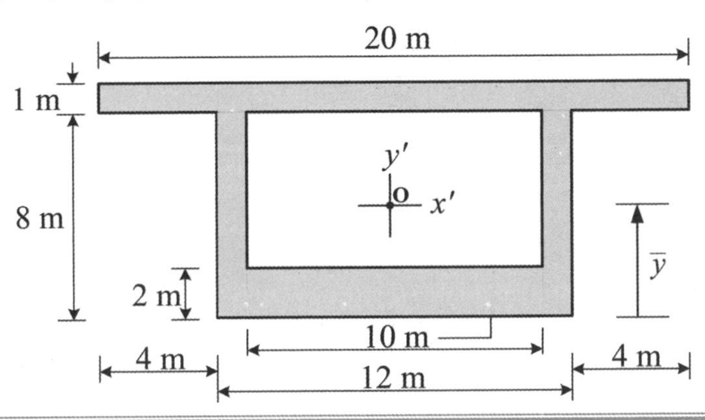

參考題解

（一）計算形心位置 $\bar{y}$

$$\bar{y} = \frac{10\times2\times1+1\times8\times2\times4+1\times20\times8.5}{10\times2+1\times8\times2+1\times20} = 4.536 \text{ m}$$

（二）計算斷面積對 x' 軸的慣性矩 $I_{x'}$

$$I_{x'} = \frac{1}{3}\times20\times(9-4.536)^3 - \frac{1}{3}\times18\times(9-4.536-1)^3 + \frac{1}{3}\times12\times4.536^3$$

$$-\frac{1}{3}\times10\times(4.536-2)^3 = 662.595 \text{ m}^4$$

二、桁架承受載重如圖所示，試求支承 A 的反力及桿件 BC、BD、AB、AD 所承受的力。（25 分）

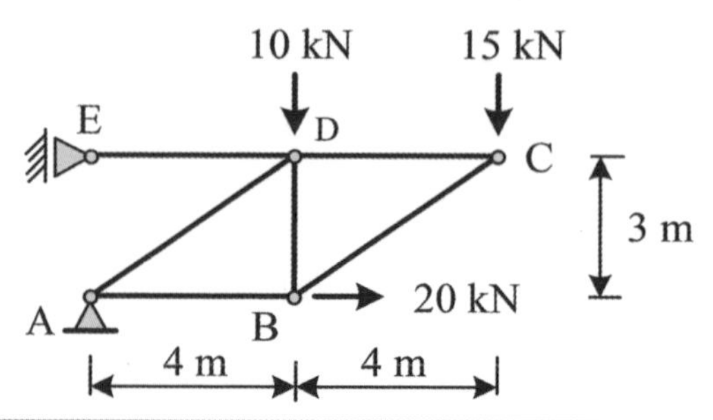

參考題解

令彎矩順時針為正、水平力向右為正、垂直力向上為正、桿件內力拉力為正

（一）整體力平衡

1. $\sum M_A = 0$, $10\times4+15\times8+R_E\times3=0 \ \therefore R_E=-53.33\,kN$

2. $\sum F_x = 0$, $20+\cancelto{-53.33}{R_E}+A_x=0 \ \therefore A_x=33.33\,kN$

3. $\sum F_y = 0$, $-10-15+A_y=0 \ \therefore A_y=25\,kN$

（二）C 節點水平力平衡

$$\sum F_y = 0\ ,\ -\frac{3}{5}S_{BC}-15=0 \ \therefore S_{BC}=-25\,kN$$

（三）B 節點垂直力平衡

$$\sum F_y = 0\ ,\ S_{BD}-\frac{3}{5}\times\cancelto{-25}{S_{BC}}=0 \ \therefore S_{BD}=15\,kN$$

（四）A 節點力平衡

$$\sum F_y = 0\ ,25+\frac{3}{5}S_{AD}=0 \ \therefore S_{AD}=-41.67\,kN$$

$$\sum F_x = 0\ ,\cancelto{33.33}{A_x}+S_{AB}+\frac{4}{5}\cancelto{-41.67}{S_{AD}}=0 \ \therefore S_{AB}=0\,kN$$

三、梁長 10 m，材料剛度 EI 為常數，在支承 A 為樞接，支承 C 為滾接，承受集中載重及均佈載重如圖所示。試求距離左支承（A 支承）x 處的剪力 V（x）和彎矩 M（x）的函數，繪製梁的剪力圖和彎矩圖，並標示此梁之零彎矩的位置。（30 分）

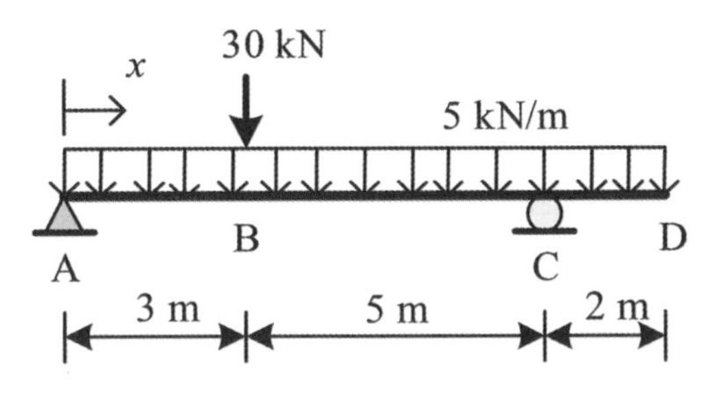

參考題解

（一）整體力平衡

1. $\sum M_A = 0$, $30 \times 3 + 5 \times 10 \times 5 - R_c \times 8 = 0 \therefore R_c = 42.5kn$

2. $\sum F_y = 0, -30 - 5 \times 10 + R_c^{42.5} + A_y = 0 \therefore A_y = 37.5kn$

（二）剪力大小分段考慮

$V_x = 37.5 - 5x(x = 0 \sim 3m)$
$= 7.5 - 5x(x = 3 \sim 8m)$
$= 50 - 5x(x = 8 \sim 10m)(kn)$

（三）彎矩大小分段考慮，且因 dM = Vdx，並帶入邊界條件

$M_x = 37.5x - 2.5x^2 (x = 0 \sim 3m)$
$= 7.5x - 2.5x^2 + 90(x = 3 \sim 8m)$
$= 50x - 2.5x^2 - 250(x = 8 \sim 10m)(kn \cdot m)$

（四）彎矩為零處

x = 0 m、7.684 m、10 m

（五）繪製剪力圖與彎矩圖

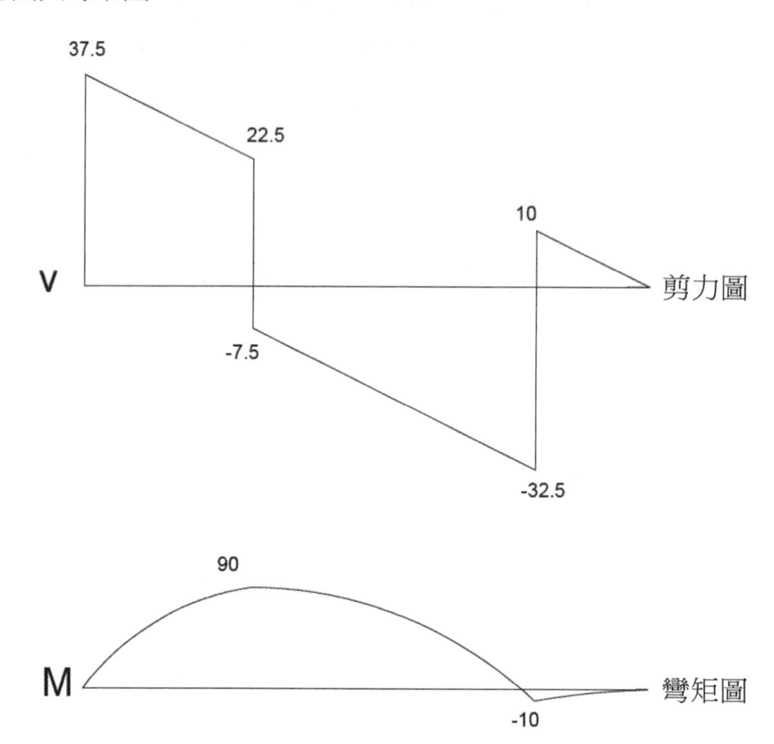

四、板為均值等向性材料，尺寸為 450 × 650 × 20 mm。

（一）若板承受雙軸平面應力 $\sigma_x = 31$ MPa 及 $\sigma_y = 17$ MPa 作用，其相對的應變為 $\varepsilon_x = 240 \times 10^{-6}$ 和 $\varepsilon_y = 85 \times 10^{-6}$，求板的彈性模數 E 及柏松比（Poisson's ratio）ν。（10 分）

（二）若板為鋼材，承受雙軸平面應力 $\sigma_x = 67$ MPa 及 $\sigma_y = -23$ MPa 作用，鋼材的彈性模數 $E = 200$ GPa，柏松比 $\nu = 0.30$，求鋼板的面內最大剪應變 γ_{max}。（10 分）

參考題解

（一）將已知條件代入廣義虎克定律

$$\varepsilon_x = \frac{\sigma_x}{E} - \nu\frac{\sigma_y}{E} - \nu\frac{\sigma_z}{E}$$

$$\varepsilon_x = -\nu\frac{\sigma_x}{E} + \frac{\sigma_y}{E} - \nu\frac{\sigma_z}{E}$$

$$\overset{240\times10^{-6}}{\cancel{\varepsilon}_x} = \frac{\overset{31}{\cancel{\sigma}_x}}{E} - \nu\frac{\overset{17}{\cancel{\sigma}_y}}{E} - \nu\frac{\overset{0}{\cancel{\sigma}_z}}{E}$$

$$\overset{85\times10^{-6}}{\cancel{\varepsilon}_y} = -\nu\frac{\overset{31}{\cancel{\sigma}_x}}{E} + \frac{\overset{17}{\cancel{\sigma}_y}}{E} - \nu\frac{\overset{0}{\cancel{\sigma}_z}}{E}$$

$$\therefore \nu = 0.241,\ \mathrm{E} = 112.093\mathrm{Gpa}$$

（二）計算最大剪應變 γ_{max}

$$R = \sqrt{\left(\frac{\sigma_x - \sigma_y}{2}\right)^2 + \tau_{xy}^{\ 2}}$$

$$R = \sqrt{\left(\frac{\overset{67}{\cancel{\sigma}_x} - \overset{-23}{\cancel{\sigma}_y}}{2}\right)^2 + \overset{0}{\cancel{\tau}_{xy}}^{\ 2}} = 45Mpa$$

$$\because \tau_{xy} = 0\ \ \therefore R = \tau_{\max} = 45Mpa$$

$$\tau = G\gamma,\ \mathrm{G} = \frac{E}{2(1+\nu)} = \frac{200}{2(1+0.3)} = 76.9231Gpa$$

$$\gamma = \frac{\tau}{G} = \frac{45}{76.9231\times1000} = 0.000585$$

111年 公務人員普通考試試題／結構學概要與鋼筋混凝土學概要

註：「鋼筋混凝土學概要」作答依據及規範：內政部營建署「混凝土結構設計規範」(內政部 110 年 3 月 2 日台內營字第 1100801841 號令)。未依上述規範作答，不予計分。

一、如下圖桁架，假設桁架所有節點皆為樞接，桿件自重不計，A 點為鉸支承，D 點為滾接支承，請詳細計算：

（一）求出 A 點與 D 點垂直方向反力，並指出是向上或是向下。（10 分）

（二）求出桁架構件 FE, FC, BC 的內力，並指出構件是受拉力或是受壓力。（15 分）

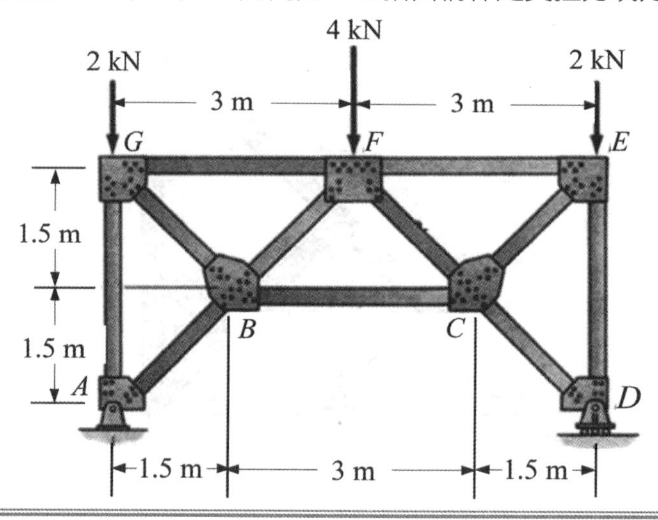

參考題解

令彎矩順時針為正、水平力向右為正、垂直力向上為正、桿件內力拉力為正

（一）整體力平衡

1. $\Sigma M_A = 0$，$4\times3+2\times6-R_D\times6=0 \ \therefore R_D = 4kN$（向上）

2. $\Sigma F_y = 0$，$-2-4-2+\cancel{R_D}^{4}+A_y=0 \ \therefore A_y = 4kN$（向上）

（二）D 節點力平衡

$$\Sigma F_x = 0，-\frac{1}{\sqrt{2}}S_{DC} \quad \therefore S_{DC} = 0kN$$

$$\Sigma F_y = 0，\frac{1}{\sqrt{2}}\cancel{S}^{0}_{DC}+\cancel{R}^{4}_{D}+S_{DE}=0 \quad \therefore S_{DE} = -4kN = 4kN（壓）$$

（三）E 節點力平衡

$$\Sigma F_y = 0 \text{，} -\frac{1}{\sqrt{2}} S_{EC} - 2 - \cancel{S}^{-4}_{ED} = 0 \;\therefore S_{EC} = 2\sqrt{2}kN\text{（拉）}$$

$$\Sigma F_x = 0 \text{，} -\frac{1}{\sqrt{2}} \cancel{S}^{2\sqrt{2}}_{EC} - S_{EF} = 0 \;\therefore S_{EF} = -2kN = 2kN\text{（壓）}$$

（四）C 節點力平衡

$$\Sigma F_y = 0 \text{，} -\frac{1}{\sqrt{2}} \cancel{S}^{0}_{DC} + \frac{1}{\sqrt{2}} \cancel{S}^{2\sqrt{2}}_{EC} + \frac{1}{\sqrt{2}} S_{FC} = 0 \;\therefore S_{FC} = -2\sqrt{2}kN = 2\sqrt{2}\text{（壓）}$$

$$\Sigma F_x = 0 \text{，} \frac{1}{\sqrt{2}} \cancel{S}^{2\sqrt{2}}_{EC} - \frac{1}{\sqrt{2}} \cancel{S}^{-2\sqrt{2}}_{FC} + \frac{1}{\sqrt{2}} \cancel{S}^{0}_{DC} - S_{BC} = 0 \;\therefore S_{BC} = 4kN\text{（拉）}$$

二、如下圖剛架，A 點為滾接支承，C 點為鉸支承，B 點為固定接頭，桿件自重不計。請詳細計算：

（一）求出 A 點與 C 點垂直方向反力，並指出是向上或是向下。（10 分）

（二）繪製構件 AB 與 BC 的剪力彎矩圖。（15 分）

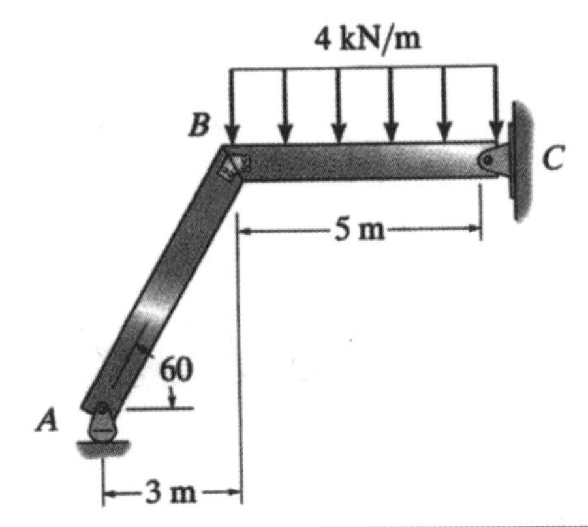

參考題解

（一）整體力平衡

1. $\Sigma M_C = 0$，$-4\times5\times2.5 + R_A \times 8 = 0 \;\therefore R_A = 6.25kN$（向上）

2. $\Sigma F_y = 0$，$-4\times5 + \cancel{R}^{6.25}_A + C_y = 0 \;\therefore C_y = 13.75kN$（向上）

（二）繪製剪力彎矩圖

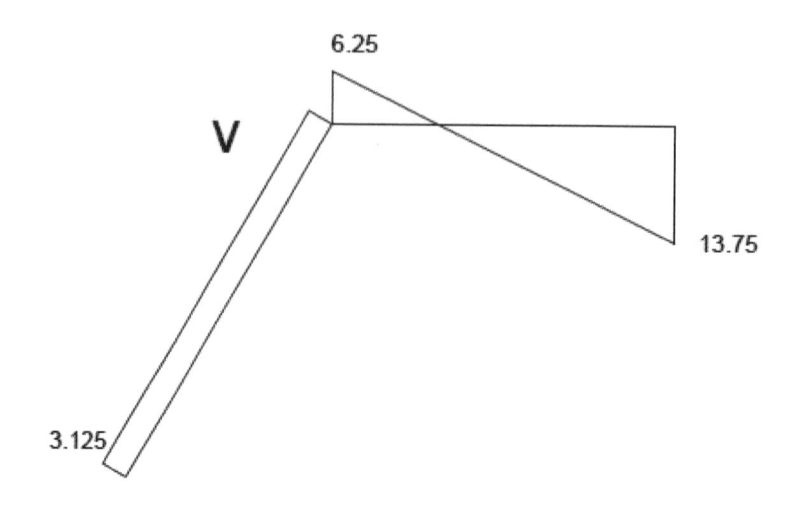

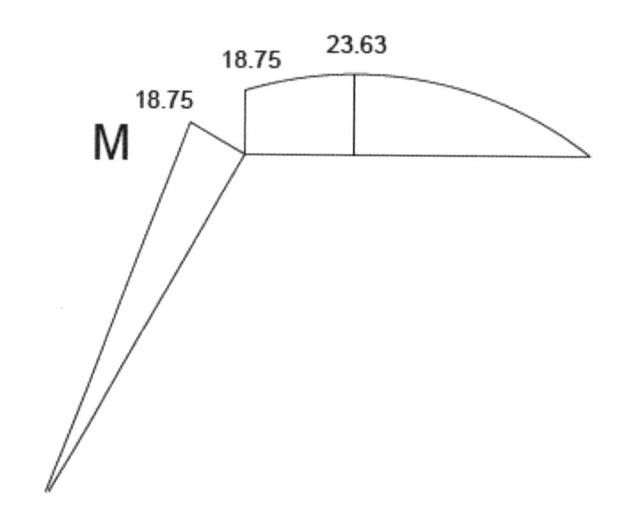

三、一單筋矩形梁寬 $b = 25$ cm，有效深度 $d = 50$cm，拉力鋼筋量A_s=14 cm^2，混凝土抗壓強度 $f'_c = 280$ kgf/cm^2，鋼筋降伏強度 $f_y = 4200$ kgf/cm^2，求設計彎矩強度ϕM_n。需詳列解答過程。（25 分）

參考題解

（一）中性軸位置：假設$\varepsilon_s > \varepsilon_y$

1. $C_c = 0.85 f_c' ba = 0.85(280)(25)(0.85x) = 5057.5x$
2. $T = A_s f_y = 14 \times 4200 = 58800$
3. $Cc = T \Rightarrow 5057.5x = 58800 \therefore x = 11.626\ cm$
4. $\varepsilon_t = \dfrac{d-x}{x}(0.003) = \dfrac{50-11.626}{11.626}(0.003) = 0.0099 > \varepsilon_y (ok)$

（二）ϕMn

1. $Mn = Cc(d - \dfrac{a}{2}) = 58800(50 - \dfrac{0.85 \times 11.626}{2}) = 2649466 kgf - cm \approx 26.5 tf - m$
2. $\varepsilon_t > 0.005 \therefore \phi = 0.9 \Rightarrow \phi Mn = 0.9(26.5) = 23.85 tf - m$

四、混凝土結構設計規範對於剪力筋提供之剪力計算強度 V_s 訂有上限值，請寫出此值並詳述做此規定之目的；設計時，若 V_s 值超過上限值，應如何處置？（25 分）

參考題解

依土木 401-100 規範 4.6.5，V_s 不得大於$2.12\sqrt{f_c'}\,b_w d$ ，在V_n與間距 s 都固定的情況下，若將A_v加大，可以拉高V_s ，進而降低V_c來縮小斷面。在這種狀況下可能造成裂縫尚未發展完全時，混凝土即被壓碎，而此時剪力筋尚未降伏，無法提供韌性預警。

因此規範希望『剪力筋的用量，能被適當的控制』，也就是V_s所佔V_n的比例應該被控制在某個範圍內，以求在剪力強度達V_n時，混凝土尚不至於發生剪壓破壞，且剪力筋可以降伏。

若$V_s > 2.12\sqrt{f_c'}\,b_w d$ ，此時意味V_s佔V_n的比例已經超過 8 成，此時需要放大斷面，增加V_c來降低V_s佔V_n的比例

111年 公務人員普通考試試題／土木施工學概要

一、鋼筋是鋼筋混凝土構造中不可或缺的材料，試說明鋼筋作業常見之缺失與施工品質檢驗之重點項目為何？（25 分）

參考題解

（一）鋼筋作業常見之缺失

1. 鋼筋表面：銹蝕、油污及附著水泥漿等異物。
2. 鋼筋尺寸、數量及間距：號數錯誤、根數不足與間距過大或過小。
3. 鋼筋排置位置：排置位置與設計不符。
4. 鋼筋彎折點、截切及形狀：彎折點、截切及形狀錯誤。
5. 彎鉤尺寸與形狀：
   （1）彎鉤彎曲直徑不符、伸展（錨碇）長度不足。
   （2）端部彎折角度不足。
6. 搭接長度或接續品質：搭接長度不足或接續品質缺失。
7. 接續位置：
   （1）接續位置不當。
   （2）相鄰鋼筋未錯位接續（弱面同一斷面）。
8. 鋼筋穩固程度：鋼筋固定綁紮或焊接間距過大或施作不良。
9. 鋼筋保護層厚度與墊塊排置：
   （1）鋼筋保護層厚度超過公差。
   （2）墊塊間距過大、材質、尺寸或形式不符規定。
10. 補強筋排置：開口部或雙向版之角偶補強筋未排置或錯誤。

（二）施工品質檢驗之重點項目

1. 材料進場：
   （1）進場查核：
   ①鋼筋型式與規格。
   ②運儲狀況：
   A. 每捆之廠牌、爐號與尺寸標示。
   B. 防蝕措施：墊高與覆蓋防水布。

③鋼筋表面：銹蝕或其他污染。

（2）抽樣檢驗：

①物性檢驗：

A. 形狀與節尺度：節高、節距、脊寬（間隙寬度）與節與軸線夾角等四項。

B. 質量：標稱直徑與單位長度質量（單位質量）等二項。

C. 拉伸試驗：降伏點或降伏強度　、抗拉強度與伸長率等三項。

D. 彎曲試驗。

E. 熱處理鋼筋（水淬鋼筋）判定試驗。

②化性檢驗：C, Mn, P, S, Si 含量與含碳當量（C.E.）等六項。

③幅射污染檢驗（或出廠檢測文件）。

2. 鋼筋加工：

（1）剪裁方式。

（2）鋼筋彎折點及形狀。

（3）彎鉤尺寸與形狀（內徑與餘長）。

3. 鋼筋組立：

（1）鋼筋表面。

（2）鋼筋尺寸、數量及間距。

（3）鋼筋排置位置。

（4）搭接長度或接續品質。

（5）接續位置。

（6）綁紮或焊接牢固情形。

（7）保護層厚度與墊塊排置。

（8）補強筋排置。

二、建築工程開挖施工作業前，由於事前資料收集不完備，而使得施工作業發生困難及災害，試說明建築工程設計常見之不完備包括那些項目。（25分）

參考題解

依公共工程委員會110.7.2修正「工程施工查核小組查核品質缺失扣點紀錄表」中規劃設計問題表列項目，說明如下

（一）安全性不良情事

1. 規範引用不當。
2. 參數引用不妥適。
3. 應變措施規範不足。
4. 未考量地盤狀況或未確實做好初步踏勘及工址現況調查。
5. 工法選用不當。
6. 規劃設計成果造成施工動線不良。
7. 臨時支撐型式及數量不適當。
8. 安全監測項目及頻率不足。
9. 設計成果危及維護人員工作環境。
10. 設計未符合工程定位及功能需求。
11. 未依工程規模及特性，分析潛在施工危險，並納入設計及其妥適性。
12. 其他規劃設計有安全性不良情事。

（二）施工性不良情事

1. 施工性不佳。
2. 設計界面整合不良。
3. 變更設計次數或金額不合理。
4. 進度的配置不合理。
5. 設計未考量節能減碳等功能（如綠建築）。
6. 對於土地取得之困難度未作說明。
7. 對於土地取得之經費未作分析。
8. 測量資料、地質資料、水文氣象資料、公共管線資料及其他必須資料不足。
9. 工程項目數量計算有明顯錯誤、漏項情形。
10. 變更設計執行進度延宕，致影響工程進度。
11. 其他規劃設計有施工性不良情事。

（三）維護性不良情事

1. 材料耐久性引用規範不當。
2. 維修材料取得不易。
3. 維護技術困難。
4. 契約編列數量計算與圖說核算不符。
5. 單價分析表施工項目重複編列。
6. 未依工程會 95.10.30 工程技字第 09500420500 號函，於規劃設計階段考量營建土石方平衡及交換、確認土質種類及數量、避免大挖大填、評估合法處理場所容量或大量者評估自設土資場等原則。
7. 其他規劃設計有維護性不良情事。

（四）公眾使用空間未針對性別差異於安全性、友善性或便利性作適當考量

1. 未建構男女空間合理使用比例，如公廁男女比、親子廁所、無障礙空間設備。
2. 未考量空間安全性，如空間死角、路燈數量、公共女廁座落位置、裝設安全警鈴。
3. 未考量不同性別特殊需求，如設置哺乳室。
4. 未考量不同性別感受，建構整潔舒適環境，如吸菸非吸菸區規定。
5. 其他公眾使用空間之規劃設計未針對性別差異於安全性、友善性或便利性作適當考量情事。

三、土方工程是建築工程施工中主要工程項目之一，試說明建築土方工程中土方填築作業內容及品質管理要項。（25 分）

參考題解

（一）土方填築作業內容

1. 施工前準備：

（1）填方區準備。

（2）借土區準備。

2. 施工中作業：

（1）借土區取土作業。

（2）填築作業。

（3）檢測。

3. 完工後作業。

（二）土方填築品質管理要項

1. 施工前準備：

（1）填方區準備事項：

①障礙物清理。

②表土整理。

③排水措施。

④表土強度（CBR 值）確認。

⑤填方線與坡度標記設置。

⑥運輸路線與方式擬定。

（2）借土區準備事項：土壤分類與夯實試驗。

2. 施工中作業：

（1）借土區取土作業：

①施工機具與人員安排。

②取土範圍與數量控制。

③安衛環保措施。

④取土方式：分層平取。

⑤過大粒徑回填材篩除。

（2）填築作業：

①每層填築厚度。

②含水量控制。

③滾壓順序。

④各層填築厚度高程控制。

（3）檢測：

①壓實度檢測：

A. 土質回填材：工地密度試驗。

B. 石料回填材：滾壓試驗。

②沉陷量監測。

③完成後高程檢測。

3. 完工後作業：施工區域（填方區與借土區）環境整理。

四、建築鋼結構由於具備施工容易、抗震與環保功能優良等特點，故於近代建築工程占有極重要之角色。試說明工地現場之土木建築工程師應對進場之鋼構件如何查驗。（25 分）

參考題解

（一）自主品管文件查驗

按施工計劃中應查驗項目逐項清點、查驗鋼構廠自主品管之相關文件。

（二）焊道尺寸抽查

以焊道規對初進場尚未安裝之構件隨機抽查其焊喉及焊道腳長是否符合標準。

（三）剪力釘抽檢

抽檢剪力釘附著情形，以鐵錘夯擊剪力釘至傾斜 15°以上，檢視銲腳處有無裂縫（彎曲試驗），焊腳無裂縫者為合格。

（四）高拉力螺栓檢查

檢視鋼構件所有接頭，在接合完成後其高拉力螺栓是否全數斷尾。

（五）塗裝膜厚抽測

最後一道面漆完成後，以膜厚測定儀對鋼構件隨機抽測，測定其油漆總膜厚是否不低於設計值。

（六）防火披覆抽驗

鋼骨工程防火被覆完成後，依檢驗規範以探針抽驗防火被覆之厚度，如遇不合格處，須立即要求承商改善。

111年 公務人員普通考試試題／測量學概要

一、一條水準線的逐差水準測量往測 BM1 到 BM2 的高程差觀測值為 12.404 公尺，水準線長為 2.56 公里；返測 BM2 到 BM1 的高程差觀測值為 −12.382 公尺，水準線長為 2.60 公里，試由這些數據計算往返測閉合差（往返測閉合差請以 $a\ mm\sqrt{K}$ 表示，K 係水準路線長，以公里計），以及計算 BM2 到 BM1 高程差平均值。（高程差平均值計算到毫米，毫米以下四捨五入；a 須計算至小數以下 1 位）（25 分）

參考題解

（一）計算往返測閉合差及規範值 a：

$$\varepsilon = 12.404 - 12.382 = 0.022m = 22mm$$

$$\text{水準線平均長度} = \frac{2.56 + 2.60}{2} = 2.58km$$

則依 $a\ mm\sqrt{K}$ 表示得：$22 = a \times \sqrt{2.58}$

計算得：$a = 13.6966 \approx 13.7$

以 $a\ mm\sqrt{K}$ 表示為：$13\ mm\sqrt{K}$

（二）計算 BM2 到 BM1 高程差平均值：

$$\Delta h_{\text{平均}} = \frac{12.404 - (-12.382)}{2} = 12.393m$$

二、試寫出平面三參數正交轉換、四參數相似轉換，以及六參數仿射轉換的公式，並試各舉一例說明應用這些轉換的時機。（25 分）

參考題解

（一）四參數相似轉換（亦稱 Helmert 轉換）

1. 公式說明：

如圖(a)，設 N-E 平面坐標系之 N、E 二坐標軸正交且具有相同的尺度，X-Y 平面坐標系之 X、Y 二坐標軸正交且具有相同的尺度。因此欲將 X-Y 坐標系轉換成 N-E 坐標系時，二坐標系之間存在著坐標軸旋轉量 θ，坐標原點平移量 (c,d) 和尺度比 λ 等四個參數，則坐標轉換公式如下：

$$\begin{bmatrix} E \\ N \end{bmatrix} = \lambda \cdot \begin{bmatrix} \cos\theta & \sin\theta \\ -\sin\theta & \cos\theta \end{bmatrix} \begin{bmatrix} X \\ Y \end{bmatrix} + \begin{bmatrix} c \\ d \end{bmatrix} = \begin{bmatrix} \lambda \cdot \cos\theta & \lambda \cdot \sin\theta \\ -\lambda \cdot \sin\theta & \lambda \cdot \cos\theta \end{bmatrix} \begin{bmatrix} X \\ Y \end{bmatrix} + \begin{bmatrix} c \\ d \end{bmatrix}$$

若令 $a = \lambda \times \cos\theta$，$b = \lambda \times \sin\theta$，則得：

$$\begin{bmatrix} E \\ N \end{bmatrix} = \begin{bmatrix} a & b \\ -b & a \end{bmatrix} \begin{bmatrix} X \\ Y \end{bmatrix} + \begin{bmatrix} c \\ d \end{bmatrix}$$

一般表示為：$E = a \cdot X + b \cdot Y + c$

$N = -b \cdot X + a \cdot Y + d$

2. 轉換特性：
　（1）X、Y 二坐標軸必須正交。
　（2）X、Y 二坐標軸之尺度必須相同。
　（3）轉換後形狀不變，但尺寸可能會改變。
3. 應用時機及案例說明：
　可用於屬於各類不同平面直角坐標系統但尺度不一致的圖資套疊時，各坐標系統之間的轉換，例如將將屬於 TWD67 的地籍圖和屬於 TWD97 的都市計畫圖之間的套疊時，可以採用四參數相似轉換進行坐標轉換。又如在小區域的圖根點上實施 e-GNSS 時，可以實施四參數相似轉換進行坐標轉換。應用四參數相似轉換最少需要二個以上的共同點，共同點最好規劃均勻分佈於測區四周和內部。

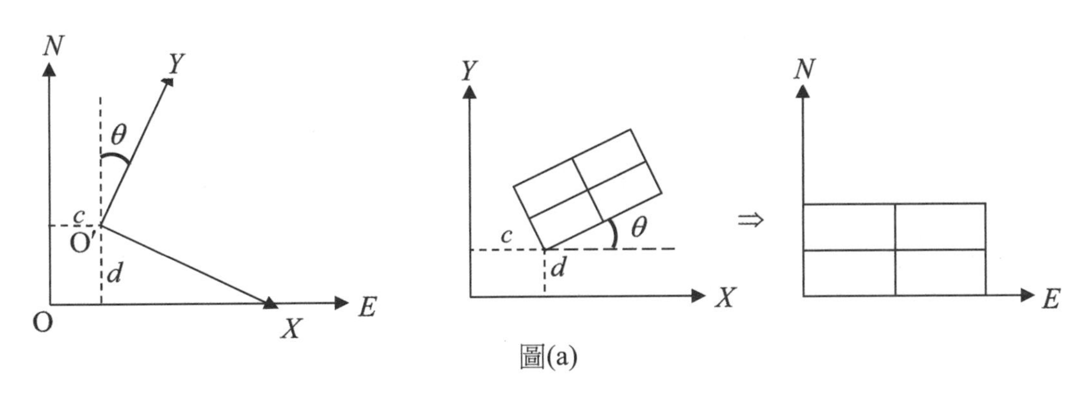

圖(a)

（二）三參數正交轉換
1. 公式說明：
　設 N-E 坐標系之 N、E 二坐標軸正交且具有相同的尺度，X-Y 坐標系之 X、Y 二坐標軸正交且具有相同的尺度。X-Y 坐標系與 N-E 坐標系之間具有相同的尺度（即 $\lambda = 1$），僅存在著坐標軸旋轉量 θ，坐標原點平移量 (c, d) 等三個參數，則 X-Y 坐標系轉換成 N-E 坐標系的坐標轉換公式如下：

$$\begin{bmatrix} E \\ N \end{bmatrix} = \begin{bmatrix} \cos\theta & \sin\theta \\ -\sin\theta & \cos\theta \end{bmatrix} \begin{bmatrix} X \\ Y \end{bmatrix} + \begin{bmatrix} c \\ d \end{bmatrix} = \begin{bmatrix} \cos\theta & \sin\theta \\ -\sin\theta & \cos\theta \end{bmatrix} \begin{bmatrix} X \\ Y \end{bmatrix} + \begin{bmatrix} c \\ d \end{bmatrix}$$

一般表示為：$E = \cos\theta \cdot X + \sin\theta \cdot Y + c$

$N = -\sin\theta \cdot X + \cos\theta \cdot Y + d$

2. 轉換特性：

（1）容許 X、Y 二坐標軸不正交。

（2）容許 X、Y 二坐標軸之尺度比不同。

（3）轉換後形狀和尺寸均不會改變。

3. 應用時機及案例說明：

可用於在**確定尺度不變**的情況下實施三參數正交轉換，例如以全站儀實施小坵塊土地的複丈測量時，欲將 TWD67 的圖資轉換成 TWD97 的圖資。應用三參數正交轉換最少需要二個以上共同點進行轉換參數解算。

（三）六參數仿射轉換

1. 公式說明：

如圖(b)，設 N-E 平面坐標系之 N、E 二坐標軸正交且具有相同的尺度，但 X-Y 坐標系之 X、Y 二坐標軸不正交且各自有不同的尺度。因此欲將 X-Y 坐標系轉換成 N-E 坐標系時，二坐標系之間存在著 E 坐標軸旋轉量 θ，X、Y 二坐標軸之間不正交的偏角 $\Delta\theta$，坐標原點平移量 (c_1, c_2)，E 軸尺度比 λ_E，N 軸尺度比 λ_N 和等六個參數，則二坐標系之間的轉換公式如下：

$$\begin{bmatrix} E \\ N \end{bmatrix} = \begin{bmatrix} \lambda_E \cdot \cos\theta & -\lambda_N \cdot \sin(\theta + \Delta\theta) \\ \lambda_E \cdot \sin\theta & \lambda_N \cdot \cos(\theta + \Delta\theta) \end{bmatrix} \begin{bmatrix} X \\ Y \end{bmatrix} + \begin{bmatrix} c \\ d \end{bmatrix}$$

若令 $a_1 = \lambda_E \cdot \cos\theta$，$b_1 = -\lambda_N \times \sin(\theta + \Delta\theta)$，$a_2 = \lambda_E \times \sin\theta$，$b_2 = \lambda_N \times \cos(\theta + \Delta\theta)$，則得：

$$d\begin{bmatrix} E \\ N \end{bmatrix} = \begin{bmatrix} a_1 & b_1 \\ a_2 & b_2 \end{bmatrix} \begin{bmatrix} X \\ Y \end{bmatrix} + \begin{bmatrix} c_1 \\ c_2 \end{bmatrix}$$

一般表示為：$E = a_1 \cdot x + b_1 \cdot y + c_1$

$N = a_2 \cdot x + b_2 y + c_2$

2. 轉換特性：

（1）容許 X、Y 二坐標軸不正交。

（2）容許 X、Y 二坐標軸之尺度比不同。

（3）轉換後形狀和尺寸均會改變。

3. 應用時機及案例說明：

當地圖因圖紙伸縮產生變形時，可應用六參數仿射轉換作為地圖數化時修正變形之用。另外對於高精度 GNSS 控制測量時，可以應用六參數仿射轉換進行 TWD97 坐標換算。應用六參數仿射轉換最少需要三個共同點，共同點最好規劃均勻分佈於測區四周和內部。

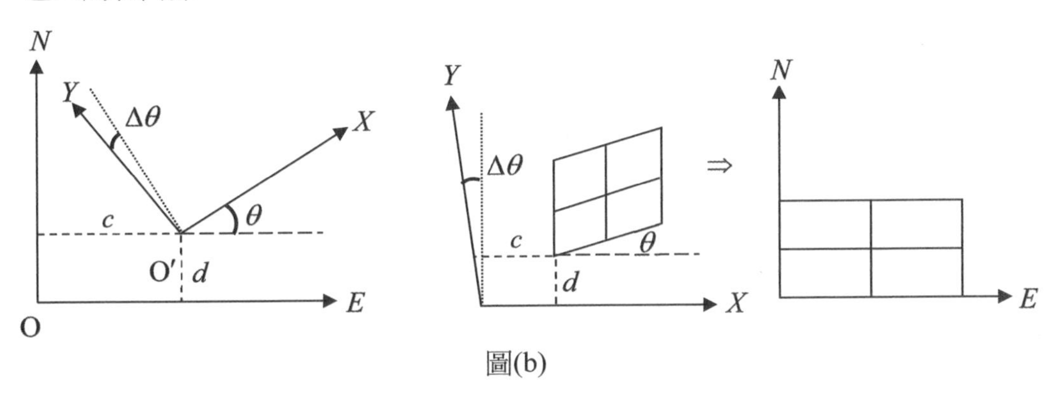

圖(b)

三、何謂雙距偏心測量？以此法求待定點坐標時，需要那些觀測量？並請說明應用此法如何計算待定點坐標？（25 分）

參考題解

雙距偏心測量用於測定無法通視的隱蔽點。如圖，A、B 為已知點，P 為隱蔽的待定點，雙距偏心測量需在 P 點附近選擇可通視的 C、D 二個偏心點，且 C、D、P 三點要共線，然後以 A 點為測站，B 點為後視點，利用全站儀以光線法先測定 C、D 二個偏心點的坐標後，再測定 C、P 間的偏心距離 k，計算時先算出 D 到 C 的方位角，最後計算 P 點坐標。綜合上述，將雙距偏心測量的概念整理如下：

（一）已知值：$A(N_A, E_A)$、$B(N_B, E_B)$

（二）觀測量：水平角 $\angle BAD = \theta_D$、$\angle BAC = \theta_C$

水平距離 $\overline{AD} = S_D$、$\overline{AC} = S_C$、$\overline{CP} = k$

（三）P 點坐標計算程序：

1. 計算偏心點 C、D 的坐標：

A 至 B 方位角：$\phi_{AB} = \tan^{-1}\dfrac{E_B - E_A}{N_B - N_A}$

A 至 D 方位角：$\phi_{AD} = \phi_{AB} + \theta_D$

A 至 C 方位角：$\phi_{AC} = \phi_{AB} + \theta_C$

D 點坐標：$N_D = N_A + S_D \times \cos\phi_{AD}$

$E_D = E_A + S_D \times \sin\phi_{AD}$

C 點坐標：$N_C = N_A + S_C \times \cos\phi_{AC}$

$E_C = E_A + S_C \times \sin\phi_{AC}$

2. 計算待定點 P 的坐標：

C 至 P 方位角：$\phi_{CP} = \phi_{DC} = \tan^{-1}\dfrac{E_C - E_D}{N_C - N_D}$

P 點坐標：$N_P = N_C + k \times \cos\phi_{CP}$

$E_P = E_C + k \times \sin\phi_{CP}$

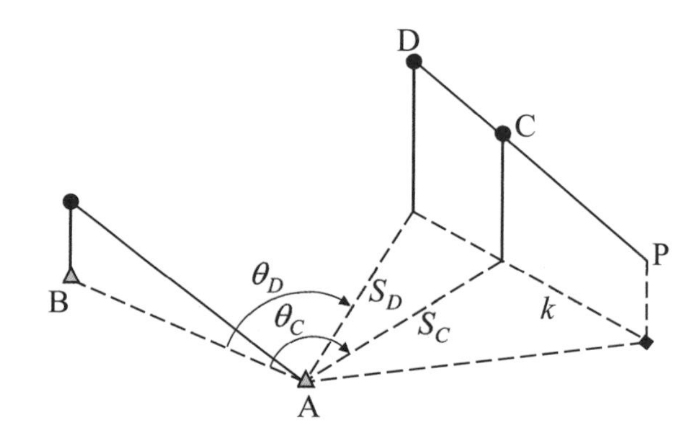

四、如圖所示，量測兩個長方形 E 和 F 的四個邊長，長度分別為 a、b、c 和 d，其量測標準差分別為3σ 、2σ 、σ 和 σ 。假設所有觀測量均獨立不相關，試計算這兩個長方形 E 和 F 面積的標準差及其相關係數。（25 分）

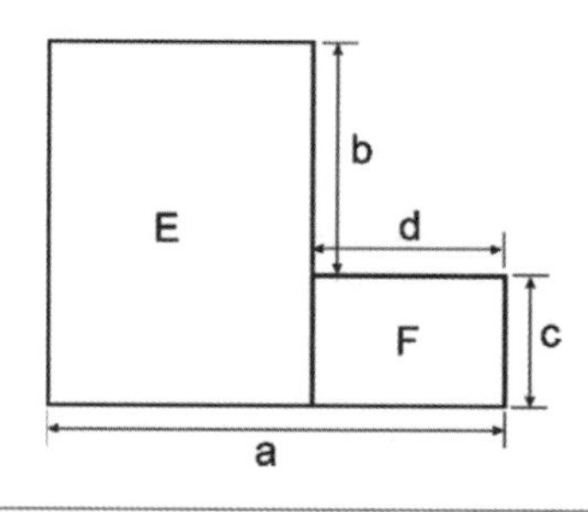

參考題解

$E = (a-d) \times (b+c)$

$$\frac{\partial E}{\partial a} = b + c$$

$$\frac{\partial E}{\partial b}=a-d$$

$$\frac{\partial E}{\partial c}=a-d$$

$$\frac{\partial E}{\partial d}=-(b+c)$$

$F=c\times d$

$$\frac{\partial F}{\partial c}=d$$

$$\frac{\partial E}{\partial d}=c$$

根據多變量誤差傳播定律得知變方協變方矩陣為：

$$\Sigma_{EF}=\begin{bmatrix}\sigma_E^2 & \sigma_{EF}\\ \sigma_{FE} & \sigma_F^2\end{bmatrix}=G\cdot\Sigma_{abcd}\cdot G^T$$

上式中：

$$G=\begin{bmatrix}\frac{\partial E}{\partial a} & \frac{\partial E}{\partial b} & \frac{\partial E}{\partial c} & \frac{\partial E}{\partial d}\\ 0 & 0 & \frac{\partial F}{\partial c} & \frac{\partial F}{\partial d}\end{bmatrix}=\begin{bmatrix}b+c & a-d & a-d & -(b+c)\\ 0 & 0 & d & c\end{bmatrix}$$

$$\Sigma_{abcd}=\begin{bmatrix}(3\sigma)^2 & 0 & 0 & 0\\ 0 & (2\sigma)^2 & 0 & 0\\ 0 & 0 & \sigma^2 & 0\\ 0 & 0 & 0 & \sigma^2\end{bmatrix}=\sigma^2\cdot\begin{bmatrix}9 & 0 & 0 & 0\\ 0 & 4 & 0 & 0\\ 0 & 0 & 1 & 0\\ 0 & 0 & 0 & 1\end{bmatrix}$$

則得：

$$\Sigma_{EF}=\begin{bmatrix}\sigma_E^2 & \sigma_{EF}\\ \sigma_{FE} & \sigma_F^2\end{bmatrix}$$

$$=\begin{bmatrix}b+c & a-d & a-d & -(b+c)\\ 0 & 0 & d & c\end{bmatrix}\cdot\sigma^2\cdot\begin{bmatrix}9&0&0&0\\0&4&0&0\\0&0&1&0\\0&0&0&1\end{bmatrix}\cdot\begin{bmatrix}b+c & 0\\ a-d & 0\\ a-d & d\\ -(b+c) & c\end{bmatrix}$$

$$=\sigma^2\cdot\begin{bmatrix}9(b+c)^2+4(a-d)^2+(a-d)^2+(b+c)^2 & d\cdot(a-d)-c\cdot(b+c)\\ d\cdot(a-d)-c\cdot(b+c) & c^2+d^2\end{bmatrix}$$

（一）長方形 E 面積的標準差為：

$$\sigma_E=\pm\sigma\cdot\sqrt{9(b+c)^2+4(a-d)^2+(a-d)^2+(b+c)^2}$$

（二）長方形 F 面積的標準差為：

$$\sigma_F=\pm\sigma\cdot\sqrt{c^2+d^2}$$

（三）因 $\sigma_{EF}=\sigma\cdot\sqrt{d\cdot(a-d)-c\cdot(b+c)}$

故相關係數如下：

$$\gamma_{EF}=\frac{\sigma_{EF}}{\sigma_E\cdot\sigma_F}=\frac{\sigma\cdot\sqrt{d\cdot(a-d)-c\cdot(b+c)}}{\sigma\cdot\sqrt{9(b+c)^2+4(a-d)^2+(a-d)^2+(b+c)^2}\times\sigma\cdot\sqrt{c^2+d^2}}$$

$$=\frac{\sqrt{d\cdot(a-d)-c\cdot(b+c)}}{\sigma\cdot\sqrt{10(b+c)^2+5(a-d)^2}\times\sqrt{c^2+d^2}}$$

註：Σ 矩陣之對角線元素稱為變方（開根號後為中誤差），非對角線元素稱為協變方。

單元 3

土木技師專技高考

111年 專門職業及技術人員高等考試試題／結構設計（包括鋼筋混凝土設計與鋼結構設計）

「鋼筋混凝土設計」依據及作答規範：內政部營建署「混凝土結構設計規範」（內政部 110.3.2 台內營字第 1100801841 號令）；中國土木水利工程學會「混凝土工程設計規範與解說」（土木 401-100）。

一、有一簡支 H 型鋼梁，跨距為 8.8 m，全跨承受因數化載重 $w_u = 8$ tf/m，型鋼斷面強軸承受彎矩。鋼梁為熱軋 H 型鋼 H600 × 200 × 11 × 17，為塑性設計斷面，鋼材降伏應力 $F_y = 3.5$ tf/cm^2。簡支梁兩端支承點皆有側向支撐。鋼梁為了承載此因數化載重，需於兩端支承點間增加側向支撐。假設增加的側向支撐為等間距，且其數量最少；並且 c_b 值保守的取 1.0。請依據極限設計法，計算需於兩端支承點間增加多少數量的側向支撐？側向支撐間距為何？（25 分）

參考資料：

H600 × 200 × 11 × 17 ： $A = 132$ cm^2 ， $I_x = 75{,}600$ cm^4 ， $I_y = 2{,}270$ cm^4 ，$r_x = 24$ cm，$r_y = 4.15$ cm，$r_T = 5.02$ cm，$S_x = 2{,}520$ cm^3，$S_y = 227$ cm^3，$Z_x = 2{,}900$ cm^3，$Z_y = 358$ cm^3，$X_1 = 130$ tf/cm^2，$X_2 = 3.46(\text{cm}^2/\text{tf})^2$。

參考公式：請自行選擇適合的公式，並檢查其正確性，若有問題應自行修正。

$$L_p = \frac{80 r_y}{\sqrt{F_{yf}}}$$

$$L_r = \frac{r_y X_1}{F_L}\sqrt{1+\sqrt{1+X_2 F_L^2}}$$

$$X_1 = \frac{\pi}{S_x}\sqrt{\frac{EGJA}{2}}$$

$$X_2 = 4\frac{C_w}{I_y}\left[\frac{S_x}{GJ}\right]^2$$

$$M_n = C_b\left\{M_p - (M_p - M_r)\left[\frac{L_b - L_p}{L_r - L_p}\right]\right\} \le M_p$$

$$M_r = F_L S_x$$

$F_L = (F_{yf} - F_r)$ 或 F_{yw} 取小值

$$M_n = M_{cr} \leqq M_p$$

$$M_{cr} = C_b\frac{\pi}{L_b}\sqrt{EI_y GJ + \left(\frac{\pi E}{L_b}\right)^2 I_y C_w}$$

$$= \frac{C_b S_x X_1 \sqrt{2}}{L_b / r_y}\sqrt{1 + \frac{X_1^2 X_2}{2(L_b / r_y)^2}}$$

參考題解

Hint：面對試題不著急，想想 SOP 自然解題！

1. 由簡易結構分析可知，$M_p > M_n \ge M_r \rightarrow$ 非彈性 LTB

   $L_p < L_b \le L_r \rightarrow$此區公式採線性內插，相當簡易，可直接求取 L_b 範圍

2. 若遇公式繁複區段，可假設側向支撐數量，以試誤法求解

（一）準備工作

1. 結實性檢核：塑性設計斷面 $OK\sim$
2. 結構分析：

   $M_u = W_u L^2/8 = 77.44\ tf - m$

   $M_n \ge M_u/\emptyset = 86.044\ tf - m$

（二）已知M_n，反求L_b範圍

1. 計算諸元

   $\boldsymbol{M_p} = F_y Z_x = 3.5 \times 2900 \times 10^{-2} = 101.5\ tf - m$

   $F_L = \left(F_{yf} - F_r，F_{yw}\right)_{\min} = \left(3.5 - 0.7，3.5\right)_{\min} = 2.8\ tf/cm^2$

   $\boldsymbol{M_r} = F_L S_x = 2.8 \times 2520 \times 10^{-2} = 70.56\ tf - m$

   $\boldsymbol{L_p} = \dfrac{80 r_y}{\sqrt{F_{yf}}} = \dfrac{80 \times 4.15}{\sqrt{3.5}} = 177.46\ cm$

$$\boldsymbol{L_r} = \frac{r_y X_1}{F_L}\sqrt{1+\sqrt{1+X_2 F_L{}^2}} = 483.75\ cm$$

2. $M_n = 86.044\ tf-m$

   $M_p > M_n \geq M_r \rightarrow$ 非彈性 LTB

3. $C_b = 1.0$

$$M_n \geq 86.044 = C_b\left(M_p - \left(M_p - M_r\right)\frac{L_b - L_p}{L_r - L_p}\right) \leq \boldsymbol{M_p}$$

$$= 1.0\left(101.5 - (101.5 - 70.56)\frac{L_b - 177.46}{483.75 - 177.46}\right)$$

   $\boldsymbol{L_b \leq 330.47\ cm}$

4. 增加二處側撐 $880/3 = 299.33 \leq 330.47\ cm\ \ OK\sim$

   需於二端支承間增加二處側向支撐，支撐間距293.33 cm

【後記】若本題未保守取 $C_b = 1.0$，則二端支承間需增加幾處側撐？

二、有一鋼筋混凝土柱，縱向受壓鋼筋的配置有一處為 D29 與 D25 的搭接。D25 鋼筋直徑 d_b = 2.54 cm，D29 鋼筋直徑 d_b = 2.87 cm，鋼筋降伏強度 f_y = 4200 kgf/cm^2。混凝土抗壓強度 f'_c= 280 kgf/cm^2。不考慮修正因數，請計算該搭接處搭接長度為何？（25 分）

參考公式：請自行選擇適合的公式，並檢查其正確性，若有問題應自行修正。

$$\ell_d = \frac{0.19 f_y \psi_t \psi_e \lambda}{\sqrt{f'_c}} d_b$$

$$\ell_{dc} = \frac{0.075 f_y}{\sqrt{f'_c}} d_b$$

$$\ell_{dc} = 0.0043 f_y d_b$$

鋼筋 $f_y \leq$ 4200 kgf/cm^2 者：受壓搭接長度為 $0.0071 d_b f_y$，且不得小於 30 cm

參考題解

（一）小號鋼筋之受壓搭接長度

$$\ell_{dc} = \{0.0071 d_b f_y\ ,\ 30\}_{max} = \{0.0071\, \not{d_b}^{2.54}\,(4200)\ ,\ 30\}_{max} = 75.7cm\ .....①$$

（二）大號鋼筋之受壓伸展長度

$$\ell_{dc}=\left\{\frac{0.075f_y}{\sqrt{f_c'}}d_b\ ,\ 0.0043f_yd_b\right\}_{max}=\left\{\frac{0.075(4200)}{\sqrt{280}}d_b\ ,\ 0.0043(4200)d_b\right\}_{max}$$

$$=18.82\,d_b^{2.87}=54\ cm\ .....②$$

（三）①② 取大值：$\ell_{dc}=75.7\ cm$

PS：若考慮 RC 柱在地震力反覆作用下，柱主筋可能產生拉應力時，則搭接長度應假設為乙級拉力搭接（業界作法），此時：

$$\text{搭接長度}=1.3\ell_d=1.3\left(0.19\frac{f_y\psi_t\psi_e\lambda}{\sqrt{f_c'}}d_b\right)$$

$$=1.3\left(0.19\frac{(4200)(1)(1)(1)}{\sqrt{280}}d_b\right)\approx 62\,d_b^{2.87}=177.94\ cm$$

【對應的規範解說】摘自土木 401-100

5.17.1	受壓竹節鋼筋之搭接長度如表 5.17.1 所示，且不得小於 30 cm；當混凝土之 f_c' 小於 210 kgf/cm^2 時，搭接長度須增加 1/3。

表 5.17.1 受壓搭接之最小長度

鋼 筋 情 況	搭 接 長 度
$f_y\le 4{,}200$ kgf/cm^2	$0.0071d_bf_y$
$f_y>4{,}200$ kgf/cm^2	$(0.013f_y-24)d_b$

5.17.2	不同直徑之受壓鋼筋搭接時，其搭接長度應為大號鋼筋之伸展長度或小號鋼筋之搭接長度兩者之大值。D43 或 D57 鋼筋可與 D36 或較小之鋼筋搭接。

【解說】

對不同直徑之受壓鋼筋作搭接時，本規範要求其搭接長度為：（1）小號鋼筋之受壓搭接長度；（2）大號鋼筋之受壓伸展長度，兩者取大值。而此項要求之理由如下：對相同根數但不同直徑之鋼筋作抗壓搭接時，其鋼筋應負擔之壓力是以小號鋼筋為準，故小號鋼筋之搭接長度應為設計對象。但大號鋼筋會因混凝土乾縮和潛變的影響，而負擔額外的壓力，故這些大號鋼筋的壓力應在其伸展長度內釋放出來，以供小號鋼筋和周遭之混凝土共同承接。因此，大號鋼筋之伸展長度也應作設計之考慮。

三、鋼結構構材的接合常採用螺栓接合，請回答下列問題：（25 分）
（一）高強度螺栓的鎖緊須達最小預拉力，請列舉四項鎖緊方法。
（二）影響摩阻型接合的抗滑強度有那些因素？

參考題解

（一）為能確認螺栓已鎖至最小預拉力，常用下列四種方法：

1. 扭矩控制型：配合斷尾螺栓，為現今應用最廣方法

   高強度螺栓尾端含有一直齒狀尾端，鎖固時利用內部有雙套環的專用電動板手，外套環套住螺母，內套環套住直齒狀尾端，鎖固時雙套環會同時旋轉螺母和直齒狀尾端，一直鎖至直齒狀尾端斷掉，即代表達到最小預拉力。

2. 扭力控制法

   使用人工或電動扳手鎖緊螺栓，再使用扭力扳手檢測扭力值。

3. 螺帽旋轉法

   鎖至緊貼狀態後，在墊片及螺母上畫垂直線標記，再依照螺栓長度對應所需旋轉量繼續旋轉角度，直到墊片及螺母上的垂直線夾角符合為止。

4. 直接張力指示器

   利用特殊墊片（上有突出部），持續鎖固、壓縮突出部間隙，直到間隙小於容許值為止。

（二）影響摩阻型接合的抗滑強度因素如下：

$$\textbf{抗滑強度}\ \boldsymbol{\phi R_{str} = \phi 1.13\mu T_b N_b N_s}$$

1. 鋼板接合面之摩擦係數 μ：

   依表面塗裝狀況選用下列數值或由試驗求得

   $\mu = 0.33$，去除黑皮未塗裝或噴砂後 A 級塗裝之鋼板面

   $\mu = 0.5$，噴砂後未塗裝或噴砂後 B 級塗裝之鋼板面

   $\mu = 0.35$，熱浸鍍鋅後進行表面粗糙化處理

2. 強度折減係數 ϕ：

   與螺栓孔種類有關

$$\phi = \begin{cases} \mathbf{1.0} & \textbf{標準孔} \\ 0.85 & \text{超大孔，短槽孔} \\ 0.70 & \text{垂直於載重方向的長槽孔} \\ 0.60 & \text{平行於載重方向的長槽孔} \end{cases}$$

3. 最小預拉力T_b：為抗拉強度的 70%

四、圖示為鋼筋混凝土 T 型梁的斷面，有效版寬 75 cm。梁承受正彎矩，配置雙層排列的拉力鋼筋，有效深度 d = 50.2 cm，最外層受拉鋼筋位置 d_t = 53.1 cm。混凝土抗壓強度 f_c' = 280 kgf/cm^2，拉力鋼筋降伏強度 f_y = 4200 kgf/cm^2。試計算此 T 型梁規範容許的最大量拉力鋼筋截面積 A_s，並以拉力鋼筋截面積 A_s 計算設計彎矩強度ϕM_n。（25 分）

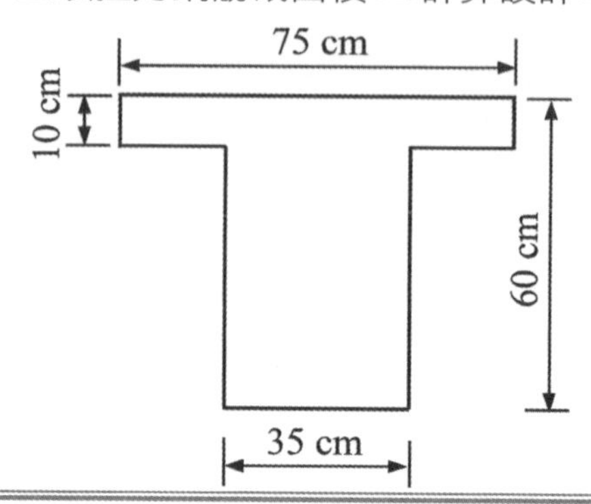

參考題解

（一）使用最大鋼筋量時的中性軸位置：$x=\frac{3}{7}d_t=22.8\ cm$

（二）壓力區

1. 腹板壓力：$C_w=0.85f_c'b_wa=0.85\times280\times35\times(0.85\times22.8)=161435\ kgf$

2. 翼板壓力：$C_f=0.85f_c'(b_E-b_w)t_f=0.85\times280\times40\times10=95200\ kgf$

3. 壓力：$C_c=C_w+C_f=161435+95200=256635\ kgf$

（三）拉力區：$T=A_sf_y=A_s(4200)$

（四）$C_c=T\Rightarrow256635=A_s(4200)\ \therefore A_s=61.1\ cm^2$

（五）ϕM_n

1. $M_n=C_w\left(d-\frac{a}{2}\right)+C_f\left(d-\frac{t_f}{2}\right)=161435\left(50.2-\frac{0.85\times22.8}{2}\right)+95200\left(50.2-\frac{10}{2}\right)$

$=10842772\ kgf-cm\approx108.43\ tf-m$

2. $\phi=0.65+\left(\not{\varepsilon_t}^{0.004}-0.002\right)\times\frac{0.25}{0.003}=0.817$

3. $\phi M_n=0.817(108.43)=88.59\ tf-m$

111年 專門職業及技術人員高等考試試題／施工法（包括土木、建築施工法與工程材料）

一、地震的發生容易影響工程品質，請詳述有關地震後未硬化混凝土工程項目之檢測原則及處理重點為何？（30 分）

參考題解

依公共工程委員會「公共工程遭受地震後，各機關檢查公共工程設施應注意事項」第三條之規定於下：

有關地震震後未硬化混凝土工作項目之檢測原則及處理重點等，說明如下：

（一）新澆置混凝土構件可能因強烈地震而局部受損，造成鋼筋握裹力減低，未能達到原設計強度之現象，應予重視並嚴加檢測補強。

地震前 7 日內澆置之混凝土應依據下列因素選定構件詳細檢測：

1. 所在地之震度超過一定級數（如四級以上）。
2. 所在地地質與土壤狀況可能擴大地震效應（如場域效應、土壤液化等）。
3. 為整體結構之重要承力部位（如房屋結構的樑柱接頭、柱頭、柱底及橋樑結構的墩柱底部等）。
4. 模板與支撐變形情形（是否鬆動、位移或擠壓變形）。
5. 除上述原則外，強震前 12 小時澆置之混凝土構件尤應列為嚴加檢測及處理之重點。

（二）檢測混凝土構件是否因地震而減損其強度的方法，含目視、液體注入試驗、反彈錘法、貫入針法、超音波探測法、X-Ray 檢測、鋼筋探測器檢驗、混凝土鑽心取樣、鋼筋拉力試驗、載重試驗或其他先進技術等。至於採用何種檢測方法較為合適，則應視當地環境、工程需要、構件使用材料及可能獲得的機具而定。檢測時應著重整體安全性評估，除非必要，避免以單一構件之損害來判定整體結構之安全性。經個案判定不用敲除之構件，日後尤須加強維護工作。

（三）有關地震後受損混凝土構件之處理，由於不同震度所造成之混凝土受損及鋼筋局部握裹力之減少程度亦不同，故宜依個案實際狀態，對無爭議部分立即處置；對有爭議或疑慮部分再進一步檢測評估，以決定處理方案。另應由監造單位及設計單位進行研判，必要時亦委由專業技師公會或學術機構等專業團體協助檢測，依個案綜合評估，作為決定敲除或補強之依據。

二、為能提升工程職業安全衛生措施，依據營造安全衛生設施標準規定，雇主對於高度二公尺以上之工作場所，勞工作業有墜落之虞者，應訂定墜落災害防止計畫，須採取那些墜落災害之防止措施？並請說明當發生職業災害時雇主應辦理事項為何？（30 分）

參考題解

（一）墜落災害之防止措施：

依勞動部「營造安全衛生設施標準」第 17 條之規定：

雇主對於高度二公尺以上之工作場所，勞工作業有墜落之虞者，應訂定墜落災害防止計畫，依下列風險控制之先後順序規劃，並採取適當墜落災害防止設施：

1. 經由設計或工法之選擇，儘量使勞工於地面完成作業，減少高處作業項目。
2. 經由施工程序之變更，優先施作永久構造物之上下設備或防墜設施。
3. 設置護欄、護蓋。
4. 張掛安全網。
5. 使勞工佩掛安全帶。
6. 設置警示線系統。
7. 限制作業人員進入管制區。
8. 對於因開放邊線、組模作業、收尾作業等及採取第一款至第五款規定之設施致增加其作業危險者，應訂定保護計畫並實施。

（二）職業災害時雇主應辦理事項：

依「職業安全衛生法」第 37 條之規定：

1. 事業單位工作場所發生職業災害，雇主應即採取必要之急救、搶救等措施，並會同勞工代表實施調查、分析及作成紀錄。
2. 事業單位勞動場所發生下列職業災害之一者，雇主應於八小時內通報勞動檢查機構：
   （1）發生死亡災害。
   （2）發生災害之罹災人數在三人以上。
   （3）發生災害之罹災人數在一人以上，且需住院治療。
   （4）其他經中央主管機關指定公告之災害。
3. 勞動檢查機構接獲前項報告後，應就工作場所發生死亡或重傷之災害派員檢查。
4. 事業單位發生第二項之災害，除必要之急救、搶救外，雇主非經司法機關或勞動檢查機構許可，不得移動或破壞現場。

另依「職業安全衛生法施行細則」第 46-1 條之規定：

本法第三十七條第一項所定雇主應即採取必要之急救、搶救等措施，包含下列事項：

1. 緊急應變措施，並確認工作場所所有勞工之安全。
2. 使有立即發生危險之虞之勞工，退避至安全場所。

三、請詳述優質的現代混凝土在配比設計時，要達到「安全性、耐久性、工作性、經濟性及生態性」的考量策略為何？（20 分）

參考題解

（一）安全性方面

1. 早期強度由水灰比控制，但需避免過高水泥量所產生之自生收縮裂縫（水灰比 w/c＞0.42）。
2. 中晚期強度由水膠比與水固比控制。

（二）耐久性方面

1. 降低水膠比與水固比（水固比小於體積比 0.17 或質量比 0.08）。
2. 水灰比 w/c＞0.42，以避免自生收縮裂縫。
3. 減少水泥用量（水泥用量＜ f_c'（kgf/cm^2）/1.4 kg/m^3）。
4. 降低漿量（降低單位用水量）（單位用水量＜150 kg/m^3）。
5. 摻用卜作嵐材料，提高混凝土電阻與水密性，降低電滲量（電阻係數＞20 KΩ-cm，電滲量＜2000 庫倫）。
6. 不得產生析離及泌水現象。

（三）工作性方面

1. 材料級配採緊密堆積（緻密配比）。
2. 正確使用卜作嵐材料。
3. 使用高性能減水劑。

（四）經濟性方面

1. 材料級配採緊密堆積（緻密配比），以減少漿量。
2. 提高水泥強度效率，減少水泥用量。
3. 增加工作度，提高工率。
4. 提升混凝土構造物使用壽齡，降低生命週期成本。

（五）生態性方面

1. 摻用卜作嵐材料與提高水泥強度效率，以減少水泥用量，有效降低碳排量。
2. 正確執行工業廢料之再生利用。
3. 提升工程品質，延長構造物之使用壽齡。

四、請詳述超高大樓在鋼結構銲接施工過程中，為何會產生冷裂的現象及如何避免銲接過程產生冷裂？且鋼結構在製作及組合過程中，產生殘留應力之原因？（20 分）

參考題解

（一）鋼結構銲接施工冷裂現象產生原因與避免方法

1. 冷裂現象產生原因：

冷裂現象係銲接部位銲接時形成淬硬組織、存在高濃度擴散氫及較大張應力等三個條件相互影響造成，產生原因分別就材料與施工方面說明於下：

（1）材料方面：

①銲條選用與母材匹配不當。

②銲條成分含氫比例過高（未使用低氫系銲條）。

③母材含碳當量與冷裂敏感性過高。

（2）施工方面：

①銲條使用前未乾燥。

②母材施銲前未預熱。

③施工環境濕度過高或有雨、雪等水分或雜質汙染銲接面。

④氣溫過低或銲速過快。

2. 冷裂現象避免方法：

（1）材料方面：

①銲條選用應與母材匹配。

②採用低氫系銲條。

③母材品質管制（尤其與含碳當量及冷裂敏感性相關化學成分）。

（2）施工方面：

①嚴格依施工規範進行銲接作業。

②銲接面確實清潔。

③落實銲前母材預熱與銲後緩冷程序（或實施退火處理）。

④儘可能改用惰性氣體遮護銲。

（二）鋼結構在製作及組合過程中殘留應力產生原因

主要係鋼結構在製作及組合過程中之鋼材軋製、高溫作用與外力作用（機械作用）等所造成，分述於下：

1. 製作過程方面：

（1）鋼材軋製：

通常鋼材軋製時，常發生降溫速率差異。降溫速率較快側，造成殘留壓應力；降溫速率較慢側，形成殘留張應力。例如：

①鋼板軋製時，外側降溫較內部快（以厚板最明顯）。

②熱軋型鋼軋製時，外側降溫亦較內部快（例如翼板與腹板交界核心區通常最大）。

（2）高溫作用：

①火焰切割鋼材時，切割部位冷卻收縮。

②組合型鋼製作或構件接合時，電銲銲道與熱影響區冷卻收縮。

（3）外力作用：

鋼材加工彎折時之塑性變形，外側尺寸增長，形成殘留張應力；內側尺寸縮短，存在殘留壓應力。

2. 組合過程方面：

（1）高溫作用：

電焊接合時，銲道與熱影響區冷卻收縮（以對接電焊最明顯）。

（2）外力作用：

①一般鋼構材以螺栓鎖固接合時，鋼材與螺帽（或螺頭）間形成殘留壓應力，螺桿則為殘留張應力。

②鋼索（或鋼棒）錨碇端鎖固後，鋼索（或鋼棒）內部存在殘留張應力。

111年 專門職業及技術人員高等考試試題／結構分析（包括材料力學與結構學）

一、有一平面應力元素受應力如下圖(a)所示，當此元素逆鐘向旋轉 20°後，其應力狀況如下圖(b)所示。假設此應力元素之彈性模數 E＝25 GPa，柏松比 $\nu=0.2$，請計算應力σ_x、σ_y及此元素在 x 及 y 座標系統下之應變 ε_x、ε_y、γ_{xy}。（20 分）

提示：$\sigma_{x'}=\dfrac{\sigma_x+\sigma_y}{2}+\dfrac{\sigma_x-\sigma_y}{2}\cos 2\theta+\tau_{xy}\sin 2\theta,$

$\tau_{x'y'}=-\dfrac{\sigma_x-\sigma_y}{2}\sin 2\theta+\tau_{xy}\cos 2\theta$

(a)　　　(b)

參考題解

（一）計算σ_x、σ_y ⇒ 平面應力轉換公式

1. $\sigma_{20^\circ}=\dfrac{\sigma_x+\sigma_y}{2}+\dfrac{\sigma_x-\sigma_y}{2}\cos 40^\circ+\tau_{xy}\sin 40^\circ$

   $\Rightarrow 70.8=0.883\sigma_x+0.117\sigma_y+(-19.28)\Rightarrow 0.883\sigma_x+0.117\sigma_y=90.08$......①

2. $\tau_{20^\circ}=-\dfrac{\sigma_x-\sigma_y}{2}\sin 40^\circ+\tau_{xy}\cos 40^\circ$

   $\Rightarrow -77.6=-0.321\sigma_x+0.321\sigma_y+(-22.98)\Rightarrow -0.321\sigma_x+0.321\sigma_y=-54.62$......②

3. 聯立①②可得 $\begin{cases}\sigma_x=109.99\ MPa\\ \sigma_y=-60.17\ MPa\end{cases}$

（二）計算 ε_x、ε_y ⇒ 廣義虎克定律

$$\varepsilon_x = \frac{\sigma_x}{E} - \nu\frac{\sigma_y}{E} - \nu\frac{\cancel{\sigma_z}^{\,0}}{E} = \frac{109.99}{25\times10^3} - (0.2)\frac{-60.17}{25\times10^3} = 4.88\times10^{-3}$$

$$\varepsilon_y = -\nu\frac{\sigma_x}{E} + \frac{\sigma_y}{E} - \nu\frac{\cancel{\sigma_z}^{\,0}}{E} = -(0.2)\frac{109.99}{25\times10^3} + \frac{-60.17}{25\times10^3} = -3.29\times10^{-3}$$

（三）計算 γ_{xy} ⇒ 虎克定律

$$G = \frac{E}{2(1+\nu)} = \frac{25}{2(1+0.2)} = \frac{25}{2.4}GPa = \frac{25}{2.4}\times10^3\,MPa$$

$$\gamma_{xy} = \frac{\tau_{xy}}{G} = \frac{-30}{\frac{25}{2.4}\times10^3} = -2.88\times10^{-3}$$

二、有二薄管壁梁之斷面如下圖(a)及(b)所示，試計算各梁斷面剪力中心 S 之 e_y 及 e_z 值。（20 分）

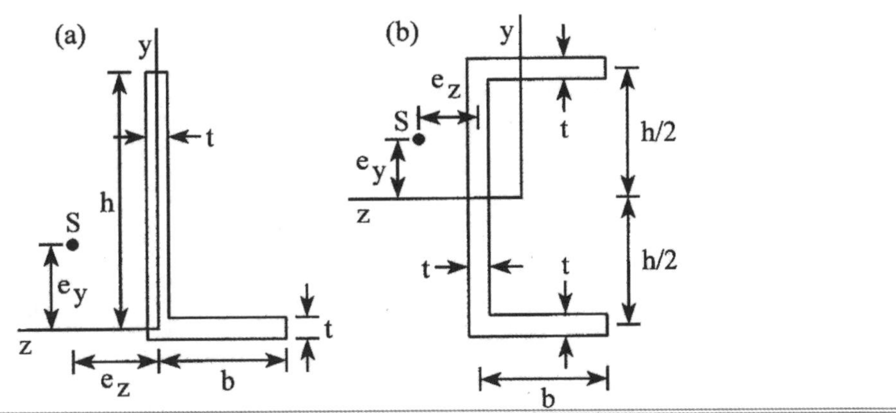

參考題解

（一）圖(a)：剪力中心 S.C 會在細長肢的交點

故 S.C 會在圖示 yz 座標軸的座標原點，因此 $e_y = e_z = 0$

（二）圖(b)：

1. S.C 會在對稱軸上，因此必在圖示座標軸的 z 軸上 ⇒ $e_y = 0$
2. 計算 e_z 位置

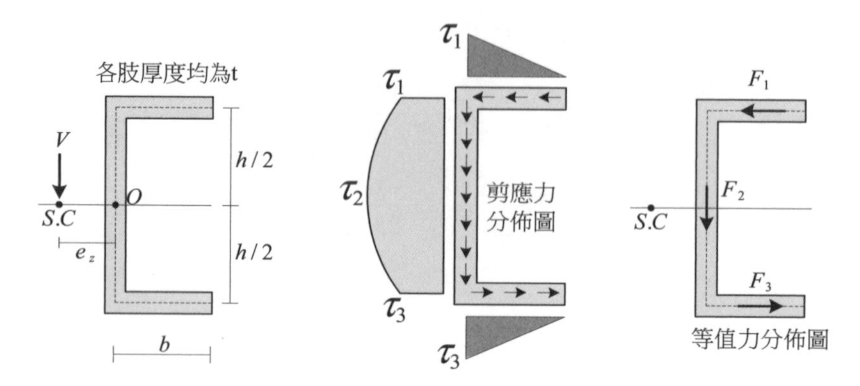

（1）畫出撓曲剪應力分佈圖，並計算出各肢材上的等值力

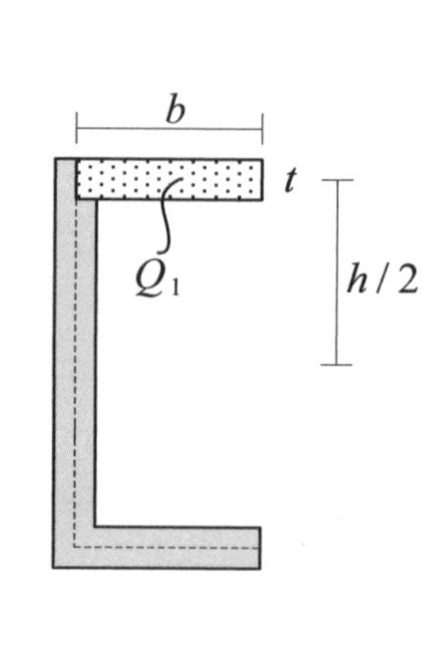

① $\tau_1 = \tau_3 = \dfrac{VQ_1}{It} = \dfrac{V\cdot\left(bt\times\dfrac{h}{2}\right)}{It} = \dfrac{V}{I}\dfrac{bh}{2}$

② $F_1 = F_3 = \dfrac{1}{2}\tau_1 A_1 = \dfrac{1}{2}\left(\dfrac{V}{I}\dfrac{bh}{2}\right)bt = \dfrac{b^2ht}{4}\dfrac{V}{I}$

③ $F_2 = V$

（2）對O點取力矩

$$F_R\cdot e_z = F_1\cdot\frac{h}{2} + F_3\cdot\frac{h}{2} \Rightarrow Ve_z = \left(\frac{b^2ht}{4}\frac{V}{I}\right)h \quad \therefore e_z = \frac{b^2h^2t}{4I}$$

PS： $I = I_1 + I_2 + I_3 = \dfrac{bth^2}{2} + \dfrac{1}{12}th^3$

$$\left(I_1 = I_3 = \underbrace{\frac{1}{12}bt^3}_{\text{忽略}} + bt\left(\frac{h}{2}\right)^2 = \frac{bth^2}{4} \qquad I_2 = \frac{1}{12}th^3\right)$$

三、如下圖所示之平面剛架結構，a、d、e、n 點為鉸支承，c 點及 m 點為鉸接，各桿件有相同之彈性模數 E 與慣性矩 I，且 $EI = 250000$ kN-m^2。不考慮各桿件的軸向變形，求 ab 桿件的端點彎矩、此結構系統之撓曲應變能、b 點及 c 點垂直位移。（30 分）

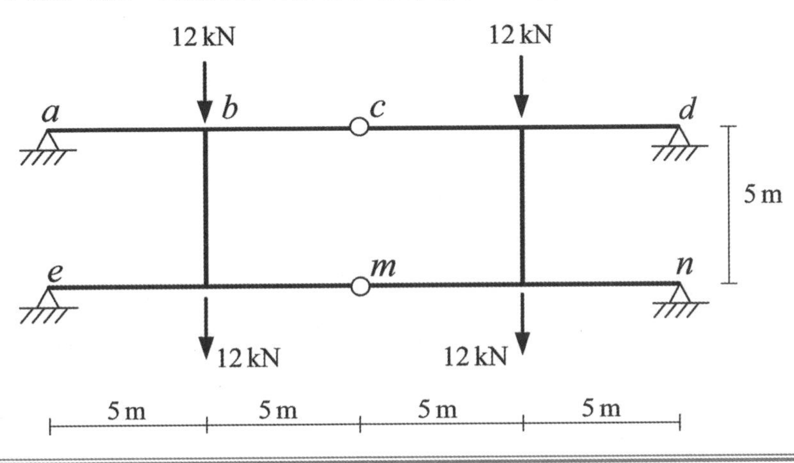

參考題解

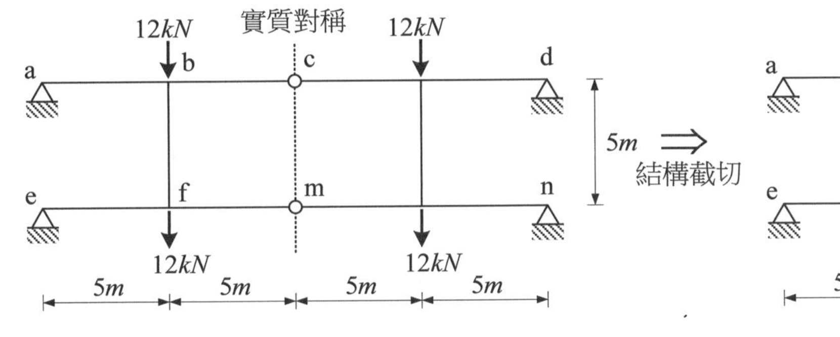

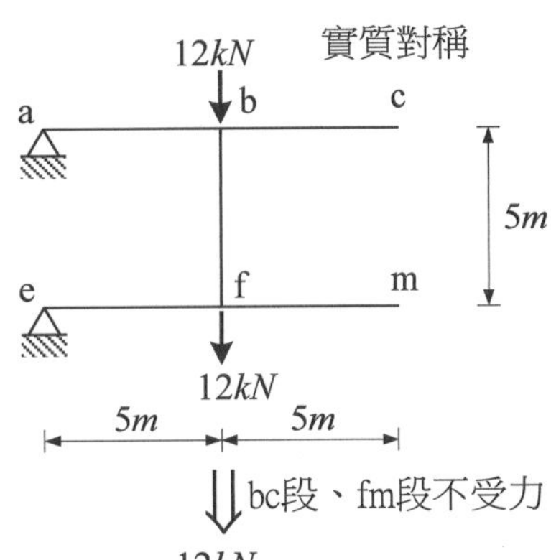

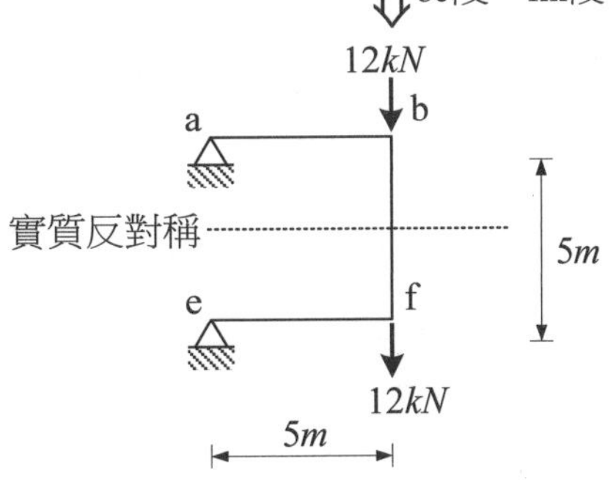

傾角變位法

（一）固端彎矩：無

（二）k 值比⇒ $k_{ab} : k_{bf} : k_{ef} = 1:1:1$

（三）R 值比⇒ $R_{ab} = R_{ef} = R$

（四）傾角變位式

$$M_{ba} = 1[1.5\theta_b - 1.5R] = 1.5\theta_b - 1.5R$$

$$M_{bf} = [2\theta_b + \theta_f] = 3\theta_b \quad (\theta_f = \theta_b)$$

（五）力平衡

1. $\sum M_b = 0$，$M_{ba} + M_{bf} = 0 \Rightarrow 4.5\theta_b - 1.5R = 0$..........①

2. $\sum F_y = 0$，$V_{ab} = -12 \Rightarrow \dfrac{M_{ba}}{5} = -12 \Rightarrow 1.5\theta_b - 1.5R = -60$.........②

聯立①②可得 $\begin{cases} \theta_b = 20 \\ R = 60 \end{cases}$

（六）帶回傾角變位式 $\Rightarrow \begin{cases} M_{ba} = 1.5\theta_b - 1.5R = -60\ kN-m \\ M_{bf} = 3\theta_b = 60\ kN-m \end{cases}$

（七）b 點垂直位移 Δ_b 與 c 點垂直位移 Δ_c：

1. $\begin{cases} \text{真實式：} M_{ba} = \dfrac{2EI}{5}[1.5\theta_b - 1.5R_{ab}] \\ \text{相對式：} M_{ba} = 1[1.5\theta_b - 1.5R] \end{cases} \Rightarrow \dfrac{2EI}{5} \times R_{ab} = 1 \times \cancel{R}^{60} \quad \therefore R_{ab} = \dfrac{150}{EI}(\curvearrowright)$

2. $\dfrac{\Delta_{ab}}{5} = R_{ab} \Rightarrow \Delta_{ab} = 5R_{ab} = \dfrac{750}{EI} \quad \therefore \Delta_b = \Delta_{ab} = \dfrac{750}{EI}$

3. 不計軸向變形 $\Rightarrow \Delta_b = \Delta_c = \dfrac{750}{EI} = \dfrac{750}{250000} = 3 \times 10^{-3}\ m$

（八）撓曲應變能 U_M

1. 外力對左半部 abfe 做的功：$W_{left} = \dfrac{1}{2}(12)\Delta_b + \dfrac{1}{2}(12)\Delta_c = \dfrac{9000}{EI}$

2. 左右對稱，外力對整體結構變位做的功：$W = 2W_{left} = \dfrac{18000}{EI}$

3. 根據功能原理，$W = U = \dfrac{18000}{EI}$

4. 不計軸向變形，$U_M = U = \dfrac{18000}{EI} = \dfrac{18000}{250000} = 0.072\ kJ$

四、如下圖所示結構，承受垂直集中載重 32 kN，a 點為固定端，e 點為鉸支承，b 點為鉸接，點 d 連接一軸力桿件 de，桿件 de 彈性模數 E 與斷面積 A 之乘積為 $EA = 62500$ kN，而桿件 ab 及 bd 有相同之彈性模數 E 與慣性矩 I，且 $EI = 60000$ kN-m^2。若不考慮桿件 ab 及 bd 的軸向變形，求 a 點固定端反力（含彎矩）、de 桿件軸力、c 點及 d 點垂直位移。（30 分）

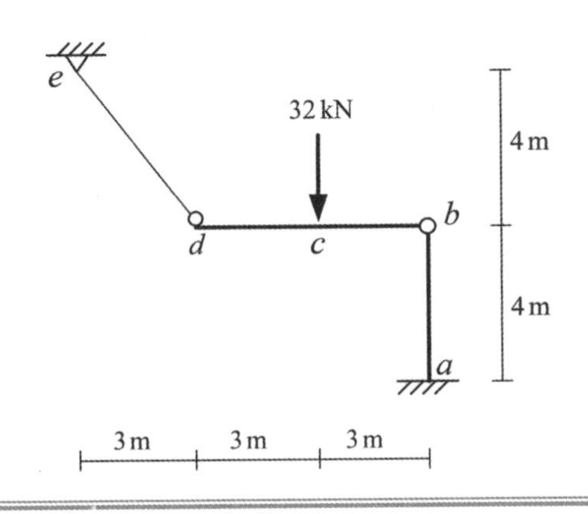

參考題解

（一）de 軸力及 a 點固端反力

1. bcd 自由體

$\sum M_d = 0$，$12 \times 3 = V_b \times 6$ $\therefore V_b = 6\ kN$

$\sum F_y = 0$，$\frac{4}{5} S_{de} + \cancel{V_b}^{6} = 12$ $\therefore S_{de} = 7.5\ kN$

$\sum F_x = 0$，$N_b = \frac{3}{5} \cancel{S_{de}}^{7.5}$ $\therefore N_b = 4.5\ kN$

2. ab 自由體

$\sum F_x = 0$，$H_a = N_b = 4.5kN$

$\sum F_y = 0$，$R_a = V_b = 6kN$

$\sum M_a = 0$，$M_a = N_b \times 4 = 18kN - m$

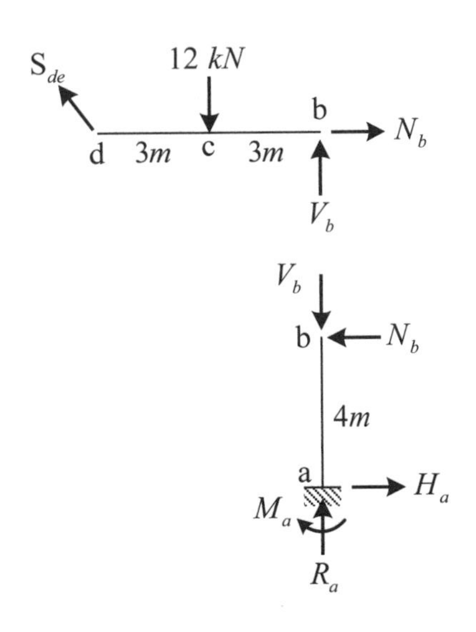

（二）計算 c 點垂直變位（單位力法）

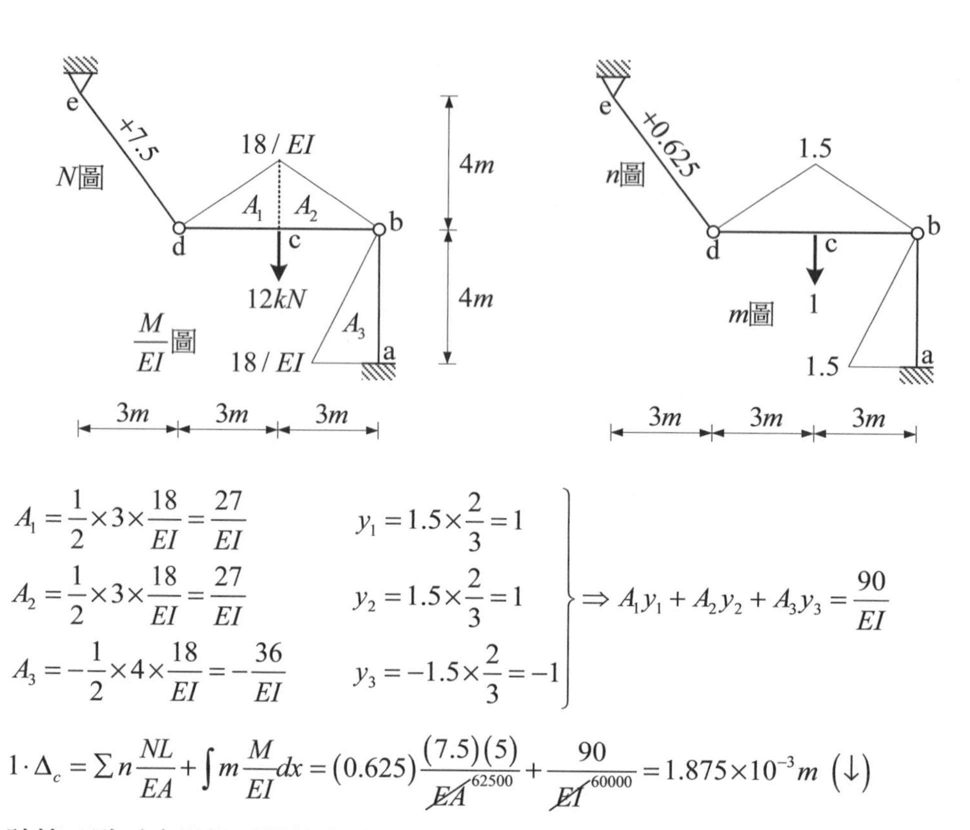

$$\left.\begin{array}{ll} A_1=\dfrac{1}{2}\times3\times\dfrac{18}{EI}=\dfrac{27}{EI} & y_1=1.5\times\dfrac{2}{3}=1 \\ A_2=\dfrac{1}{2}\times3\times\dfrac{18}{EI}=\dfrac{27}{EI} & y_2=1.5\times\dfrac{2}{3}=1 \\ A_3=-\dfrac{1}{2}\times4\times\dfrac{18}{EI}=-\dfrac{36}{EI} & y_3=-1.5\times\dfrac{2}{3}=-1 \end{array}\right\}\Rightarrow A_1y_1+A_2y_2+A_3y_3=\frac{90}{EI}$$

$$1\cdot\Delta_c=\sum n\frac{NL}{EA}+\int m\frac{M}{EI}dx=(0.625)\frac{(7.5)(5)}{\cancel{EA}^{62500}}+\frac{90}{\cancel{EI}^{60000}}=1.875\times10^{-3}m\ (\downarrow)$$

（三）計算 d 點垂直變位（單位力法）

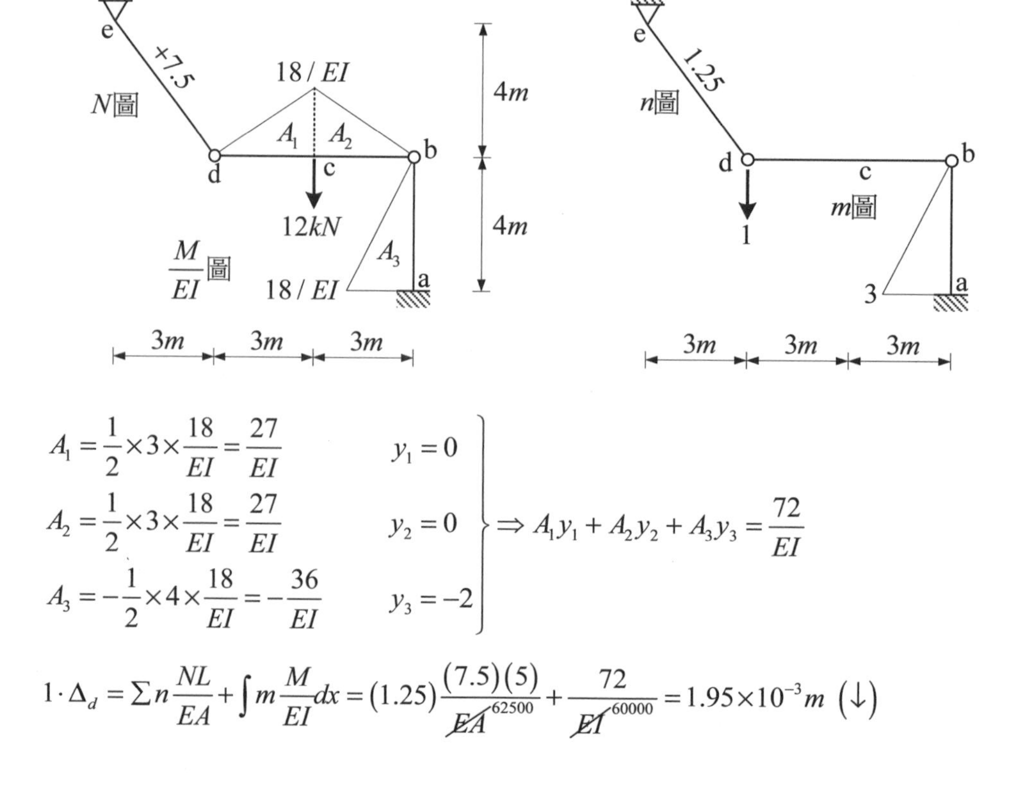

$$\left.\begin{array}{ll} A_1=\dfrac{1}{2}\times3\times\dfrac{18}{EI}=\dfrac{27}{EI} & y_1=0 \\ A_2=\dfrac{1}{2}\times3\times\dfrac{18}{EI}=\dfrac{27}{EI} & y_2=0 \\ A_3=-\dfrac{1}{2}\times4\times\dfrac{18}{EI}=-\dfrac{36}{EI} & y_3=-2 \end{array}\right\}\Rightarrow A_1y_1+A_2y_2+A_3y_3=\frac{72}{EI}$$

$$1\cdot\Delta_d=\sum n\frac{NL}{EA}+\int m\frac{M}{EI}dx=(1.25)\frac{(7.5)(5)}{\cancel{EA}^{62500}}+\frac{72}{\cancel{EI}^{60000}}=1.95\times10^{-3}m\ (\downarrow)$$

111年 專門職業及技術人員高等考試試題／工程測量（包括平面測量與施工測量）

一、已知一條公路在轉彎處設計了一條克羅梭曲線做為連接直線段的緩和曲線之用，如下圖所示，A 點為克羅梭曲線的起點(B.C.)，Q 點為克羅梭曲線一點，Q 點順接著一半徑 $R=250$ 公尺的圓弧曲線。弧 $\widehat{AQ}$ 為克羅梭曲線，其弧長為 $\ell=160$ 公尺，且已知 A、B 兩點的 TWD97 坐標分別為 $(N_A,E_A)=(2685611.749,\ 202679.441)$ 和 $(N_B,E_B)=(2685540.782,\ 202749.894)$。克羅梭曲線坐標系的 x 軸 y 軸之正方向如圖上所定義，其坐標原點為 A 點，即 $(x_A,y_A)=(0.000,\ 0.000)$，$Q$ 點的坐標為 $(x_Q,y_Q)=(158.369,\ 16.942)$。請問這條克羅梭曲線的參數值為何？今將全測站儀設置在 A 點，以偏角法放樣 Q 點時，其偏角和距離 ρ 為何？若使用 GNSS 衛星定位測量以坐標法放樣，請計算 Q 點的 TWD97 坐標及說明如何放樣？（坐標單位均為公尺。本題請忽略投影改正與歸算到平均海水面）（25 分）

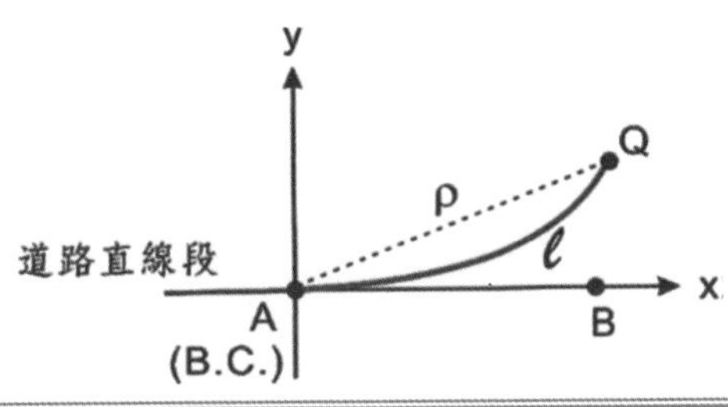

參考題解

（一）克羅梭曲線長 $\ell=160$ 公尺，順接半徑 $R=250$ 公尺的圓弧曲線，故得：

$$A^2=R\cdot\ell=250\times160=40000$$

解得羅梭曲線的參數 $A=200$ 。

（二）假設以 y 軸為參考方位，則 $\overline{AB}$ 方位角為 $90°$，$\overline{AQ}$ 方位角計算如下：

$$\phi_{AQ}=\tan^{-1}\frac{158.369-0.000}{16.942-0.000}=83°53'38''$$

放樣時偏角值 $\delta=\angle QAB=\phi_{AB}-\phi_{AQ}=90°-83°53'38''=6°06'22''$

放樣時距離 $\rho=\overline{AQ}=\sqrt{(158.369-0.000)^2+(16.942-0.000)^2}=159.273\ m$

（三）$\overline{AB}$ 在 TWD97 坐標系統下的方位角為：

$$\phi_{AB} = \tan^{-1}\frac{202749.894-202679.441}{2685540.782-2685611.749}+180° = 135°12'30''$$

故 $\overline{AQ}$ 在 TWD97 坐標系統下的方位角為：

$$\phi_{AQ} = 135°12'30'' - 6°06'22'' = 129°06'08''$$

又已知 $\overline{AQ} = 159.273\ m$，故 Q 點的 TWD97 坐標計算如下：

$$N_Q = 2685611.749 + 159.273 \times \cos 129°06'08'' = 2685511.295\ m$$

$$E_Q = 202679.441 + 159.273 \times \sin 129°06'08'' = 202803.040\ m$$

（四）可以採用 e-GNSS 方法放樣 Q 點，步驟概略說明如下：

1. 在事前準備時，先將 Q 點的坐標匯入接收儀。
2. 設定 e-GNSS 觀測值的記錄條件：坐標收斂筆數平均值與精度。
3. 放樣前先輸入天線高，並確認接收儀已達最佳解（固定解）的狀態，再選擇放樣功能。
4. 放樣時依照控制器面板指示方向移動天線，直至到達 Q 點位置。

二、已知兩個橫斷面 I 和 II 如下圖所示，它們之間的水平距 L 為 20 公尺，且 $\overline{AB}=\overline{BC}=b_1/2$ 和 $\overline{DE}=\overline{EF}=b_2/2$，其餘數據如下表所示。請計算這兩個橫斷面的面積，並以平均斷面法計算這兩個橫斷面間的土方（計算至立方公尺，立方公尺以下四捨五入）。（25 分）

橫斷面	底長（公尺）	深度（公尺）	坡度	坡度	坡度	坡度
I	$b_1=20$	$d_1=10$	$1:p_1=1:50$	$1:q_1=1:80$	$1:r_1=1:0.5$	$1:s_1=1:0.8$
II	$b_2=18$	$d_2=8$	$1:p_2=1:100$	$1:q_2=1:90$	$1:r_2=1:0.5$	$1:s_2=1:1$

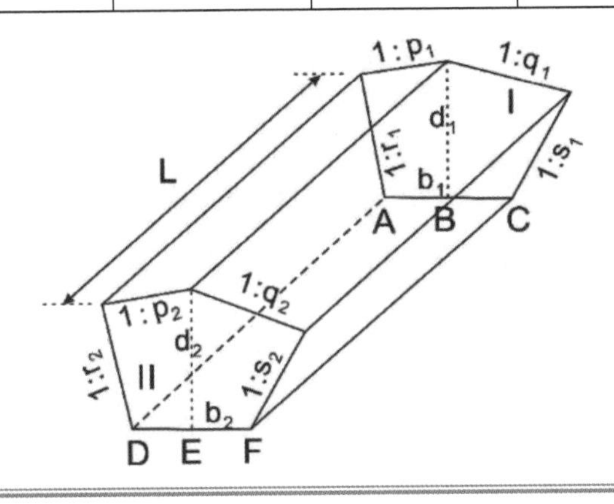

參考題解

（一）計算橫斷面 I 的面積：如圖。

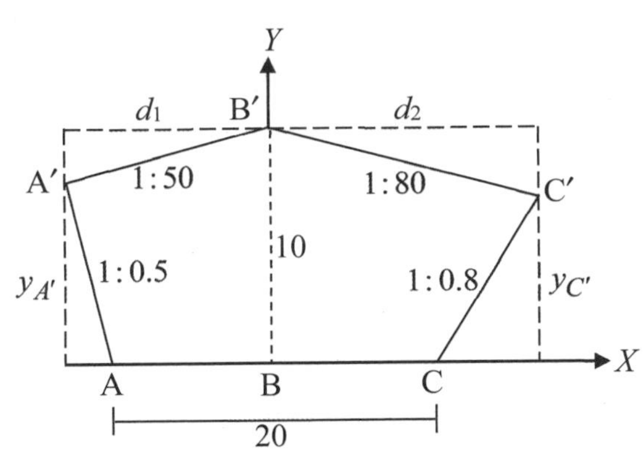

設 B 為橫斷面 I 坐標原點，則依坡度關係先計算 d_1、d_2、$y_{A'}$ 和 $y_{C'}$。

1. 分別由 A 點和 B′ 點推求 A′ 點之高程應相等，故得下式：

$$10-\frac{1}{50}\times d_1=0+\frac{1}{0.5}\times(d_1-10)$$

解得 $d_1=-x_{A'}=14.851\ m$ 和 $y_{A'}=0+\frac{1}{0.5}\times(14.851-10)=9.702\ m$

2. 分別由 C 點和 B′ 點推求 C′ 點之高程應相等，故得下式：

$$10-\frac{1}{80}\times d_2=0+\frac{1}{0.8}\times(d_2-10)$$

解得 $d_2=x_{C'}=17.822\ m$ 和 $y_{C'}=0+\frac{1}{0.8}\times(17.822-10)=9.778\ m$

3. 整理得橫斷面各點坐標分別為： A(−10, 0) 、 A′(−14.851, 9.702) 、 B′(0, 10) 、 C′(17.822, 9.778) 、 C(10, 0) ，則橫斷面 I 的面積計算如下：

$$S_{\text{I}}=\frac{1}{2}\begin{vmatrix}-10 & -14.851 & 0 & 17.822 & 10 & -10\\ 0 & 9.702 & 10 & 9.778 & 0 & 0\end{vmatrix}=260.765\ m^2$$

（二）計算橫斷面 II 的面積：如圖。

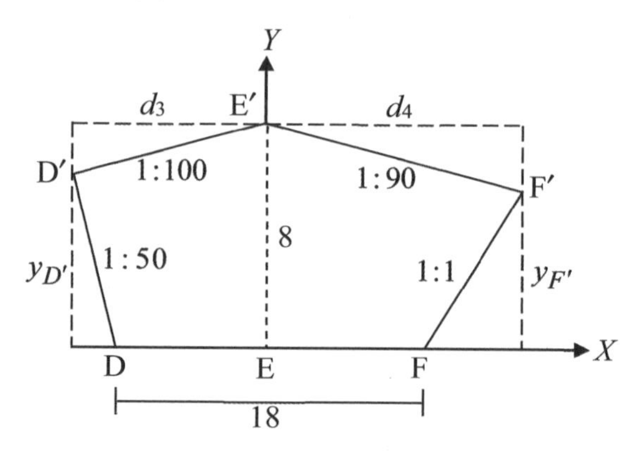

設 E 為橫斷面 II 坐標原點，則依坡度關係先計算 d_3 、 d_4 、 $y_{D'}$ 和 $y_{F'}$ 。

1. 分別由 D 點和 E′ 點推求 D′ 點之高程應相等，故得下式：

$$8-\frac{1}{100}\times d_3=0+\frac{1}{0.5}\times(d_3-9)$$

解得 $d_3=-x_{D'}=12.935\ m$ 和 $y_{D'}=0+\frac{1}{0.5}\times(12.935-9)=7.870\ m$

2. 分別由 F 點和 E′點推求 F′點之高程應相等，故得下式：

$$8-\frac{1}{90}\times d_4=0+\frac{1}{1}\times(d_4-9)$$

解得 $d_4=x_{F'}=16.813\ m$ 和 $y_{F'}=0+\frac{1}{1}\times(16.813-9)=7.813\ m$

3. 整理得橫斷面各點坐標分別為：D(−9, 0)、D′(−12.935, 7.870)、E′(0, 8)、F′(18.791, 9.791)、F(9, 0)，則橫斷面Ⅱ的面積計算如下：

$$S_{\mathrm{II}}=\frac{1}{2}\begin{vmatrix}-9 & -12.935 & 0 & 16.813 & 9 & -9\\ 0 & 7.870 & 8 & 7.813 & 0 & 0\end{vmatrix}=189.566\ m^2$$

（三）土方量計算：

$$V=\frac{20}{2}(260.765+189.566)=4503.3\approx 4503\ m^3$$

三、某工地因應工程需要，需要補測一個控制點。因為該工地對空通訊不良，全球導航衛星系統 GNSS 接收儀收不到衛星訊號，故使用現有的經緯儀觀測遠方 A、B 和 C 三個已知點，得到待定控制點 P 和已知點間的兩個夾角分別為 $\theta_1=19°19'29''$，$\theta_2=15°15'31''$，如下圖所示。A、B 和 C 三個已知點的坐標分別為 $(E_A,N_A)=(2113.687, 3946.994)$，$(E_B,N_B)=(3040.105, 4194.663)$，$(E_C,N_C)=(2600.728, 3882.789)$（坐標單位為公尺）。請計算 P 點坐標（計算到毫米，毫米以下四捨五入）。（25 分）

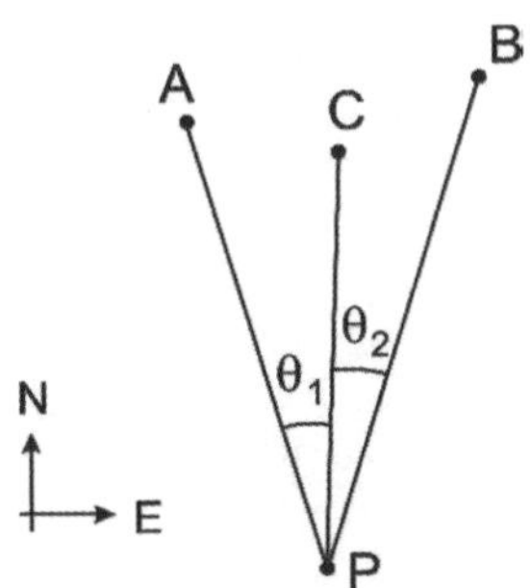

參考題解

（一）利用 A、B、P 三點繪一外接圓，並與 $\overline{PC}$ 延長線交於 Q 點，如圖。

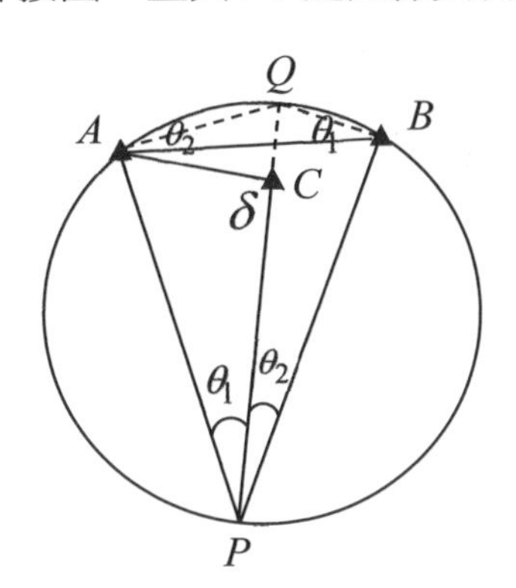

（二）依前方交會法計算 Q 點坐標：

$$\overline{AB}=\sqrt{(3040.105-2113.687)^2+(4194.663-3946.994)^2}=958.953\ m$$

$$\phi_{AB}=\tan^{-1}\frac{3040.105-2113.687}{4194.663-3946.994}=75°01'57''$$

$$\phi_{AQ}=\phi_{AB}-\theta_2=75°01'57''-15°15'31''=59°46'26''$$

$$\overline{AQ}=958.953\times\frac{\sin 19°19'29''}{\sin(180°-19°19'29''-15°15'31'')}=559.084\ m$$

$$E_Q=2113.687+559.084\times\sin 59°46'26''=2596.761\ m$$

$$N_Q=3946.994+559.084\times\cos 59°46'26''=4228.445\ m$$

（三）計算 P 點坐標：

$$\overline{CA}=\sqrt{(2113.687-2600.728)^2+(3946.994-3882.789)^2}=491.255\ m$$

$$\phi_{CA}=\tan^{-1}\frac{2113.687-2600.728}{3946.994-3882.789}+360°=277°30'35''$$

$$\phi_{CP}=\phi_{QC}=\tan^{-1}\frac{2600.728-2596.761}{3882.789-4228.445}+180°=179°20'33''$$

$$\delta=\phi_{CA}-\phi_{CP}=277°30'35''-179°20'33''+360°=98°10'02''$$

$$\overline{CP}=491.255\times\frac{\sin(180°-19°19'29''-98°10'02'')}{\sin 19°19'29''}=1316.869\ m$$

$$E_P=2600.728+1316.869\times\sin 179°20'33''=2615.839\ m$$

$$N_P=3882.789+1316.869\times\cos 179°20'33''=2566.007\ m$$

四、今欲監測一高聳結構物牆面之傾斜度，在地面點 P 設置一台高精度的全測站儀，並在該結構物同一牆面上的 A、B、C 三點貼有高精度反射片，利用該反射片可以測距和測角，其中 B、C 兩點位於牆角上、下兩點，示意如下圖。在地面點 P 整置全測站儀精確水平後，由 P 點向 A、B、C 三點測得方向角度、天頂角及距離如下表。試根據這些數據估計該牆面在 x、y 兩方向的傾斜度。（傾斜度四捨五入計算到小數以下第 4 位，並以 C 點相對於 B 點在 x、y 兩方向的移動量除以相對高度的百分率來表示）。（25 分）

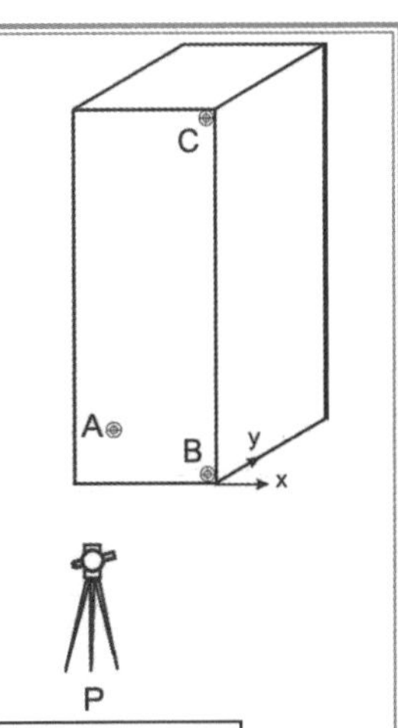

測站	測點	方向讀數	天頂角	距離（單位：公尺）
P 儀器高 1.5000 公尺	A	00°00′20.5″	87°48′53.5″	222.9288
	B	11°34′34.6″	90°22′59.0″	224.3601
	C	11°34′03.3″	75°23′54.8″	232.0564

參考題解

（一）計算牆高 H：

$$H = 232.0564 \times \cos 75°23'54.8'' - 224.3601 \times \cos 90°22'59.0'' = 59.9999\ m$$

（二）本題命題有點瑕疵，由於題目並未說明 P 點位在對應牆角 B 點之 x-y 坐標系的 y 軸軸線上，同時 A 點與 B 點有高度差，牆面傾斜後 A 點在 x-y 平面上的投影點亦不在 x 軸軸線上，因此無法解算。若另假設測站 P 點為原點，$\overrightarrow{PA}$ 為新設坐標系之 X（或 Y）軸時，所解算的 C、B 二點之坐標差並非是 x-y 坐標系的坐標差，所以也無法正確估計 C 點相對於 B 點在 x、y 兩方向的傾斜度。故較合理的解法為：

假設「***B* 點為 *x-y* 平面坐標系的原點，且 *P* 點位在對應牆角 *B* 點之 *x-y* 坐標系的 *y* 軸軸線上**」，如下圖示，再根據 A、B、C 三點的方向讀數和距離值，可以計算 P、A、C 三點在 x-y 平面坐標系中的坐標值如下：

$$\theta_1 = \angle APB = 11°34'34.6'' - 0°00'20.5'' = 11°34'14.1''$$

$$\theta_2 = \angle CPB = 11°34'34.6'' - 11°34'03.3'' = 0°00'31.3''$$

$$x_P = 0m$$

$$y_P = 222.3601 \times \sin 90°22'59.0'' = -222.3551\ m$$

$$x_A = 0 + 222.9288 \times \sin 87°48'53.5'' \times \sin(360° - 11°34'14.1'') = -44.6814\ m$$

$$y_A = -222.3551 + 222.9288 \times \sin 87°48'53.5'' \times \cos(360° - 11°34'14.1'') = -4.2398\ m$$

$x_C = 0 + 232.0564 \times \sin 75°23'54.8'' \times \sin(360° - 0°00'31.3'') = -0.0341\, m$

$y_C = -222.3551 + 232.0564 \times \sin 75°23'54.8'' \times \cos(360° - 0°00'31.3'') = 2.2065\, m$

C 點在 x 方向的傾斜度 $= \dfrac{-0.0341}{59.9999} \times 100\% = -0.0568\%$

C 點在 y 方向的傾斜度 $= \dfrac{+2.2056}{59.9999} \times 100\% = +3.6760\%$

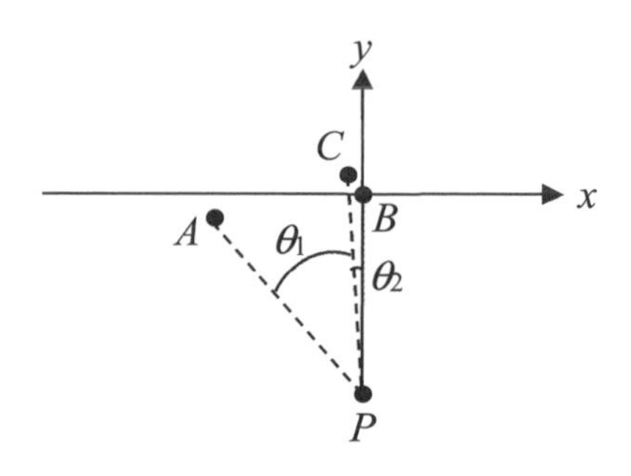

【說明】

如下圖，**「若假設 A 點也位於 x 軸上，且 B 點為 x-y 平面坐標系的原點」**，則可以另行假設坐標系如下：P 為原點，$\overrightarrow{PA}$ 為 Y 軸，X 軸與 Y 軸形成右旋平面直角坐標系，因此可以依下列步驟計算：

1. 先根據觀測量計算出 $A(X_A,Y_A)$、$B(X_B,Y_B)$ 和 $C(X_C,Y_C)$。
2. 根據 $A(X_A,Y_A)$、$B(X_B,Y_B)$ 計算 $\overline{AB} = -x_A$，即 A 點在 x-y 平面坐標系中的坐標為 $A(x_A,0)$。
3. 因二坐標系的尺度相同，故可以根據 A、B 二點以三參數坐標轉換公式，計算 X-Y 坐標系轉換成 x-y 坐標系的旋轉量 θ 和平移量 a、b。
4. 根據轉換參數將 $C(X_C,Y_C)$ 轉換成 $C(x_C,y_C)$。
5. 因 x_C、y_C 分別是 C 點相對於 B 點在 x、y 兩方向的移動量，故該牆面在 x、y 兩方向的傾斜度分別是 $\dfrac{x_C}{H} \times 100\%$ 和 $\dfrac{y_C}{H} \times 100\%$。

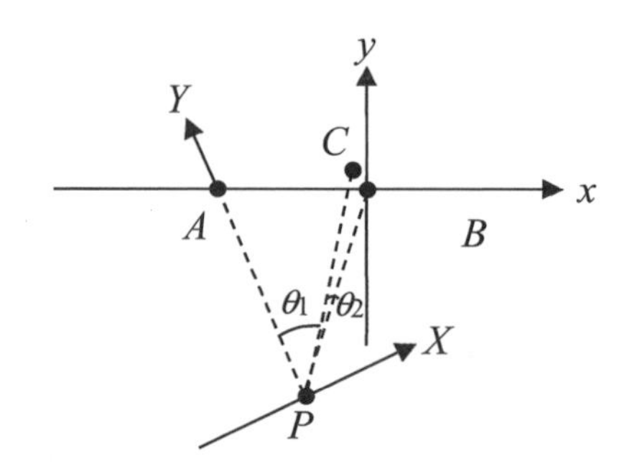

111年 專門職業及技術人員高等考試試題／營建管理

一、試列舉設計圖說審查重點項目 4 項，並解釋說明各項審查重點。（25 分）

參考題解

項目	審查重點
設計圖查核	1. 法規檢討。 2. 空間需求（含結構、漏水改善以及建築外牆整修等）、平面配置單元空間之檢討。 3. 機電系統（電力系統、給水系統、排水系統、電信及網路系統、空調通風及煙控系統、消防系統、CCTV 系統、避雷及接地系統等）。 4. 景觀設施設置。 5. 相關設施。 6. 主辦機關核定。
請照圖查核	1. 審查簽認表格是否完成。 2. 建照申請圖面是否齊全。 3. 消防、自來水、電力、電信等設備機房是否預審通過。
施工圖查核	1. 建築、結構、水電、運動設施、消防等施工大樣圖套圖核對尺寸及管道、設備箱體、樑柱位置。 2. 基地高程與排水檢討。 3. 各種大樣詳圖查核。 4. 防水施工圖查核。 5. 電梯發電機監控系統、給排水系統、消防系統、電信及資訊系統污水環工系統之查核。 6. 報請主辦機關核定。
材料及規範查核	1. 材料使用之適宜性、符合規範要求。 2. 廠牌型號是否符合標準。 3. 提出施作材料樣品送交主辦機關備查。

二、專案管理廠商應協助主辦機關於工程契約中明定工地安全衛生管理實施要點，並要求承包商確實依約執行。請敘述實施要點內容應包括之重點。（25 分）

參考題解

專案管理廠商應協助主辦機關於工程契約中明定工地安全衛生管理實施要點，並要求承包商確實依約執行，實施要點內容包括：一般規定、機械設備安全、環境保護、人員管理。

實施要點內容	重點
一般規定	1. 核定安全衛生計畫。 2. 督導工安與環保執行及稽查。
機械設備安全	動力衝剪機械、手推刨床、木材加工用圓盤鋸、動力堆高機、研磨機、研磨輪、防爆電氣設備、動力衝剪機械之光電式安全裝置、手推刨床之刃部接觸預防裝置、木材加工用圓盤鋸之反撥預防裝置及鋸齒接觸預防裝置，及其他經中央主管機關指定公告之機械、設備或器具，這些產品之製造者或輸入者應依法確認或送經中央主管機關認可之驗證機構實施驗證其產製或輸入之產品已符合安全標準，再於中央主管機關指定之機械設備器具安全資訊網申報安全資訊及完成登錄，並於其產品明顯處張貼安全標示或驗證合格標章。
環境保護	專案管理廠商對安全衛生環保管理作業實施定期或不定期之稽查，以督導監造單位依規定確實監督施工廠商執行安全衛生計畫，並填具安全衛生稽查紀錄，呈報主辦機關備查。
人員管理	專案管理廠商應要求監造單位督促施工廠商建立緊急通報及作業流程。

三、公共工程可能遭遇各種不同工程界面管理問題，為減緩工程界面爭議，請列舉並詳述 3 項作業（或流程）之整合。（25 分）

參考題解

為有效管控工程進度，主辦機關應設置專責之計畫管制單位，負責計畫時程之管控，除定期提報預警訊息，並召集工程協調會議，解決工程介面爭議，並督導施工單位改善落後項目，至於時程管控網圖以管理層次區分如下：

（一）主網圖（Master Schedule）：

訂定明確之計畫管控時程，顯示各分標間之重要介面里程碑，並全貌掌握計畫執行之進度，提供高階管理階層運用。

（二）中間時程網圖（Medium Schedule）：

計畫內分標的時程，予以細緻化，除保留各標之介面關係外，各標之時程亦應區分各重要之施工階段與施工作業，提供工程專業主管進一步一窺全貌之機制。

（三）施工時程網圖（Detail Schedule）：

每一施工分標，均應製作施工網圖，詳細列出各施工計畫階段之工作項目，作為基層施工單位管控進度之用。

四、某工廠考慮購入新設備，其 2022 年市值為 100,000 元。若該工廠之最低吸引投資報酬率（Minimum Attractive Rate of Return, MARR）為 10%，下表為該新設備之詳細資訊：

年度	殘值	借貸利息攤提成本	營運成本
2022	100,000	-	-
2023	75,000	10,000	1,000
2024	55,000	7,500	3,000
2025	40,000	5,500	6,000
2026	25,000	4,000	10,000
2027	10,000	2,500	15,000

試算出

（一）該設備之最低成本出現在那一年度？為多少？

（二）最低等值年均成本（Equivalent Uniform Annual Cost, EUAC）為多少？（25 分）

參考題解

（一）計入設備成本（單位：元）

年度（年）	殘值	借貸利息攤提成本	營運成本	設備成本（去年殘值–當年殘值）	總成本	備註
2022	100000	0	0	0	0	
2023	75000	10000	1000	25000	36000	
2024	55000	7500	3000	20000	30500	
2025	40000	5500	6000	15000	26500	設備最低成本年
2026	25000	4000	10000	15000	29000	
2027	10000	2500	15000	15000	32500	

該設備之最低成本年出現在 2025 年，為 26500 元

（二）計算年平均淨現值

年度	殘值	借貸利息攤提成本	營運成本	成本	年淨現	備註
2022	100000	-	-	-	-	
2023	75000	10000	1000	11000	64000	
2024	55000	7500	3000	10500	44500	
2025	40000	5500	6000	11500	28500	
2026	25000	4000	10000	14000	11000	
2027	10000	2500	15000	17500	–7500	
				小計	140500	
				平均年淨現	28100	

最低等值年均成本

$$P = R\left[\frac{(1+i)^n - 1}{i(1+i)^n}\right]$$

$$P = S\left[\frac{1}{(1+i)^n}\right]$$

I = 10%

PW(10%)

= –100000（設備購置費）+ 28100 (P/R, 10%, 5) + 10000 (P/S, 10%, 5)

= –100000 + 28100 × 3.791 + 10000 × 0.621=12737 元

111年 專門職業及技術人員高等考試試題／大地工程學（包括土壤力學、基礎工程與工程地質）

一、為了在描述岩體「不連續面」的特性以及讓測繪成果上能採用相同的描述語言，國際岩石力學學會（ISRM）提出了 10 項描述「不連續面」的參數，期使對其之描述更為完整與統一。請說明何謂「不連續面」？（5 分）請就下列的 5 項參數作詳細說明：（一）方位、（二）間距、（三）粗糙度、（四）內壁強度、（五）軟弱夾層。（20 分）

參考題解

不連續面（Discontinuities）：又稱弱面（Weak Planes），主要是地質作用力造成岩石變形後的結果，係因岩石中存在界面進而將岩石材料斷開，中斷其空間、時間及材料力學性質等的連續性。岩石內如存在弱面，則稱之為岩體（Rock Mass）。

（一）方位（Orientation）

位態三要素：走向（strike）、傾向（dip direction）、傾角（dip）。

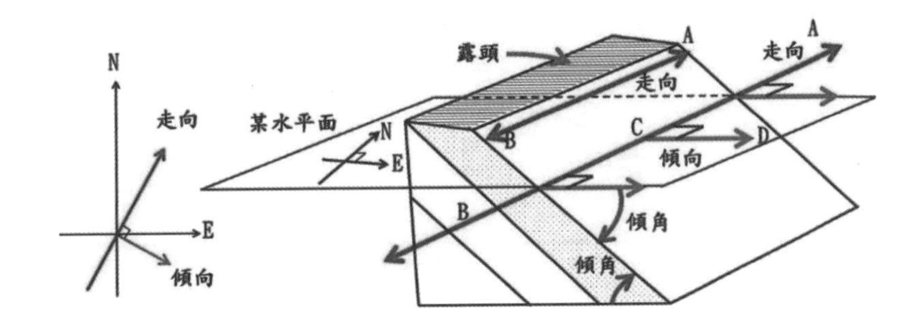

（二）間距（Spacing）

指相鄰兩弱面的垂直距離，一般弱面間距並非一致，故常取其平均值，弱面間距愈小代表完整岩塊愈小、愈破碎。

弱面間距的倒數稱為節理密度或節理頻率，$J_d = 1/s$，條/m

（三）粗糙度（Roughness）

係指弱面上原有的粗糙度，以及相對於弱面平均面的波狀起伏程度，前述二者之大小影響弱面剪力強度的高低。

（四）內壁強度（Wall Strength /Joint wall Compresssion Strength, JCS）

弱面兩側岩石的抗壓強度，該強度取決於岩性及不連續面兩壁的風化程度，一般使用施密特垂（又稱回彈儀）加以量測並估算其抗壓強度。

（五）軟弱夾層即弱面內的填充物（Fillings）

弱面產生後因兩壁摩擦產生的粉末、風化產物、或外來物質填充於裂縫中，此填充物若為黏土質土壤（稱為軟弱夾心，soft filling）則會降低抗剪強度；填充物若為石英或方解石，可提高弱面間的摩擦阻抗，進而提高抗剪強度，或是因高溫高壓使弱面產生癒合，使弱面抗剪強度更高。

【題型分析討論】

本題出自國際岩石力學學會（ISRM）提出描述弱面的 10 大指標，一直以來就是土木、大地及地質技師熱門考題之一，題型班也一直提醒同學務必將其背好背滿，屬於有背有分之簡易題型。

二、某工程需從某借土坑挖掘土壤來建造一頂寬 2 m、高 3 m 的路堤。借土坑土壤單位重為18 kN/m³，含水量為8%。路堤土方必須夯實至16.5 kN/m³，含水量控制在10%，試估算路堤每單位長度從借土坑所需挖掘的土方量。另外，若土壤之土粒比重為 2.67，試求借土坑原土、以及路堤完成後土壤的空隙比和飽和度。（計算條件若有不足，請自行作合理假設。）（25 分）

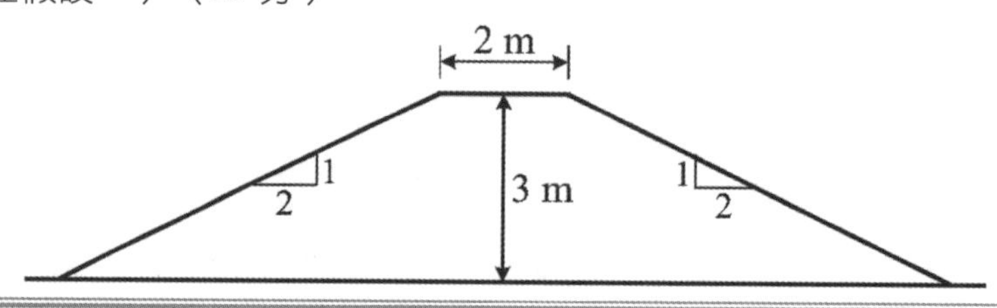

參考題解

假設借土坑單位重18 kN/m³以及路堤單位重16.5 kN/m³皆為濕土單位重

（一）借土坑 $\gamma_{d,b}=\gamma_m/(1+w)=18/(1+0.08)=16.67\text{kN/m}^3$

路堤 $\gamma_{d,f}=16.5/(1+0.1)=15\text{kN/m}^3$

每單位長度路堤體積計算：$V_f=\dfrac{2+(2+2\times3\times2)}{2}\times3\times1=24\text{m}^3/m$

借土區挖掘體積 $V_b=\dfrac{V_f\times\gamma_{d,f}}{\gamma_{d,b}}=\dfrac{24\times15}{16.67}=21.596\approx21.6\text{m}^3$……….Ans.

（二）借土坑：$G_s=2.67$

$\gamma_m=18\text{kN/m}^3=\dfrac{G_s(1+w)}{1+e_b}\gamma_w=\dfrac{2.67(1+0.08)}{1+e_b}\times9.81$

$\Rightarrow e_b=0.5716$……………………………………….Ans.

$S_b e_b = G_s w \Longrightarrow S_b = 2.67 \times \dfrac{0.08}{0.5716} = 0.3737 = 37.37\%$..............Ans.

路堤：$G_s = 2.67$

$\gamma_m = 16.5\text{kN/m}^3 = \dfrac{G_s(1+w)}{1+e_f}\gamma_w = \dfrac{2.67(1+0.1)}{1+e_f} \times 9.81$

$\Longrightarrow e_f = 0.7462$..Ans.

$S_f e_f = G_s w \Longrightarrow S_f = 2.67 \times 0.1/0.7462 = 0.3578 = 35.78\%$...........Ans.

【題型分析討論】

1. 本題為借土回填標準題型，在一貫班與題型班不斷以例題提醒同學，挖填前後唯一不變的是乾土總重量 W_s，此乃為解題之鑰。本題與 **111 題型班土壤力學例題 1-4 相似度高達 99.99%即可驗證**。
2. 另出題老師可能不察，一般借土區的單位重會小於回填區（夯實後的土壤一般比較緊密，單位重較高），本題為借土區的單位重大於回填區。

三、在單位重為 γ，不排水剪力強度為 c_u，地下水位明顯低於地表之黏土層中採用穩定液工法來進行槽溝挖掘，廠商使用單位重為 γ_b 的穩定液將槽溝填滿至地表面；如果穩定液的靜水壓力是促進穩定性的唯一力（即抵抗主動側向壓力），試導出槽溝壁面對圖中所示之潛在滑動面的安全係數的方程式。若 $\gamma = 19.6\ \text{kN/m}^3$，$\gamma_b = 11\ \text{kN/m}^3$，$c_u = 35\ \text{kPa}$，$H = 7\text{m}$，則該槽溝壁面之安全係數為多少？（計算條件若有不足，請自行作合理假設。）（25 分）

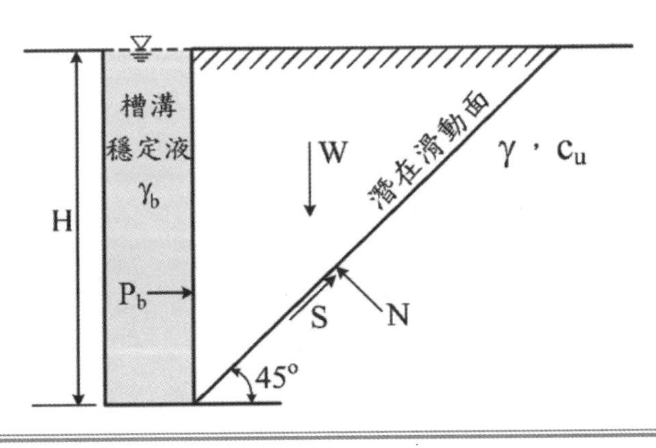

參考題解

提供 $c_u = 35\ \text{kPa} \Rightarrow$ 使用總應力分析

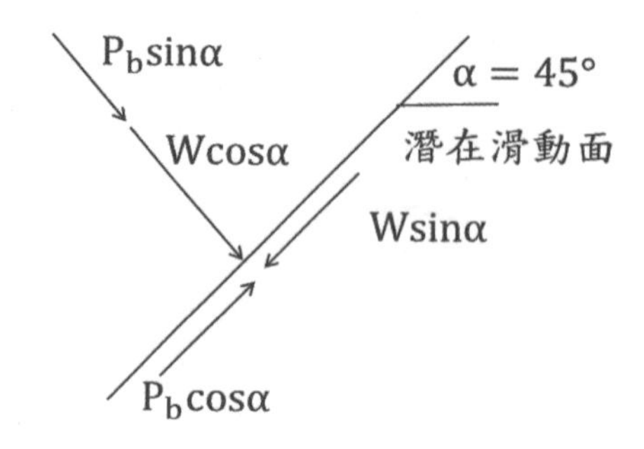

（一）潛在滑動面上之正向力 $N = W\cos\alpha + P_b\sin\alpha$

總應力參數 c_u，$\varphi_u = 0 \Rightarrow \tan\varphi_u = 0$

抵抗力 $F_r = c_u L + N\tan\varphi_u = c_u L = \sqrt{2}Hc_u$

驅動力 $F_d = W\sin\alpha - P_b\cos\alpha = \dfrac{W - P_b}{\sqrt{2}}$

安全係數 $FS = \dfrac{F_r}{F_d} = \dfrac{\sqrt{2}Hc_u}{(\dfrac{W - P_b}{\sqrt{2}})} = \dfrac{2Hc_u}{W - P_b}$ ………………………………………Ans.

其中 $W = \dfrac{1}{2}\gamma H^2$；$P_b = \dfrac{1}{2}\gamma_b H^2$

（二）$\gamma = 19.6\text{kN/m}^3$，$\gamma_b = 11\text{kN/m}^3$，$c_u = 35\ \text{kPa}$，$H = 7\text{m}$

$W = \dfrac{1}{2}\gamma H^2 = \dfrac{1}{2} \times 19.6 \times 7^2 = 480.2\text{kN}$

$P_b = \dfrac{1}{2}\gamma_b H^2 = \dfrac{1}{2} \times 11 \times 7^2 = 269.5\text{kN}$

安全係數 $FS = \dfrac{F_r}{F_d} = \dfrac{2Hc_u}{W - P_b} = \dfrac{2 \times 7 \times 35}{480.2 - 269.5} = \dfrac{490}{210.7} = 2.33$ ………Ans.

【題型分析討論】

1. 本題雖名為開挖穩定分析，實為坡面滑動穩定分析，當將穩定液提供的液壓視為抵抗主動側向壓力，則就簡化為坡面潛在滑動分析問題。
2. 我們在 111 **題型班例題** 3-7（110 **水利技師** 20%）**討論分享就一再提醒同學，不管考題如何變化，仍不脫①庫倫強度破壞準則、②有限邊坡（計算滑動土楔重量）、③再加上水壓力之變化，只要掌握住此原則將無往不利。**

四、某黏性土壤之蓄水用土壩如圖所示。土壤單位重為19.8 kN/m^3，不排水剪力剪力強度為30 kPa。AEDC 為一潛在滑動圓弧，其所圍之斷面積 ABCDE 為155 m^2，重心為 G 點，z_c 為張力裂縫深度，試求：

（一）水面與壩頂同高時，該滑動圓弧之安全係數。（10 分）

（二）水庫之水緊急洩降至低水位時，該滑動圓弧之安全係數。（15 分）

註：在此兩種情況下，坡頂上方之張力裂縫皆充滿水。（計算條件若有不足，請自行作合理假設。）

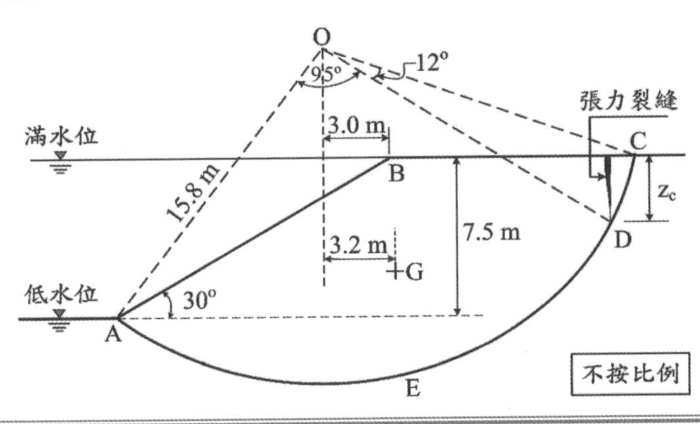

參考題解

依題意採總應分析，且此兩情況下，坡頂上方之張力裂縫皆充滿水。

假設：（1）張力裂縫產生後，破壞圓弧只從 A 點往上發展延伸到 D 點止；

（2）同時三角形ΔCDF不產生向下滑動，故須扣除ΔCDF的驅動力矩；

（3）所有力矩皆以O 點為圓心轉動。

張力裂縫深度 $z_c = \overline{FD} = \dfrac{2c_u}{\gamma\sqrt{K_a}} = \dfrac{2 \times 30}{19.8 \times \sqrt{1}} = 3.03\ m$

$\widehat{CD}$ 弧長 $= R\theta = 15.8 \times \left(\dfrac{12}{180}\right) \times \pi = 3.31\ m$

將 $\widehat{CD}$ 弧長視為直線 $\overline{CD} \approx 3.31\ m$，可得 $\overline{CF} = \sqrt{3.31^2 - 3.03^2} = 1.33m$

CDF 面積 ≈ 三角形ΔCDF 面積 $\approx \dfrac{1}{2} \times 1.33 \times 3.03 \approx 2.01m^2$

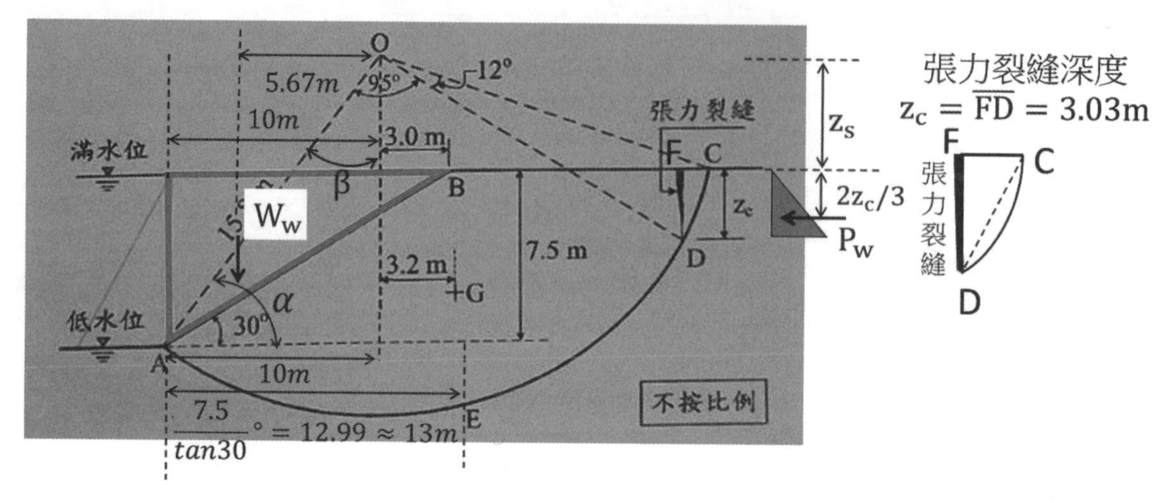

（一）水面與壩頂同高時，該滑動圓弧之安全係數：

此時**張力裂縫產生且充滿水**，則此裂縫水壓力將導致驅動力矩 $M_{d,w}$：

$$P_w = \frac{1}{2} z_c{}^2 \gamma_w = \frac{1}{2} 3.03^2 \times 9.81 = 45.03\text{kN}$$

如圖示之計算 $\alpha = \cos^{-1}\frac{10}{15.8} = 50.73^\circ$　　$\beta = 90^\circ - 50.73^\circ = 39.27^\circ$

$$z_s = 15.8 \times \cos(95^\circ + 12^\circ - 39.27^\circ) = 5.99 \approx 6\text{m}$$

（但用$z_s = 15.8 \times \sin 50.73^\circ - 7.5 = 4.73\text{m}$，以下計算取$z_s \approx 6\text{m}$）

$$M_{d,w} = P_w \times L_w = P_w \times \left(\frac{2}{3} z_c + z_s\right)$$

$$= 45.03 \times \left(\frac{2}{3} 3.03 + 6\right) = 361.14\text{kN} \cdot \text{m}$$

$$\Delta\text{CDF 力臂}\left(\text{對 O 點}\right) = 15.8 \times \sin(95^\circ + 12^\circ - 39.27^\circ) - \frac{2}{3} \times \overline{CF} = 13.73\text{m}$$

$$M_{d,clay} = 19.8 \times 155 \times 3.2 - 19.8 \times 2.01 \times 13.73 = 9274.37\text{kN} \cdot \text{m}$$

$$\sum M_d = M_{d,w} + M_{d,clay} = 361.14 + 9274.37 = 9635.51\text{kN} \cdot \text{m}$$

$$M_{r,cu} = c_u R\theta R = 30 \times 15.8 \times \left(\frac{95}{180} \times \pi\right) \times 15.8 = 12417.56\text{kN} \cdot \text{m}$$

坡面上方水壓力(水重量)形成抵抗力矩：

$$M_{r,w} = W_w \times \left(13 \times \frac{2}{3} - 3\right) = W_w \times 5.67$$

$$= \frac{1}{2} \times 7.5 \times 13 \times 9.81 \times 5.67 = 2711.61\text{kN} \cdot \text{m}$$

$$\sum M_r = M_{r,cu} + M_{r,w} = 12417.56 + 2711.61 = 15129.17\text{kN} \cdot \text{m}$$

$$FS = \frac{\sum M_r}{\sum M_d} = \frac{15129.17}{9635.51} = 1.57 \ldots\ldots\ldots\ldots\ldots\ldots\ldots\ldots\ldots\ldots\text{Ans.}$$

（二）水庫之水緊急洩降至低水位時（坡面上方無水），該滑動圓弧之安全係數：

此時張力裂縫產生且充滿水，則此水壓力將導致驅動力矩 $M_{d,w}$：

$$\sum M_d = M_{d,w} + M_{d,clay} = 303.95 + 9274.37 = 9578.32\text{kN} \cdot \text{m}$$

$$M_{r,cu} = c_u R\theta R = 30 \times 15.8 \times \left(\frac{95}{180} \times \pi\right) \times 15.8 = 12417.56\text{kN} \cdot \text{m}$$

$$FS = \frac{M_r}{\sum M_d} = \frac{12417.56}{9578.32} = 1.30 \ldots\ldots\ldots\ldots\ldots\ldots\ldots\ldots\ldots\ldots\text{Ans.}$$

【題型分析討論】

1. 本題為邊坡穩定之圓弧分析法（進一步發展成切片法），採總應力分析，同時結合張力裂縫（充滿水）與外在水位的變化，此種解法屬於冷門題型，惟因受近幾年北台灣豪大雨常造成多處公路產生邊坡滑動破壞甚至造成交通中斷等，反而受到出題老師的青睞。
2. 題型班上課時一再提醒 110 年結構技師考了邊坡穩定之切片法、在水利技師考了存在水壓力狀態下有限邊坡安全分析，同需需知真正的理論分析基礎（庫倫破壞準則）才是最重要的。

單元 4

結構技師專技高考

111年 專門職業及技術人員高等考試試題／鋼筋混凝土設計與預力混凝土設計

※注意：本科目試題之作答規範：中國土木水利工程學會「混凝土工程設計規範與解說」（土木 401-100），未依規範作答，不予計分。

表 1 CNS 竹節鋼筋之標稱尺度

竹節鋼筋稱號	標稱直徑(d_b)	標稱面積(A_b)
	(cm)	(cm^2)
D10	0.953	0.7133
D13	1.27	1.267
D16	1.59	1.986
D19	1.91	2.865
D22	2.22	3.871
D25	2.54	5.067
D29	2.87	6.469
D32	3.22	8.143

表 2 每層之最大鋼筋數目與梁寬之關係表

梁寬(cm)	30	35	40
D16	4	5	6
D19	4	5	6
D22	4	5	5
D25	3	4	5
D29	3	4	5
D32	3	4	5

註：表中之梁肋筋是採用 D13，粒料直徑小於 2.5 cm。

一、下圖所示梁斷面之拉力筋為 3-D25 和 2-D22，壓力筋為 2-D19。混凝土抗壓強度 f_c' = 280 kgf/cm^2、鋼筋降伏強度 f_y = 5600 kgf/cm^2，淨保護層 c = 4 cm，試求該斷面之設計彎矩強度ϕM_n。（25 分）

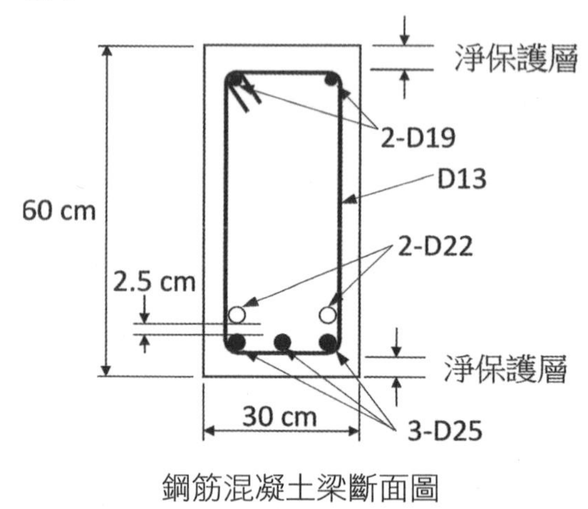

鋼筋混凝土梁斷面圖

參考題解

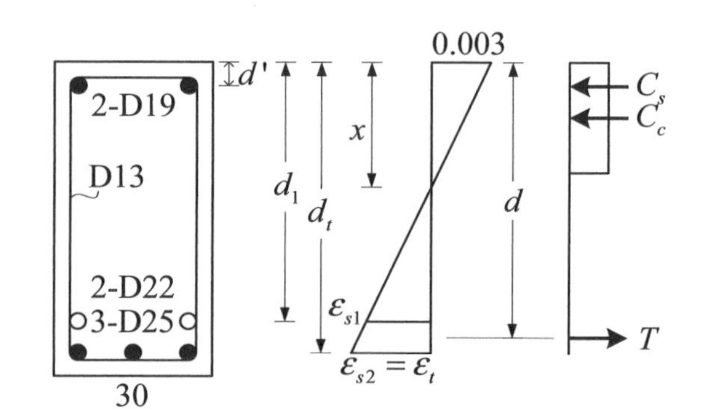

$$d' = 4 + 1.27 + \frac{1.91}{2} = 6.23\ cm$$

$$d_t = 60 - 4 - 1.27 - \frac{2.54}{2} = 53.46\ cm$$

$$d_1 = 60 - 4 - 1.27 - 2.54 - 2.5 - \frac{2.22}{2}$$

$$= 48.58\ cm$$

$$d = \frac{(3\times5.067)(53.46)+(2\times3.871)(48.58)}{3\times5.067+2\times3.871} = 51.81\ cm$$

假設極限狀態時，拉力筋降伏、壓力筋不降伏

$$f_y = 5600\ kgf/cm^2 \Rightarrow \varepsilon_y = \frac{f_y}{E_s} = \frac{5600}{2.04\times10^6} = 0.002745$$

（一）壓力區

$$C_c = 0.85 f_c' ba = 0.85(280)(30)(0.85x) = 6069x$$

$$C_s = A_s'\left(f_s' - 0.85 f_c'\right) = 2\times2.865\left(6120\times\frac{x - d'^{6.23}}{x} - 0.85\times280\right) = 33704 - \frac{218471}{x}$$

（二）拉力區

$$T_1 = A_{s1}f_y = (2\times 3.871)\times 5600 = 43355\ kgf$$

$$T_2 = A_{s2}f_y = (3\times 5.067)\times 5600 = 85126\ kgf$$

$$T = T_1 + T_2 = 128481$$

（三）$C_c + C_s = T \Rightarrow 6069x + 33704 - \dfrac{218471}{x} = 128481 \Rightarrow 6069x^2 - 94777x - 218471 = 0$

$$\Rightarrow x^2 - 15.62x - 36 = 0 \quad \therefore x = \begin{cases} 17.66 \\ -2.04\ (\text{不合}) \end{cases}$$

（四）確認拉力筋降伏、壓力筋不降伏

$$\varepsilon_s' = \frac{x-d'}{x}\times 0.003 = \frac{17.66-6.23}{17.66}\times 0.003 = 0.00194 < \varepsilon_y\ \ (ok)$$

$$\varepsilon_{s1} = \frac{d_1-x}{x}\times 0.003 = \frac{48.58-17.66}{17.66}\times 0.003 = 0.00525 \geq \varepsilon_y\ \ (ok)$$

$$\varepsilon_t = \varepsilon_{s2} = \frac{d_t-x}{x}\times 0.003 = \frac{53.46-17.66}{17.66}\times 0.003 = 0.00608 \geq 0.005\ \ \therefore \phi = 0.9$$

（五）計算 ϕM_n

$$C_c = 6069\cancel{x}^{17.66} = 107179\ kgf \approx 107.18\ tf$$

$$C_s = 33704 - \frac{218471}{\cancel{x}^{17.66}} = 21333\ kgf \approx 21.33\ tf$$

$$M_n = C_c\left(d-\frac{a}{2}\right) + C_s(d-d') = 107.18\left(51.81 - \frac{0.85\cancel{x}^{17.66}}{2}\right) + 21.33(51.81-6.23)$$

$$= 5721\ tf-cm = 57.21\ tf-m$$

$$\phi M_n = 0.9\times 57.21 = 51.49\ tf-m$$

二、混凝土斷面寬度 30 cm，深度 50 cm，承受設計彎矩 $M_u = 19.5$ tf-m。假設有效深度 $d = 43.5$ cm，可選用之混凝土強度分別為 $f_c' = 210$、280 kgf/cm^2；鋼筋降伏強度分別為 $f_y = 4200$、5600 kgf/cm^2。若拉力鋼筋限用 D25 鋼筋，請設計所需最經濟之材料強度與拉力鋼筋支數，及對應之材料強度，並請評論材料強度對拉力鋼筋用量之影響。（25 分）

參考題解

（一）採用 $f_c' = 210\ kgf/cm^2$

1. $C_c = 0.85 f_c' ba = 0.85(210)(30)(0.85x) = 4551.75x$

2. $M_n = C_c\left(d - \dfrac{a}{2}\right) \Rightarrow \dfrac{19.5\times10^5}{0.9} = 4551.75x\left(43.5 - \dfrac{0.85x}{2}\right)$

$\Rightarrow -0.425x^2 + 43.5x - 476 = 0 \ \therefore \begin{cases} x = 12.46 \\ x = 89.9(\text{不合}) \end{cases}$

3. $C_c = T \Rightarrow 4551.75\cancel{x}^{12.46} = A_s f_y \quad \therefore A_s f_y = 56715\ kgf$

（1）若採用 $f_y = 4200\ kgf/cm^2$，$A_s = \dfrac{T}{f_y} = \dfrac{56715}{4200} = 13.5\ cm^2$.....①

須採用 3-D25 的鋼筋

（2）若採用 $f_y = 5600\ kgf/cm^2$，$A_s = \dfrac{T}{f_y} = \dfrac{56715}{5600} = 10.13\ cm^2$....②

須採用 2-D25 的鋼筋

（二）採用 $f_c' = 280\ kgf/cm^2$

1. $C_c = 0.85 f_c' ba = 0.85(280)(30)(0.85x) = 6069x$

2. $M_n = C_c\left(d - \dfrac{a}{2}\right) \Rightarrow \dfrac{19.5\times10^5}{0.9} = 6069x\left(43.5 - \dfrac{0.85x}{2}\right)$

$\Rightarrow -0.425x^2 + 43.5x - 357 = 0 \ \therefore \begin{cases} x = 9 \\ x = 93.36(\text{不合}) \end{cases}$

3. $C_c = T \Rightarrow 6069\cancel{x}^{9} = A_s f_y \quad \therefore A_s f_y = 54621\ kgf$

（1）若採用 $f_y = 4200\ kgf/cm^2$，$A_s = \dfrac{T}{f_y} = \dfrac{54621}{4200} = 13\ cm^2$.....③

須採用 3-D25 的鋼筋

（2）若採用 $f_y = 5600\ kgf/cm^2$ ， $A_s = \dfrac{T}{f_y} = \dfrac{54621}{5600} = 9.75\ cm^2$....④

須採用 2-D25 的鋼筋

（三）綜合①②③④ 可知：最經濟方案為採用 $f_c' = 210\ kgf/cm^2$ ， $f_y = 5600\ kgf/cm^2$ ，此時所需的鋼筋量為 2-D25 的鋼筋

（四）材料強度對拉力鋼筋用量的影響

1. 鋼筋強度的影響

採用 $f_y = 5600\ kgf/cm^2$ 的鋼筋用量會比 $f_y = 4200\ kgf/cm^2$ 少 25%

說明：由於 $T = A_s f_y$ ，當 f_y 由 $4200\ kgf/cm^2 \rightarrow 5600\ kgf/cm^2$ 時，強度上升 1/3

則鋼筋用量可減少 1/4

故② 的鋼筋用量為① 的 75%；④ 的用量為③ 的 75%

2. 混凝土強度的影響

當 f_c' 由 $210\ kgf/cm^2 \rightarrow 280\ kgf/cm^2$ 時，C_c 由 $56715\ kgf \rightarrow 54621\ kgf$（減少約 3.7%）

意即 T 也會減少 3.7%；T 變小，鋼筋用量就會變少

故③ 的鋼筋用量為① 的 96.3%；④ 的鋼筋用量為② 的 96.3%

3. 本題中，提升 f_y 對鋼筋的減量效果比提升 f_c' 顯著

三、如下圖所示之簡支預力混凝土梁跨徑 $L = 20$ m，鋼筋混凝土之單位重 $\gamma = 2.4$ tf/m^3、混凝土強度 $f_c' = 420$ kgf/cm^2，主筋降伏強度 $f_y = 4200$ kgf/cm^2、肋筋降伏強度 $f_{yt} = 2800$ kgf/cm^2，有效預力 $F_e = 200$ tf。今於地震後發現距離梁端支承約水平距離為一倍有效深度處出現腹剪裂縫，經查原設計階段所採用之垂直肋筋為 D10@15 cm，使用載重包括：自重 W_G、均佈靜載重 $W_D = 1.1$ tf/m、集中活載重 $P_L = 25$ tf，但未考慮垂直向地震力。今擬重新檢討，假設垂直向地震力為均佈載重，其值為自重 W_G 與均佈靜載重 W_D 兩者相加後的 25%，且仍使用 D10 當作垂直肋筋，請問肋筋間距 s 宜如何配置以避免產生腹剪破壞？（25 分）

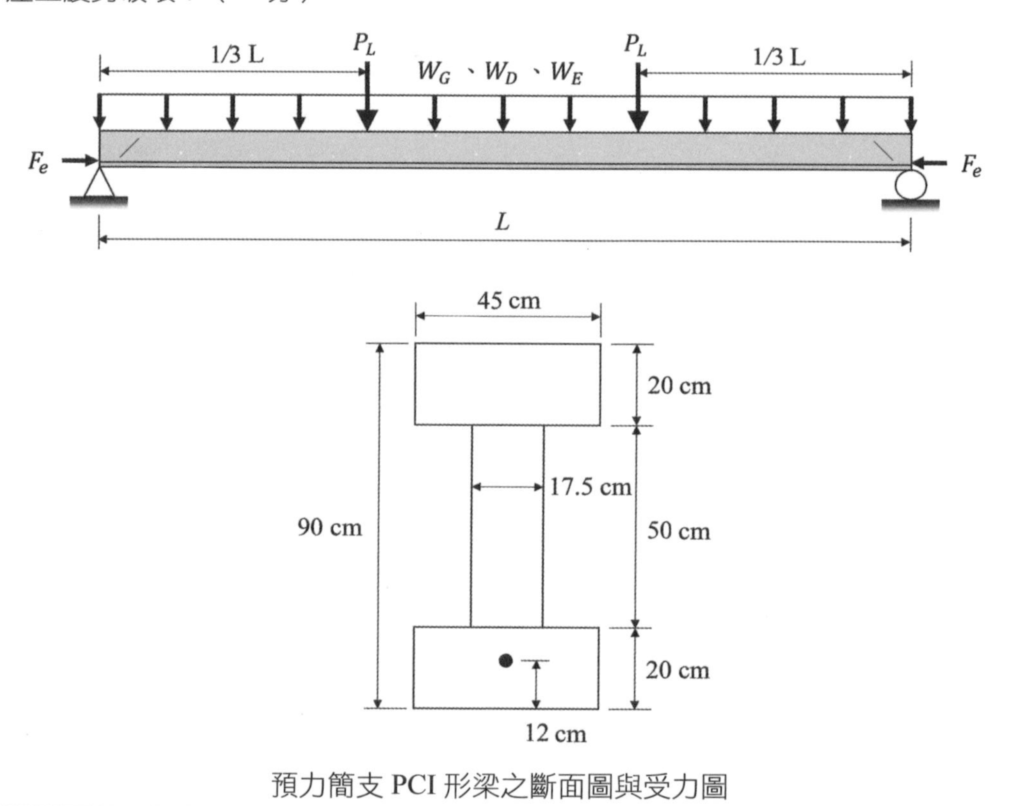

預力簡支 PCI 形梁之斷面圖與受力圖

參考題解

【觀念解析】

剪力考題，已近 20 年未出，本題相對較為簡單，唯考生須熟記公式。

（一）斷面性質及載重

$A = 45 \times 20 \times 2 + 50 \times 17.5 = 2675$ cm^2

$W_G = 0.2675 \times 2.4 = 0.642$ tf/m

$W_D = 1.1$ tf/m

W_{EQ} = (0.642 + 1.1) × 0.25 = 0.4355 tf/m

P_L = 25 tf

（二）外力計算

臨界斷面剪力：

距簡支端 h 處剪力：

$Vh_{(D+G)}$ = 20 × (1.1 + 0.642) /2 – (1.1 + 0.642) × 0.9 = 15.8522 tf

$Vh_{(EQ)}$ = 20 × 0.4355 / 2 – 0.4355 × 0.9 = 3.963 tf

$Vh_{(PL)}$ = 25 tf

Vu = 1.2 × (15.8522) + 1.6 × 25 + 1.0 × 3.963 = 62.9856 tf

（三）Vcw 計算

Vcw = $(0.93\sqrt{f_c'} + 0.3\ \text{fpc})$ bwd + Vp

fpc = 200 × 10^3/2675 = 74.7664 kgf/cm^2

Vp = 0

Vcw = (0.93 × $420^{0.5}$ + 0.3 × 74.7664) × 17.5 × 78 / 1000 = 56.6328 tf

（四）Vs 計算

Vs = $\frac{V_u}{\varphi} - V_{cw}$ = 62.9856 / 0.75 – 56.6328 = 27.348 tf

Vs = $\frac{A_s f_y d}{s}$ = 2 × 0.71 × 2.8 × 78/s

s = 11.34 cm

smax = min (Avfy / (3.5 bw) = 0.71 × 2 × 2800 / (3.5 × 17.5) = 64.91 cm；

3/4h = 67.5 cm；60 cm；

Avfy / (0.2 × $\sqrt{f_c'}$ × bw) = 0.71 × 2 × 2800 / (0.2 × $\sqrt{420}$ × 17.5) = 55.43 cm = 55.43 cm

取 s = 10 cm 可滿足需求並符合規範。

四、某鋼筋混凝土柱之斷面尺寸 80 × 80 cm、淨高度 6.4 m，混凝土強度 $f_c' = 280$ kgf/cm^2、鋼筋降伏強度 $f_y = 4200$ kgf/cm^2，縱向主筋使用 D32 鋼筋。已知該柱於軸壓力分別為 $P = 180$ tf 及 $P = 360$ tf 作用時，柱底彎矩塑鉸性質分別如表 3 所示，皆為雙線性曲線。該柱底今承受軸壓力 $P = 270$ tf，彎矩 $M = 232.5$ tf-m，假設其彎矩塑鉸性質可由表 3 數值作線性內插，且反曲點位於淨高度一半位置。請根據民國 109 年 12 月交通部頒「公路橋梁耐震評估與補強設計規範」所列公式如下，以撓曲變形為主，評估反曲點下方柱視作單曲率柱時之曲率韌性需求μ_ϕ、轉角韌性需求μ_θ，與位移韌性需求μ。（25 分）

$$\delta_y = \frac{\phi_y L^2}{3},\ \theta_y = \frac{\delta_y}{L}$$

$$\delta_u = \frac{M_u}{M_y}\delta_y + (\phi_u - \phi_y)L_P \times (L - 0.5L_P), \theta_u = \frac{\delta_u}{L}$$

$$L_P = 0.08L + 0.0022 d_b f_y \ge 0.0044 d_b f_y$$

表 3 彎矩塑鉸參數表

	軸力 P = 180 tf		軸力 P = 360 tf	
	曲率ϕ	彎矩 M	曲率ϕ	彎矩 M
	rad/m	tf-m	rad/m	tf-m
原點	0	0	0	0
降伏點	0.004	200	0.006	240
極限點	0.03	230	0.01	260

參考題解

（一）塑鉸長度

1. $L_P = 0.08L + 0.0022 d_b f_y = 0.08(320) + 0.0022(3.22)(4200) = 55.35cm$...①

2. $L_P = 0.0044 d_b f_y = 0.0044(3.22)(4200) = 59.51cm$....②

3. ①② 取大值 $\Rightarrow L_P = 59.51\ cm$

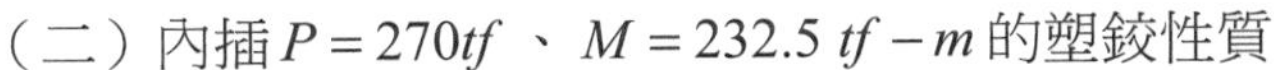

（二）內插 $P=270tf$ 、 $M=232.5\ tf-m$ 的塑鉸性質

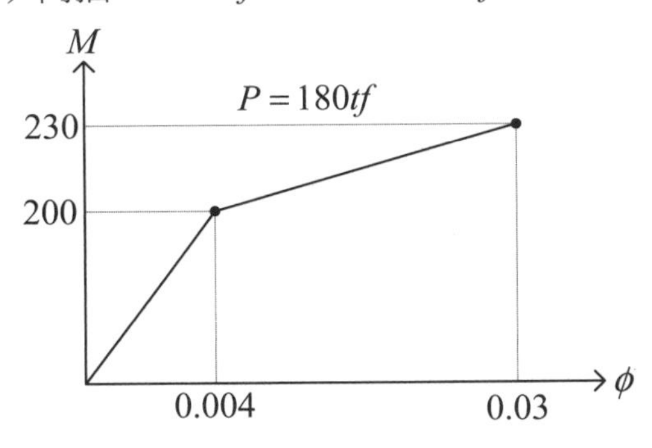

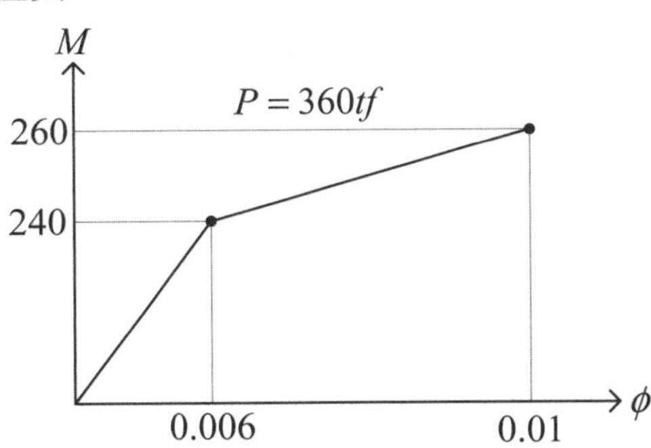

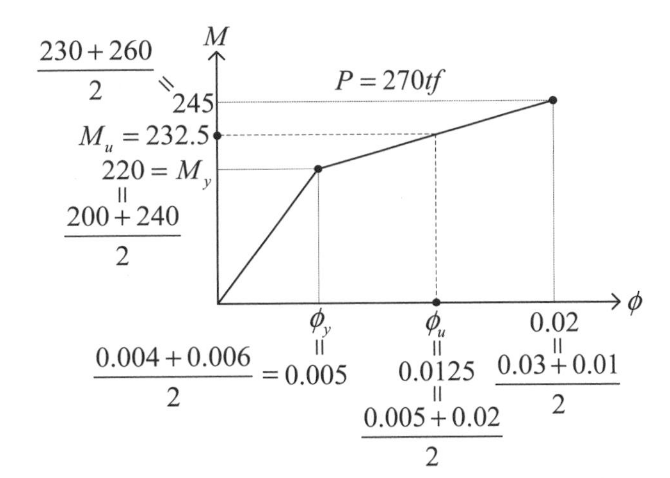

（三）曲率韌性： $\mu_\phi=\dfrac{\phi_u}{\phi_y}=\dfrac{0.0125}{0.005}=2.5$

（四）位移韌性： $\mu=\dfrac{\delta_u}{\delta_y}=\dfrac{0.03102}{0.0171}=1.814$

$$\delta_y=\frac{1}{3}\phi_y L^2=\frac{1}{3}(0.005)(3.2)^2=0.0171m$$

$$\begin{aligned}\delta_u&=\frac{M_u}{M_y}\delta_y+(\phi_u-\phi_y)L_P(L-0.5L_P)\\&=\frac{232.5}{220}(0.0171)+(0.0125-0.005)(0.5951)(3.2-0.5\times0.5951)\\&=0.01807+0.01295=0.03102m\end{aligned}$$

（五）轉角韌性： $\mu_\theta=\dfrac{\theta_u}{\theta_y}=\dfrac{9.69\times10^{-3}}{5.34\times10^{-3}}=1.814$

$$\theta_y=\frac{\delta_y}{L}=\frac{0.0171}{3.2}=5.34\times10^{-3}\ rad$$

$$\theta_u=\frac{\delta_u}{L}=\frac{0.03102}{3.2}=9.69\times10^{-3}$$

111年 專門職業及技術人員高等考試試題／鋼結構設計

註：題目所列之計算公式僅供參考應自負確認與勘誤責任，另視設計需求可自行假設適用的條件等

一、已知鋼柱斷面為 BOX 800 × 800 × 32 (mm)，受壓有效長細比 $(KL/r)_{eff}$ 為 30.54，且設計配置有充分的側向支撐與束制。使用的鋼板降伏強度 F_y = 3.3 tf/cm² 而楊氏係數 E = 2040 tf/cm²。載重組合後經分析的係數化載重 P_{u1} = −1119 tf，M_{u2} = −179 tf-m，M_{u3} = −19.4 tf-m，V_{u2} = −86.77 tf，V_{u3} = −9.14 tf。試依極限強度設計（LRFD）法，分析與檢核鋼柱之設計強度是否適足。（25 分）

[參考公式] 全滲透銲組合箱形柱等厚度之翼板受彎曲或壓力

$$\lambda_p = \frac{50}{\sqrt{F_y}};\ \frac{h}{t_w} \le 50\sqrt{\frac{k_v}{F_y}}\ (\text{腹板未加勁 } k_v = 5),\ V_n = 0.6F_yA_w;$$

$$\lambda_c = \frac{\text{KL}}{\pi r}\sqrt{\frac{F_y}{E}},\ \lambda_c > 1.5,\ F_{cr} = \left[\frac{0.877}{\lambda_c^2}\right]F_y,\ \lambda_c \le 1.5,\ F_{cr} = e^{\left[-0.419\lambda_c^2\right]}F_y$$

參考題解

Hint：BOX（箱型）柱考題較少，但工程實務應用甚廣

考題所附公式為 H 型鋼，參考解答依 BOX 柱正確公式計算

1. 檢核斷面肢材結實性：

$$\lambda_w = \frac{h}{t_w} = \frac{80 - 2 \times 3.2}{3.2} = 23 \le \lambda_p = \frac{50}{\sqrt{F_y}} = 27.52$$

符合結實斷面

2. 結構分析：

（1）$P_u = P_{u1} = 1119\ tf$ 壓力

（2）$M_{u,x} = M_{u2} = 17900\ tf - cm$

（3）$M_{u,y} = M_{u3} = 1940\ tf - cm$

（4）$V_{u,max} = (V_{u2}，V_{u3})_{max} = (86.77，9.14)_{max} = 86.77\ tf$

3. 計算斷面參數：

（1）$A = 80^2 - (80 - 2 \times 3.2)^2 = 983.04\ cm^2$

（2）$Z_x = Z_y = 80 \times 40^2 - 73.6 \times 36.8^2 = 28328\ cm^3$

（一）軸力分析：$\frac{P_u}{\phi_c P_n} = \frac{1119}{2487.53} = 0.45 \geq 0.2$，大軸力

計算$\phi_c P_n$：

1. $(\frac{KL}{r})_x = (\frac{KL}{r})_y = (\frac{KL}{r})_{eff} = 30.54$

2. $\lambda_c = \frac{KL}{r} / \sqrt{\frac{\pi^2 E}{F_y}} = 0.391 \leq 1.5 \Rightarrow$非彈性挫屈

3. $\boldsymbol{F_{cr} = (0.211\lambda_c^3 - 0.57\lambda_c^2 - 0.06\lambda_c + 1.0)F_y = 2.977\ tf/cm^2}$

【補充說明】上式為 BOX 柱之壓力桿件正確計算公式

4. $\phi_c P_n = 0.85 F_{cr} A = 2487.53\ tf$

（二）檢核設計強度需求比

$$\frac{P_u}{\phi_c P_n} + \frac{8}{9}\left(\frac{M_{ux}}{\phi_b M_{nx}} + \frac{M_{uy}}{\phi_b M_{ny}}\right) = 0.45 + \frac{8}{9}\left(\frac{17900}{84134} + \frac{1940}{84134}\right) = 0.66 \leq 1.0 \quad \boldsymbol{O.K.\sim}$$

1. 計算$\phi_b M_{nx}$：題示設計配置充分側支撐與束制

（1）$M_p = F_y Z_x = 3.3 \times 28328 = 93482.4\ tf-cm$

（2）$M_{nx} = M_p = 93482.4\ tf-cm$

（3）$\phi_b M_{nx} = 0.9 \times 93482.4 = 84134\ tf-cm$

2. 雙對稱斷面 $\phi_b M_{ny} = \phi_b M_{nx} = 84134\ tf-cm$

（三）檢核剪力強度

1. $\frac{h}{t_w} = 23 \leq 50\sqrt{k_v/F_y} = 61.55$，符合剪力降伏

2. $V_n = 0.6 F_y A_w = 0.6 \times 3.3 \times (80 \times 3.2 \times 2) = 1013.76\ tf$

$\phi V_n = 0.9 \times 1013.76 = 912.38\ tf$

3. $\phi V_n = 912.38 \geq V_{u,max} = 86.77\ tf$　　$\boldsymbol{OK\sim}$

鋼柱之設計強度適足

二、設計考慮靜載重 135 kN 與活載重 315 kN，而構件使用寬度 300 mm 而厚度(t)為 20 mm 的 A572 Gr. 50 鋼板（降伏強度 $F_y = 345$ Mpa，而抗拉強度 $F_u = 450$ MPa），在其中一個角隅距兩邊離 $a = 65$ mm 處與另一連接部件均開一個直徑(d)為 100 mm 的圓孔，以放入插銷作成一個鉸接合。設計鉸接拉力構件除受拉全斷面降伏，亦應考慮下列極限狀態：

1. 受拉有效面積斷裂 $P_n = F_u\,(2tb_e)$，$b_e \le (b_e)_{max} = (2t + 16)$(mm)
2. 受剪有效面積斷裂 $P_n = 0.6\,F_u\,A_{sf}$，$A_{sf} = 2t\,(a + d\,/\,2)$
3. 插銷投影面積承壓 $P_n = 1.8F_y\,A_{pb}$，$A_{pb} = td$

試依容許應力設計（ASD）法，設計與分析上述鉸接拉力構件之可用強度。（25 分）

參考題解

unit：$\boldsymbol{N}$、$\boldsymbol{mm}$、$\boldsymbol{Mpa}$

$\boldsymbol{P} = P_D + P_L = 315 + 135 = \mathbf{450\ kN}$

計算鉸接拉力構件的容許強度

（一）全斷面降伏

$$\boldsymbol{P_{a1}} = \frac{P_n}{\text{安全係數}\ \Omega} = 0.6F_yA_g = 0.6 \times 345 \times 6000 \times 10^{-3} = \mathbf{1242\ kN}$$

$$A_g = W_g \times t = 300 \times 20 = 6000\ mm^2$$

（二）受拉有效面積斷裂

$$P_n = F_u(2tb_e) = 450(2 \times 20 \times 56) \times 10^{-3} = 1008\ kN$$

$$b_e \le (b_e)_{max} = (2t + 16) = 2 \times 20 + 16 = 56\ mm$$

$$\boldsymbol{P_{a2}} = \frac{P_n}{\text{安全係數}\ \Omega} = \frac{1008}{2} = \mathbf{504\ kN}$$

（三）受剪有效面積斷裂

$$P_n = 0.6F_uA_{sf} = 0.6 \times 450 \times 4600 \times 10^{-3} = 1242\ kN$$

$$A_{sf} = 2t(a + d/2) = 2 \times 20(65 + 100/2) = 4600\ mm^2$$

$$\boldsymbol{P_{a3}} = \frac{P_n}{\text{安全係數}\ \Omega} = \frac{1242}{2} = \mathbf{621\ kN}$$

（四）插銷投影面積承壓

$P_n = 1.8F_yA_{pb} = 1.8 \times 345 \times 2000 \times 10^{-3} = 1242\ kN$

$A_{pb} = td = 20 \times 100 = 2000\ mm^2$

$\boldsymbol{P_{a4}} = \dfrac{P_n}{\text{安全係數}\ \Omega} = \dfrac{1242}{2} = \mathbf{621\ kN}$

（五）綜上，$\boldsymbol{P_a} = (1242，504，621，621)_{min} = \mathbf{504\ kN}$

鉸接拉力構件的容許強度為504 kN

$P_a = 504\ kN \geq P = 450\ kN \quad O.K.\sim$

三、試說明韌性抗彎鋼構架的重要銲接部位與所需實施的非破壞檢驗方法。（25 分）

參考題解

（一）韌性抗彎鋼構架的重要銲接部位如下：

1. 鋼柱與柱底版間銲道。
2. 鋼柱與鋼柱續接之銲道。
3. 鋼梁與鋼柱連接之銲道。

於重要銲接部位，常以開槽之全滲透銲施作。

（二）銲接完成後通常會使用**非破壞性檢測**來確認銲道品質，以下為常見的非破壞性銲道檢測方法：

1. **目視**（**V**isual **T**esting，**VT**）
   最基本的銲道檢測方式，但只能檢查銲接尺寸並判斷表面平整度與嚴重瑕疵。
2. **超音波檢測**（**U**ltrasonic **T**esting，**UT**）
   目前最普遍、最常用的非破壞性檢測方法。其利用超音波在介質傳遞時，遇到有裂縫或瑕疵則會提早反射或折射，再利用時間差反推瑕疵位置。
3. **磁粒探傷檢測**（**M**agnetic Particle **T**esting，**MT**）
   常用於填角銲道檢測。檢測前，先將磁粉撒在要檢測位置的銲道上，通上電流後，利用磁場，當磁力線遭遇裂縫或瑕疵時會造成磁力線改變，就可得知是否有裂縫或瑕疵，但僅能偵測到接近表面的裂縫或瑕疵。

4. **滲透液檢測**（Liquid **P**enetrant **T**esting，**PT**）
   用於檢測銲道表面瑕疵。檢測過程以染色液體塗抹銲道表面，擦拭後再噴上顯像液，利用毛細作用將方才滲入裂縫或瑕疵的染色液體帶上表面。
5. **放射性檢測**（**R**adiographic **T**esting，**RT**）
   利用放射線通過不同材質會吸收不同能量，裂縫或瑕疵位置會在底片上顯現較黑影像，即可了解裂縫及瑕疵大小。但因放射線能量會被鋼板吸收，因此太厚的鋼板不適用。

四、設計考慮如圖(a)的鉸支承門型抗彎鋼構架受地震水平力作用時，鋼梁比鋼柱先降伏且在梁端形成塑鉸。為達上述「強柱弱梁」設計目標，選擇使鋼柱的塑性斷面模數為鋼梁的 1.25 倍。兩種鋼材的降伏強度分布如圖(b)所示。假設鋼梁與鋼柱的製作屬統計上之獨立事件。試分別針對鋼材 A 與鋼材 B，分析柱與梁使用同一種鋼材製作卻未達設計目標變「強梁弱柱」之機率，並說明限制鋼材降伏強度範圍的意義。（25 分）

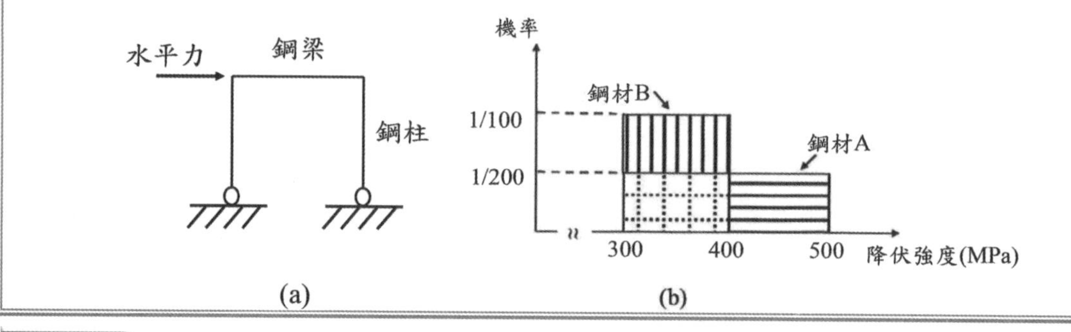

(a) (b)

參考題解

設計目標：強柱弱梁（意即鋼梁比鋼柱先降伏且在梁端形成**塑鉸**）

【補充說明】各材料已知降伏強度 F_y 的範圍，欲達強柱弱梁之設計目標

1. **假設梁鋼材降伏強度 F_{yg} 採強度範圍之最大值，可求取柱鋼材降伏強度 F_{yc} 之容許限界。**
2. **同理，假設柱鋼材降伏強度 F_{yc} 採強度範圍之最小值，可求取梁鋼材降伏強度 F_{yg} 之容許限界。**

（一）分析二種鋼材未達設計目標之機率

柱塑性斷面模數：Z_c

梁塑性斷面模數：Z_g

題意已知 $Z_c = 1.25Z_g$

1. 鋼材 A：降伏強度介於 $\mathbf{400{\sim}500}\ \boldsymbol{MPa}$

（1）柱鋼材降伏強度 F_{yc}下限計算：

若梁鋼材降伏強度 $F_{yg} = 500\ MPa$

柱塑性彎矩 $M_{Pc} = F_{yc}Z_c = F_{yc}(1.25Z_g)$

梁塑性彎矩 $M_{Pg} = F_{yg}Z_g = 500Z_g$

強柱弱梁 $M_{Pc} \geq M_{Pg}$

$\rightarrow F_{yc}(1.25Z_g) \geq 500Z_g \rightarrow \boldsymbol{F_{yc} \geq 400\ MPa}$

鋼材 A 降伏強度介於$400 \sim 500\ MPa$

故採用鋼材 A 未達設計目標之機率為 0%

2. 鋼材 B：降伏強度介於$\boldsymbol{300 \sim 400\ MPa}$

（1）柱鋼材降伏強度 F_{yc}下限計算：

若梁鋼材降伏強度 $F_{yg} = 400\ MPa$

柱塑性彎矩 $M_{Pc} = F_{yc}Z_c = F_{yc}(1.25Z_g)$

梁塑性彎矩 $M_{Pg} = F_{yg}Z_g = 400Z_g$

強柱弱梁 $M_{Pc} \geq M_{Pg}$

$\rightarrow F_{yc}(1.25Z_g) \geq 400Z_g \rightarrow \boldsymbol{F_{yc} \geq 320\ MPa}$

柱鋼材 F_{yc}可能未達設計目標之機率$\dfrac{320-300}{400-300} = \boldsymbol{\dfrac{20}{100}}$

（2）梁鋼材降伏強度 F_{yg}上限計算：

若柱鋼材降伏強度 $F_{yc} = 300\ MPa$

柱塑性彎矩 $M_{Pc} = F_{yc}Z_c = 300(1.25Z_g) = 375Z_g$

梁塑性彎矩 $M_{Pg} = F_{yg}Z_g$

強柱弱梁 $M_{Pc} \geq M_{Pg}$

$\rightarrow 375Z_g \geq F_{yg}Z_g \rightarrow \boldsymbol{F_{yg} \leq 375\ MPa}$

梁鋼材 F_{yg}可能未達設計目標之機率 $\dfrac{400-375}{400-300} = \boldsymbol{\dfrac{25}{100}}$

（3）若柱、梁鋼材降伏強度，均位於前二項可能未達設計目標區間，則經排列組合未達設計目標之機率為 **50%**。

（4）綜上，$\dfrac{20}{100} \times \dfrac{25}{100} \times 50\% = 2.5\%$

採用鋼材 B 未達設計目標之機率為 2.5%

（二）限制鋼材降伏強度範圍的意義

限制鋼材降伏強度範圍，更能有效掌握鋼材降伏強度的變異性，確保結構設計目標達成。

鋼材降伏強度變異性過大之缺點：

1. 增加結構設計之不確定性：

   以本題為例，耐震設計的強柱弱梁理念無法充分落實。

2. 結構破壞形式難以掌握：

   若梁鋼材降伏強度過高，可能導致梁端塑鉸未形成前，即因剪力過高而造成破壞。此情況在日本阪神地震時相當嚴重。

3. 三維架構在非彈性階段會產生額外扭矩或偏心地震力。

111年 專門職業及技術人員高等考試試題／結構動力分析與耐震設計

一、剛構架受動態載重如下圖，忽略軸向變形、構架質量以及節點 A、B 集中質量的旋轉慣量，假設柱以及梁的長度 L 均為 3 m、撓曲剛度 EI 值均為 2000 N/m^2，在第 2 自由度上受向上為正的簡諧外力作用。回答下列問題：

（一）請依圖上所示自由度編號以直接勁度法建立四自由度的勁度矩陣以及質量矩陣後利用靜態濃縮方法將勁度矩陣以及質量矩陣濃縮為 2 自由度（1 以及 2）矩陣。（10 分）

（二）假設沒有阻尼力，根據子題（一）結果建立第一及第二振態運動方程式。（10 分）

（三）假設各振態阻尼比皆為 0.03，求自由度 2 的穩態位移振幅。（5 分）

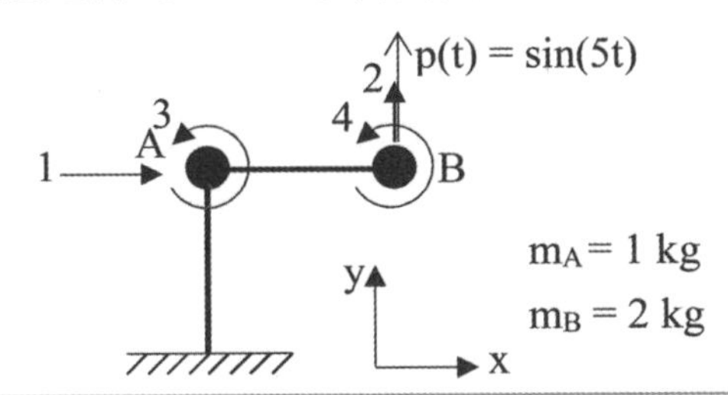

參考題解

（一）$[M]=\begin{bmatrix} m_A+m_B & 0 & 0 & 0 \\ 0 & m_B & 0 & 0 \\ 0 & 0 & 0 & 0 \\ 0 & 0 & 0 & 0 \end{bmatrix}=\begin{bmatrix} 3 & 0 & 0 & 0 \\ 0 & 2 & 0 & 0 \\ 0 & 0 & 0 & 0 \\ 0 & 0 & 0 & 0 \end{bmatrix}$

$[K]=\begin{bmatrix} K_{11} & K_{12} & K_{13} & K_{14} \\ K_{21} & K_{22} & K_{23} & K_{24} \\ K_{31} & K_{32} & K_{33} & K_{34} \\ K_{41} & K_{42} & K_{43} & K_{44} \end{bmatrix}=\begin{bmatrix} 12EI/L^3 & 0 & 6EI/L^2 & 0 \\ 0 & 12EI/L^3 & -6EI/L^2 & -6EI/L^2 \\ 6EI/L^2 & -6EI/L^2 & 8EI/L & 2EI/L \\ 0 & -6EI/L^2 & 2EI/L & 4EI/L \end{bmatrix}$

當 Point 1，位移 = 1 時，勁度如下：

$K_{11}=12EI/L^3=888.88\ KN/m$

$K_{12}=K_{21}=0$

$K_{13}=K_{31}=2EI/L\times(3\times(1/L))=6EI/L^2$

$K_{14}=K_{41}=0$

當 Point 2，位移 = 1 時，勁度如下：

$K_{22}=12EI/L^3$

$K_{23} = K_{32} = -2EI/L \times (3 \times 1/L) = -6EI/L^2$

$K_{24} = K_{42} = -2EI/L \times (3 \times (1/L)) = -6EI/L^2$

當 Point 3，位移 = 1 時，勁度如下：

$K_{33} = 8EI/L$

$K_{34} = K_{43} = 2EI/L \times (1) = 2EI/L$

當 Point 4，位移 = 1 時，勁度如下：

$K_{44} = 4EI/L$

$$[K] = \left[\begin{array}{c|c} [K_{ss}] & [K_{sp}] \\ \hline [K_{ps}] & [K_{pp}] \end{array}\right]$$

$$[K_{ss}] = \frac{2EI}{L}\begin{bmatrix} \frac{6}{L^2} & 0 \\ 0 & \frac{6}{L^2} \end{bmatrix}$$

$$[K_{sp}] = \frac{2EI}{L}\begin{bmatrix} \frac{3}{L} & 0 \\ \frac{-3}{L} & \frac{-3}{L} \end{bmatrix}$$

$$[K_{ps}] = \frac{2EI}{L}\begin{bmatrix} \frac{3}{L} & \frac{-3}{L} \\ 0 & \frac{-3}{L} \end{bmatrix}$$

$$[K_{pp}] = \frac{2EI}{L}\begin{bmatrix} 4 & 1 \\ 1 & 2 \end{bmatrix}$$

$$[K'] = [K_{ss}] - [K_{sp}][K_{pp}]^{-1}[K_{ps}] = \begin{bmatrix} 507.94 & 190.47 \\ 190.47 & 126.98 \end{bmatrix}$$

$$[M'] = \begin{bmatrix} 3 & 0 \\ 0 & 2 \end{bmatrix}$$

（二）$[M']\begin{Bmatrix} \ddot{u}_1 \\ \ddot{u}_2 \end{Bmatrix} + [K']\begin{Bmatrix} u_1 \\ u_2 \end{Bmatrix} = \begin{Bmatrix} 0 \\ \sin(5t) \end{Bmatrix}$

其中：

$$[M'] = \begin{bmatrix} 3 & 0 \\ 0 & 2 \end{bmatrix}$$

$$[K'] = \begin{bmatrix} 507.94 & 190.47 \\ 190.47 & 126.98 \end{bmatrix} \quad KN/m$$

（三）由$|[K'] - \omega^2[M']| = 0$

$$\begin{vmatrix} 507.94 - 3\omega^2 & 190.47 \\ 190.47 & 126.98 - 2\omega^2 \end{vmatrix} = 0$$

1st mode

$\omega_1 = 4.727 \text{ (rad/s)}$

$\varphi_1 = \begin{Bmatrix} 1.0 \\ 2.31 \end{Bmatrix}$

$L_1 = 3 \times 1.0 + 2 \times 2.31 = 7.62$

$\overline{M_1} = 3 \times 1.0^2 + 2 \times 2.31^2 = 13.6722$

$\Gamma_1 = \dfrac{L_1}{\overline{M_1}} = 7.62/13.6722 = 0.55734$

變位計算：

$[\varphi_1]^T P(t) = 2.31\sin(5t)$

$\beta = \overline{\omega}/\omega_1 = 5 / 4.727 = 1.058$

$$Y_1(t) = \frac{2.31}{4.727^2 \times 13.6722} \times \frac{1}{[(1-1.058^2)^2 + (2 \times 0.03 \times 1.058)^2]^{0.5}}$$

$\sin(5t - \theta) = 0.0559 \sin(5t - \theta)$

$\theta = \tan^{-1}(2 \times 0.03 \times 1.058 / (1 - 1.058^2)) = -0.488$

2nd mode：

$\omega_2 = 14.507 \text{(rad/s)}$

$\varphi_2 = \begin{Bmatrix} 1.0 \\ 0.648 \end{Bmatrix}$

$L_2 = 3 \times 1.0 + 2 \times 0.648 = 4.296$

$\overline{M_2} = 3 \times 1.0^2 + 2 \times 0.648^2 = 3.83981$

$\Gamma_2 = \dfrac{L_2}{\overline{M_2}} = 4.296/3.83981 = 1.1188$

變位計算：

$[\varphi_2]^T P(t) = 0.648 \sin(5t)$

$\beta = \overline{\omega}/\omega_1 = 5/14.507 = 0.34466$

$$Y_2(t) = \frac{0.648}{14.507^2 \times 3.83981} \times \frac{1}{[(1-0.34466^2)^2 + (2 \times 0.03 \times 0.34466)^2]^{0.5}}$$

$\sin(5t - \theta) = 0.0009 \sin(5t - 0.02345)$

$\theta = \tan^{-1}(2 \times 0.03 \times 0.34466 / (1 - 0.34466^2)) = 0.02345$

自由度 2 變位：

$U_{21} = \Gamma_1 \times Y_1(t) \times \varphi_{21} = 0.55734 \times 0.0559 \sin(5t + 0.488) \times 2.31 = 0.07197$
$\sin(5t + 0.488)$

$U_{22} = \Gamma_2 \times Y_2(t) \times \varphi_{22} = 1.1188 \times 0.0009$
$\sin(5t - 0.02345) \times 0.648 = 0.00065 \sin(5t - 0.02345)$

$U_2 = U_{21} + U_{22} = 0.07197 \sin(5t + 0.488) + 0.00065 \sin(5t - 0.02345)$

二、鋼筋混凝土在耐震設計方面有許多特別規定，有關於撓曲構材配筋的規定，請回答下列問題：

（一）計算梁寬最大值的規定為何？此規定的理由為何？（5 分）

（二）縱向鋼筋最大鋼筋比的規定以及搭接的規定為何？理由為何？（10 分）

（三）設置閉合箍筋的目的為何？為達到此目的，有關設置閉合箍筋的位置和間距的規定為何？（10 分）

參考題解

標準規範問題，考生須熟悉規範規定，解說相對須要稍微了解。

（一）梁寬最大規定

梁寬不得超過其下支承柱之寬度再加上兩邊外伸長，任一外伸長不得超過柱深之 1/4；梁寬亦不得超過柱寬之二倍。

理由如下：

梁主筋最好能貫穿或錨定於柱之束制核心內，以求接頭內之剪力能順利地傳遞，所以梁寬不宜超過柱寬太多。

（二）最大鋼筋比規定

拉力鋼筋比不得大於 $\frac{f'_{c+100}}{4f_y}$，亦不得大於 0.025。

理由如下：

以確保梁斷面具足夠之韌性。

（三）配置閉合箍筋的目的

使產生塑鉸處之混凝土有良好之圍束。

閉合箍筋應設置於構架構材之下列部位：

1. 受撓構材之兩端由支承構材面向跨度中央 2 倍構材深度之範圍內。

2. 由構架非彈性側向變位所引起撓曲降伏之斷面向兩側各 2 倍構材深度之範圍內。
間距規定：
第一個閉合箍筋距支承構材面不得超過 5 cm。
閉合箍筋最大間距不得超過 (1) d/4，(2) 最小主鋼筋直徑之 8 倍，(3) 閉合箍筋直徑之 24 倍，及(4) 30 cm。

三、有關於建築結構耐震設計之動力分析方法，請回答下列問題：
（一）規則性結構在高度和樓層數上符合何條件時必須進行動力分析？（8 分）
（二）已知一兩層樓剪力屋架（Shear building），其勁度矩陣及質量矩陣分別為：

$$\boldsymbol{M}=\begin{bmatrix}100 & 0\\ 0 & 100\end{bmatrix}(kN-\sec^2/m)，\boldsymbol{K}=\begin{bmatrix}3000 & -1500\\ -1500 & 1500\end{bmatrix}(kN/m)$$

假設所有模態阻尼比皆為 5%，若其設計反應譜為：$S_a = 0.45$ g/T 且 $S_a \le 0.7$ g，其中 T 為結構週期。試依 SRSS 法進行反應譜分析振態疊加，求該結構之頂樓最大側向位移。（17 分）

參考題解

【觀念解析】

每年常見考題，必須熟悉解題流程。

（一）高度等於或超過 50 公尺或 15 層以上之建築物。必須做動力分析。

（二）由$|[K'] - \omega^2[M']| = 0$

$$\begin{vmatrix}3000-100\omega^2 & -1500\\ -1500 & 1500-100\omega^2\end{vmatrix} = 0$$

$\omega_1 = 2.3936(rad/s)$，$T_1 = 2.625$ sec

$$\varphi_1 = \begin{Bmatrix}1.0\\ 1.618\end{Bmatrix}$$

$L_1 = 100 \times 1.0 + 100 \times 1.618 = 261.8$

$\overline{M_1} = 100 \times 1.0^2 + 100 \times 1.618^2 = 361.7924$

$\Gamma_1 = \frac{L_1}{\overline{M_1}} = 261.8 / 361.7924 = 0.7236$

$S_{a1} = 0.45g/T_1 = 0.1714$ g

$S_{d1} = 0.1714g/\omega_1^2 = 0.02992$ g

$\omega_2 = 6.2682\ (\text{rad/s})$，$T_1 = 1.0\ \text{sec}$

$$\varphi_2 = \begin{Bmatrix} 1.0 \\ -0.6194 \end{Bmatrix}$$

$L_2 = 100 \times 1.0 + 100 \times (-0.6194) = 38.06$

$\overline{M_2} = 100 \times 1.0^2 + 100 \times (-0.6194)^2 = 138.365$

$$\Gamma_2 = \frac{L_2}{\overline{M_2}} = 38.06/138.365 = 0.275$$

$S_{a2} = 0.45\ g/T_2 = 0.45\ g$

$S_{d2} = 0.45\ g/\omega_2^2 = 0.01145\ g$

屋頂變位計算：

$U_{21} = \Gamma_1 \times S_{d1} \times \varphi_{21} = 0.7236 \times 0.02992 \times 9.81 \times 1.618 = 0.343\ \text{m}$

$U_{22} = \Gamma_2 \times S_{d2} \times \varphi_{22} = 0.275 \times 0.01145 \times 9.81 \times (-0.6194) = -0.0191\ \text{m}$

$U_1 = (0.343^2 + 0.0191^2)^{0.5} = 0.3435\ \text{m}$

四、進行靜力彈塑性分析方法（Pushover）分析時，需要分數步驟逐步增加作用側力，而其側力的豎向分配之合理性對耐震評估結果的準確性有明顯的影響。對於規則性可簡化為平面結構的建築結構進行水平地震力分布，即水平地震力豎向分配時，建議採用的方法有：均勻分布、倒三角分布、指數分布、經驗分布以及振態組合法（SRSS）。請詳細回答下列問題：

（一）說明各種水平側向力分布的計算方法，並給予一個 3 層平面結構計算例。（20 分）

（二）評論各種分配方法的應用局限性。（5 分）

參考題解

【觀念解析】

偏冷考題，台灣這方面研究者不多，考生要答對，實屬不易。

（一）均勻分布：

$$F_i = \frac{W_i}{\sum_{j=1}^{n} W_j} V_b$$

其中：

W_i，W_j：第 i，j 樓層重量。

倒三角分布：

$$F_i = \frac{W_i h_i}{\sum_{j=1}^{n} W_j h_j} V_b$$

其中：

W_i，W_j：第 i，j 樓層重量。

h_i，h_j：第 i，j 樓層相對 1 樓高度。

指數分布

$$F_i = \frac{W_i h_i^k}{\sum_{j=1}^{n} W_j h_j^k} V_b \qquad k = \begin{cases} 1.0 & (T \le 0.5s) \\ (T+1.5)/2 & (0.5s < T < 2.5s) \\ 2.0 & T \ge 2.5s \end{cases}$$

其中：

W_i，W_j：第 i，j 樓層重量。

h_i，h_j：第 i，j 樓層相對 1 樓高度。

經驗分布：

考量樓層質量、側向剛度與模態等，對典型側向力分布模式進行修正，提出適用於豎向不規則剛結構分布模式。

振態組合法：

$$\varphi_{i,eq} = \sqrt{\sum_{j=1}^{n} (\varphi_{ij} \Gamma_j)^2}$$

$$F_i = \frac{W_i \varphi_{i,eq} D_i}{\sum_{j=1}^{n} W_j \varphi_{j,eq} D_j} V_b$$

其中：

$\varphi_{i,eq}$：第 i 層振態

φ_{ij}：為彈性階段第 j 振態在第 i 樓層振態值。

Γ_j：第 j 振態參與係數

F_i：第 i 層側向力

W_i，W_j：第 i，j 樓層重量。

D_i，D_j：第 i，j 樓層側向剛度。

（二）各種分配方法應用侷限性：

1. 均勻分布：僅適用於剛度及樓層質量均勻之結構物。
2. 倒三角分布：僅適用於樓高不高，並且變形模式以剪切變形為主之結構物。
3. 指數分布：雖考慮高模態之影響，與實際結構物行為仍有一定差別，k 之選取，仍待研究。
4. 經驗分布：適用高樓層，不規則性建築物，鋼結構。
5. 振態組合法：適用高樓層，不規則性建築物。

專門職業及技術人員高等考試試題／結構學

一、如圖所示梁結構，d 點為滾支承，b 點為鉸接，各桿件都有相同之彈性模數 E 值與慣性矩 I 值，且 $EI = 250000$ kN-m^2，彈簧係數 $k = 6000$ kN/m，e 點有一向下的沉陷位移Δ_e，當 b 點及 c 點各承受垂直集中載重 72 kN 時，梁結構的彎矩圖如圖 1 所示。求彈簧內力、c 點及 e 點的垂直位移。（25 分）

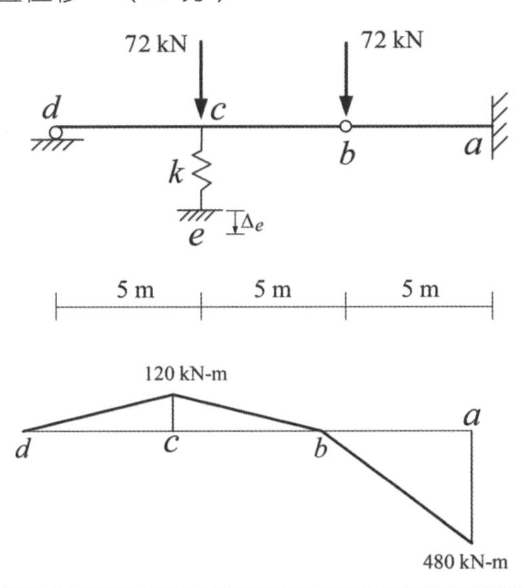

參考題解

（一）彎矩圖已知⇒桿端彎矩已知

⇒桿件自由體平衡，可得 a、d 的支承反力

1. cd 自由體：$\sum M_c = 0$，$R_d \times 5 = 120$

   $\therefore R_d = 24\ kN(\uparrow)$

2. ab 自由體：$\sum M_b = 0$，$R_a \times 5 = 480$

   $\therefore R_a = 96\ kN(\uparrow)$

（二）整體垂直力平衡

得 e 點反力＝彈簧內力 F_s

$\sum F_y = 0$，$\cancel{R_d}^{24} + R_e + \cancel{R_a}^{96} = 72 + 72$

$\therefore R_e = 24\ kN(\uparrow)$

彈簧內力 $F_s = 24kN$（受壓）

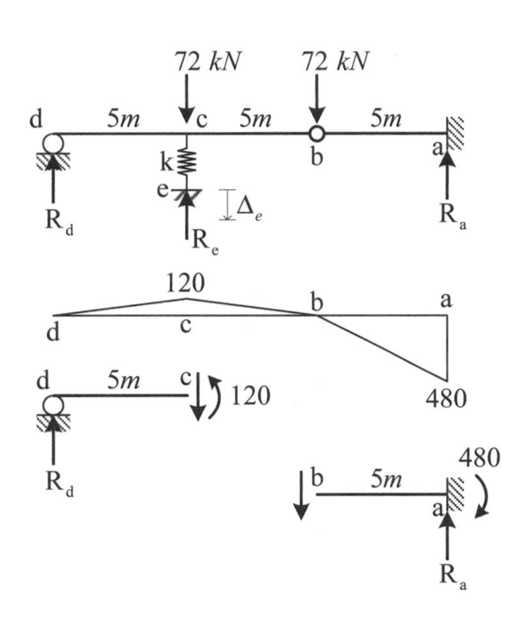

（三）以基本變位公式計算Δ_c

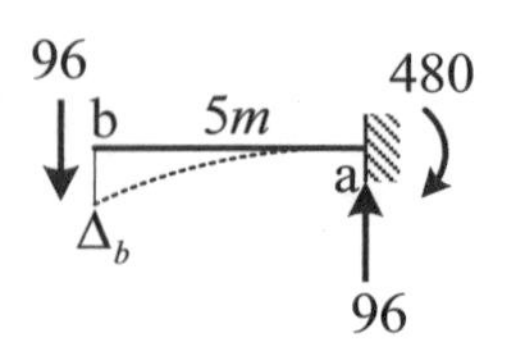

1. ab 自由體：$\Delta_b = \frac{1}{3}\frac{96\times 5^3}{EI} = \frac{4000}{EI}(\downarrow)$

2. bcd 自由體：$\Delta_c = \frac{1}{48}\frac{(72-24)\times 10^3}{EI} + \frac{1}{2}\times\Delta_b = \frac{3000}{EI_{250000}} = 0.012m\ (\downarrow)$

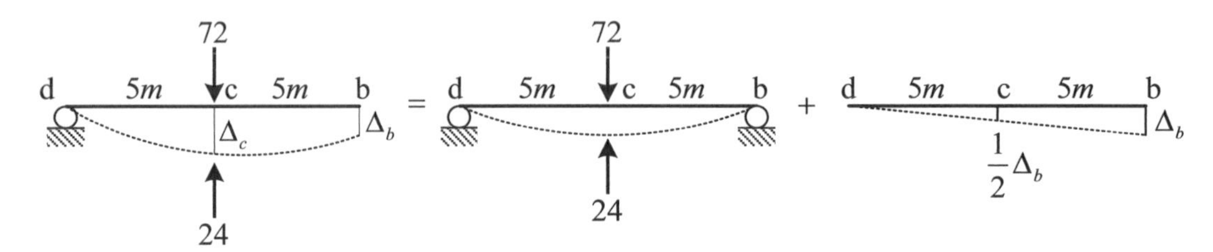

（四）計算Δ_e：c、e 兩點的位移差值，即為彈簧的變形量

$\Delta_c - \Delta_e = \frac{F_s}{k} \Rightarrow 0.012 - \Delta_e = \frac{24}{6000} \quad \therefore \Delta_e = 0.008m\ (\downarrow)$

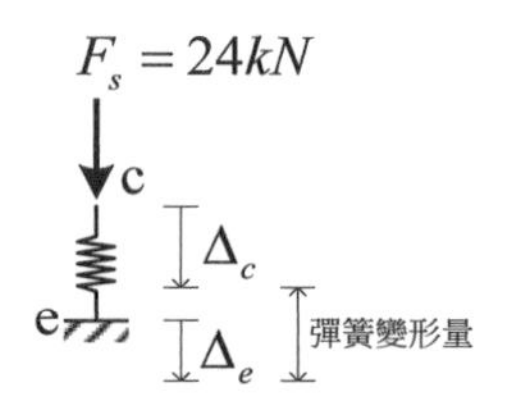

二、如圖所示剛架結構，不考慮桿件的軸向變形，a 點及 e 點為鉸支承，桿件有相同彈性模數 E 與慣性矩 I，且 EI = 40000 kN-m^2。求 cd 梁桿件的彎矩圖、b 點及 c 點的水平位移。（25 分）

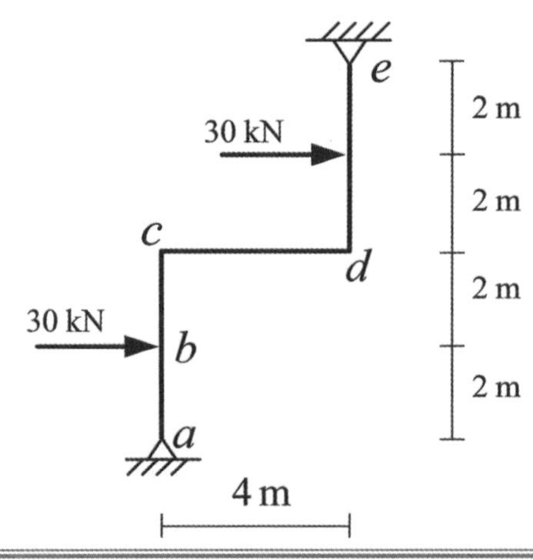

參考題解

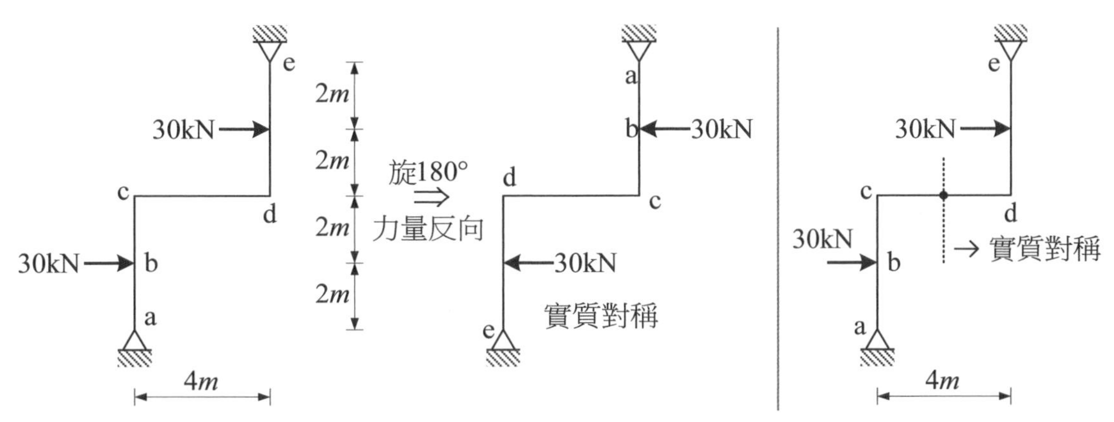

（一）採傾角變位法，列一半分析

1. 固端彎矩：$H_{ca}^{F}=\dfrac{3}{16}\times 30\times 4=22.5\ kN-m$

2. K 值比$\Rightarrow k_{ac}:k_{cd}=\dfrac{EI}{4}:\dfrac{EI}{4}=1:1$

3. R 值比：

   $R_{cd}\times 4=0\ \therefore R_{cd}=0$

   $R_{ac}\times 4+R_{de}\times 4=0\ \therefore R_{ac}=-R_{de}\ \Rightarrow 令R_{ac}=R$

4. 傾角變位式：

   $M_{ca}=1[1.5\theta_{c}-1.5R]+H_{ca}^{F}=1.5\theta_{c}-1.5R+22.5$

   $M_{cd}=1[2\theta_{c}+\theta_{d}]=\theta_{c}\quad(\theta_{d}=-\theta_{c})$

5. 力平衡條件：

   （1）$\sum M_{c}=0$，$M_{ca}+M_{cd}=0\Rightarrow 2.5\theta_{c}-1.5R=-22.5$......①

   （2）$\sum F_{x}=0$，$V_{ac}=-30\ \Rightarrow \dfrac{M_{ca}}{4}-15=-30\ \therefore 1.5\theta_{c}-1.5R=-82.5$.....②

註：由於結構實質對稱，故 a 點的水平反力必為向左 30 kN，因此$V_{ac}=-30$

（3）聯立①②可得$\begin{cases}\theta_{c}=60\\ R=115\end{cases}$

6. 代回傾角變位式，可得桿端彎矩$\Rightarrow\begin{cases} M_{ca}=1.5\theta_c-1.5R+22.5=-60\ kN-m \\ M_{cd}=\theta_c=60\ kN-m \end{cases}$

（二）cd 桿彎矩圖：$M_{dc}=-M_{cd}=-60\ kN-m$

60 c d 60 60 M-dia

（三）c 點水平位移 Δ_{cH}

1. 計算真實構材角 R_{ac}

真實式：$M_{ca}=\dfrac{2EI}{4}[1.5\theta_c-1.5R_{ac}]+H_{ca}^F$

相對式：$M_{ca}=1[1.5\theta_c-1.5R]+H_{ca}^F$

$$\Rightarrow \frac{2EI}{4}(R_{ac})=1\cdot \cancel{R}^{115} \quad \therefore R_{ac}=\frac{230}{EI}$$

2. $\Delta_{cH}=R_{ac}\times 4=\dfrac{920}{\cancel{EI}^{40000}}=0.023m\ (\rightarrow)$

（1）b 點水平位移

$$\Delta_{bH}=\frac{1}{48}\frac{30\times 4^3}{EI}+\frac{1}{16}\times\frac{60\times 4^2}{EI}+\frac{1}{2}\Delta_{cH}=\frac{40}{EI}+\frac{60}{EI}+\frac{460}{EI}=\frac{560}{\cancel{EI}^{40000}}=0.014m\ (\rightarrow)$$

60 c Δ_{cH} 2m 30 b Δ_{bH} 2m a = 60 c 2m 30 b 2m a + Δ_{cH} c b $\frac{1}{2}\Delta_{cH}$ a

三、如圖所示桁架結構，a、b、c 點為滾支承，e 點為鉸支承，各桿件有相同彈性模數 E 與斷面積 A。當單位載重在桁架底弦移動，分別求 a 點反力、b 點反力、c 點反力、mn 桿件軸力及 nk 桿件軸力的影響線。（25 分）

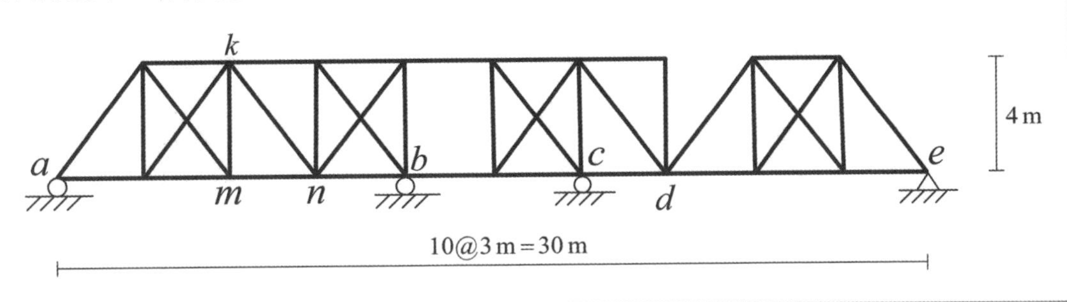

參考題解

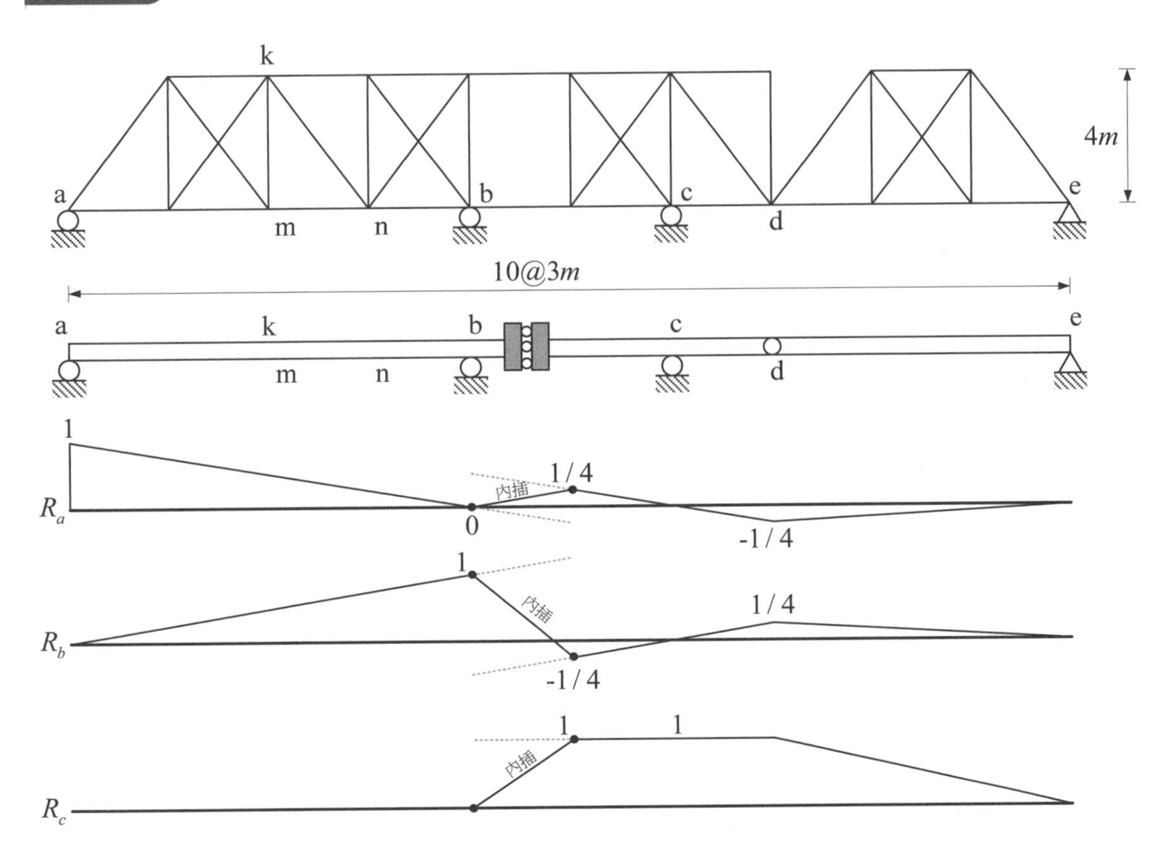

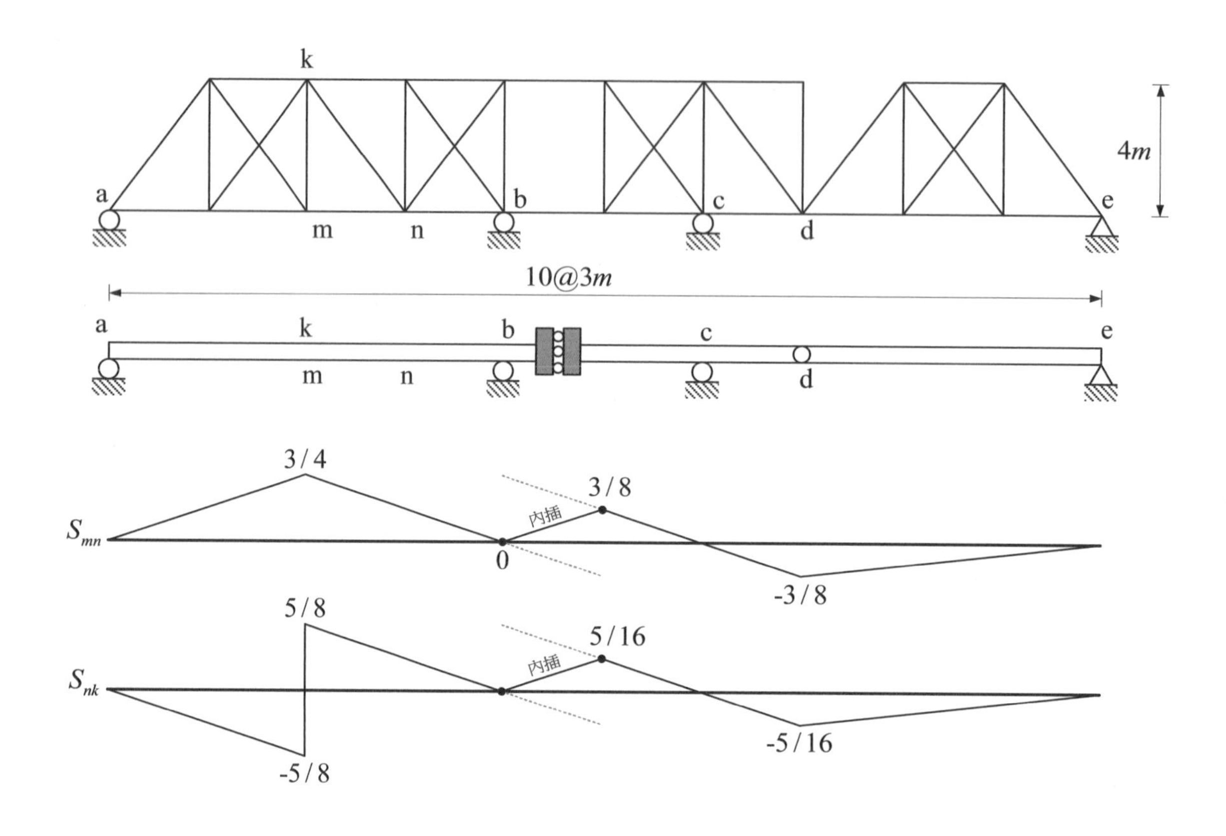

四、如圖所示三層樓構架，各樓層承受水平外力，構架梁柱桿件的彈性模數都為 E，另構架之柱桿件斷面慣性矩都為 I，且 $EI = 97200$ kN-m^2，而構架之梁桿件斷面慣性矩為無限大。不考慮構架梁柱桿件的軸向變形，求 c 點水平位移、b 點水平位移、a 點及 m 點固定端的水平反力與彎矩。（25 分）

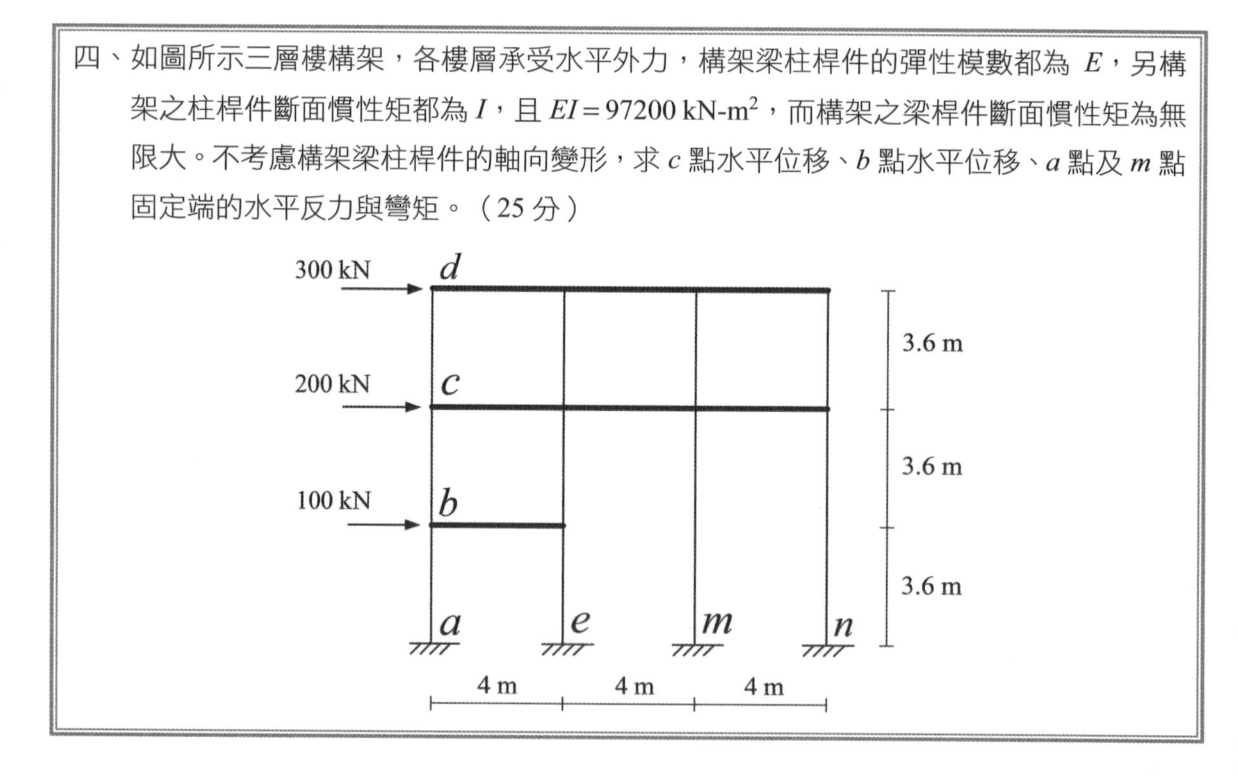

參考題解

（一）設定$[r]$：$[r]=\begin{bmatrix} r_1 \\ r_2 \\ r_3 \end{bmatrix}$

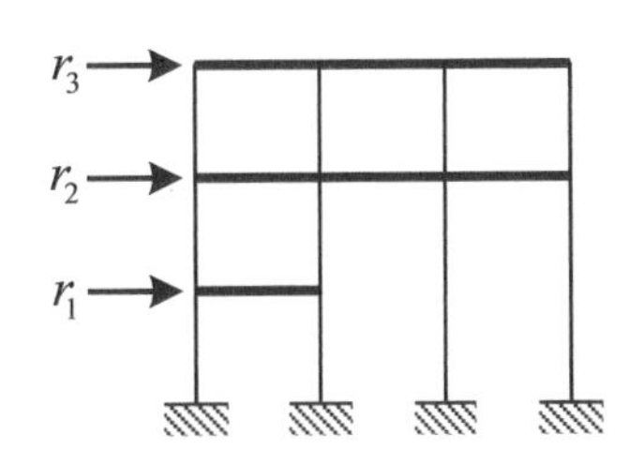

（二）計算$[R]$：$[R]=\begin{bmatrix} R_1 \\ R_2 \\ R_3 \end{bmatrix}=\begin{bmatrix} 100 \\ 200 \\ 300 \end{bmatrix}$

（三）計算$[K]$

1. $r_1=1$，$others=0$

$$k_{11}=\frac{12EI}{3.6^3}\times 4=100000$$

$$k_{21}=-\frac{12EI}{3.6^3}\times 2=-50000$$

$$k_{31}=0$$

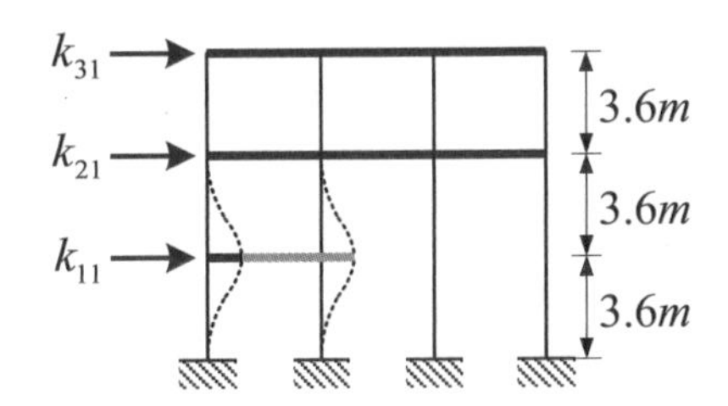

2. $r_2=1$，$others=0$

$$k_{12}=-\frac{12EI}{3.6^3}\times 2=-50000$$

$$k_{22}=\frac{12EI}{3.6^3}\times 6+\frac{12EI}{7.2^3}\times 2=156250$$

$$k_{32}=-\frac{12EI}{3.6^3}\times 4=-100000$$

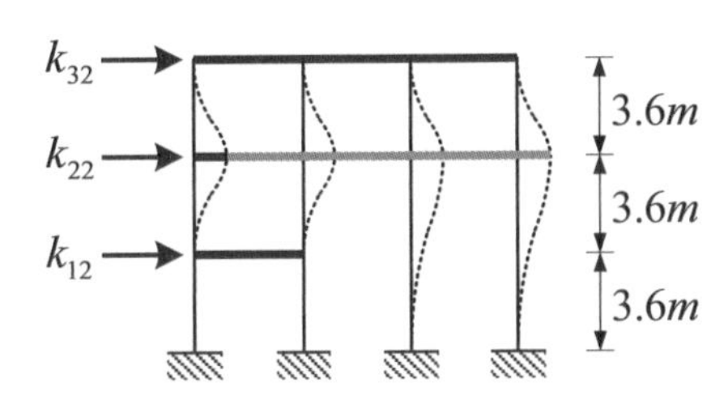

3. $r_3=1$，$others=0$

$$k_{13}=0$$

$$k_{23}=-\frac{12EI}{3.6^3}\times 4=-100000$$

$$k_{33}=\frac{12EI}{3.6^3}\times 4=100000$$

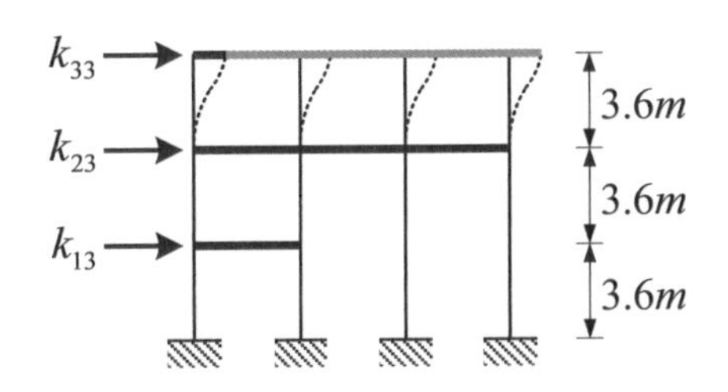

4. $[K]=\begin{bmatrix} 100000 & -50000 & 0 \\ -50000 & 156250 & -100000 \\ 0 & -100000 & 100000 \end{bmatrix}\Rightarrow[K]^{-1}=\begin{bmatrix} \frac{9}{500000} & \frac{1}{62500} & \frac{1}{62500} \\ \frac{1}{62500} & \frac{1}{31250} & \frac{1}{31250} \\ \frac{1}{62500} & \frac{1}{31250} & \frac{21}{500000} \end{bmatrix}$

（四）$[r]=[K]^{-1}[R]=\begin{bmatrix} \frac{9}{500000} & \frac{1}{62500} & \frac{1}{62500} \\ \frac{1}{62500} & \frac{1}{31250} & \frac{1}{31250} \\ \frac{1}{62500} & \frac{1}{31250} & \frac{21}{500000} \end{bmatrix}\begin{bmatrix}100\\200\\300\end{bmatrix}=\begin{bmatrix}0.0098\\0.0176\\0.0206\end{bmatrix}$

（五）$\Delta_c = r_2 = 0.0176m\ (\rightarrow)$

$\Delta_b = r_1 = 0.0098m\ (\rightarrow)$

（六）a 點水平反力與彎矩

$$V_a = \frac{12EI}{3.6^3}\times r_1 = \frac{12(97200)}{3.6^3}\times 0.0098 = 245\ kN\ (\leftarrow)$$

$$M_a = \frac{6EI}{3.6^2}\times r_1 = \frac{6(97200)}{3.6^2}\times 0.0098 = 441\ kN-m\ (\curvearrowleft)$$

（七）m 點水平反力與彎矩

$$V_m = \frac{12EI}{7.2^3}\times r_2 = \frac{12(97200)}{7.2^3}\times 0.0176 = 55\ kN\ (\leftarrow)$$

$$M_m = \frac{6EI}{7.2^2}\times r_2 = \frac{6(97200)}{7.2^2}\times 0.0176 = 27.5\ kN-m\ (\curvearrowleft)$$

111年 專門職業及技術人員高等考試試題／土壤力學與基礎設計

一、請回答下列關於夯實試驗的問題：

（一）請敘明土壤夯實的原理。（5 分）

（二）標準夯實試驗模具體積為1000 cm^3 時，請依下表實驗結果繪製標準夯實曲線圖，並標明最大乾單位重及最佳含水量值。（5 分）

（三）請敘明影響夯實能量的相關參數，（5 分）若夯實能量增加對夯實曲線、最佳含水量及最大乾單位重的影響為何？（10 分）。

溼土質量（g）	含水量 ω（%）	乾土單位重（kN/m^3）
1669	5.3	
1891	7.8	
2013	9.7	
2046	12.9	
2021	13.8	
1977	17.0	

參考題解

（一）土壤夯實原理：

夯實指的是將土壤中的空氣移除，來增加其密實度，此一過程需要以機械能量達成。夯實過程中加水以作為土壤顆粒之潤滑劑，透過顆粒間相互滑動進而使得空氣排出而讓土壤之組織更為緊密。夯實的程度是以乾土單位重來量測，夯實後之乾土單位重一開始會隨著含水量增加而增加，到了最佳含水量(OMC)達到最大值 $\gamma_{d,max}$，之後則呈現遞減趨勢。

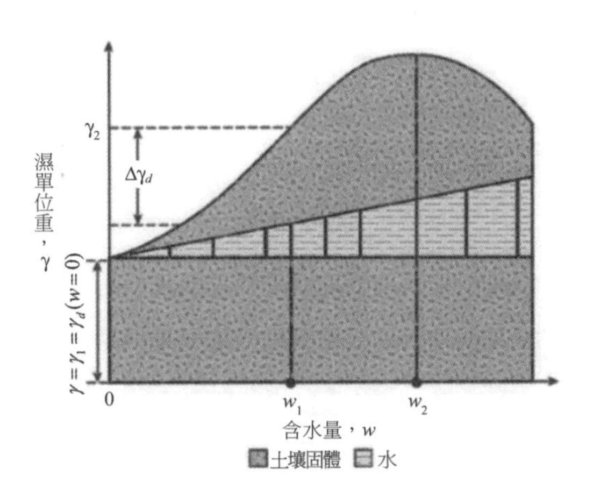

（二）標準夯實曲線：

重量(g)	1669	1891	2013	2046	2021	1977
體積cm^3	1000	1000	1000	1000	1000	1000
γ_m(kN/m^3)	16.37	18.55	19.75	20.07	19.83	19.39
w (%)	5.3	7.8	9.7	12.9	13.8	17.0
γ_d(kN/m^3)	15.55	17.21	18.00	17.78	17.42	16.58

接著於試卷上依比例畫上方格座標，以便於標示點位，將實驗結果標示於座標圖，連結可得夯實曲線如下圖。由圖可粗估：

最大乾密度 $\gamma_{d,max} = 18.2\ \text{kN/m}^3$.....................Ans.

最佳含水量 OMC = 10.8%.............................Ans.

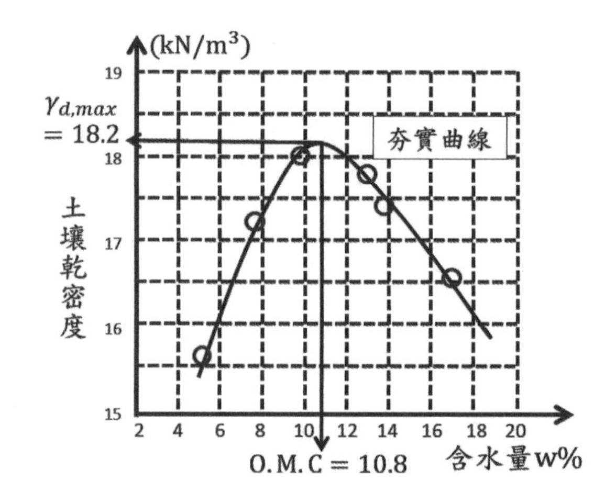

（三）影響夯能量相關參數，參考下列公式得知，包括夯實次數、分層數、夯垂重量、落距、模具體積等。

$$\text{夯實能量(E)} = \frac{\text{每層夯擊數} \times \text{分層數} \times \text{槌擊的重量} \times \text{落距}}{\text{模具體積}}$$

1. 當提高夯實能量時，所得之夯實曲線將會往左上角移動。

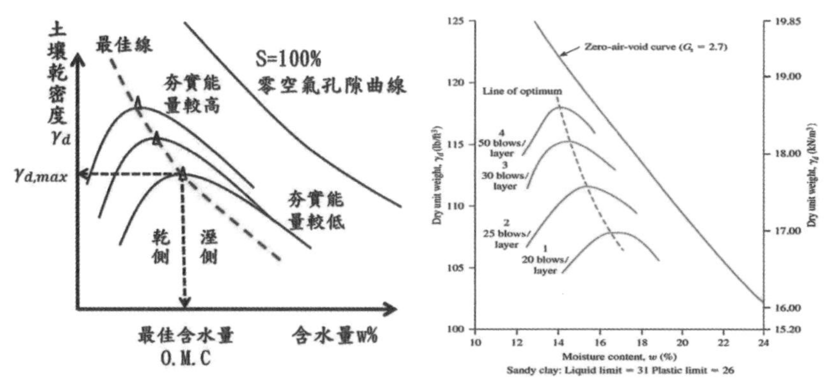

零空氣孔隙曲線、最佳線與夯實曲線之分布關係
（右圖取自DAS，Principles of Geotechnical Engineering 9E）

2. 已知當提高夯實能量，則夯實曲線將往左上方移動，如右圖所示，夯實曲線$A_2B_2C_2D_2$夯實能量較夯實曲線$A_1B_1C_1D_1$高，特性說明如下：

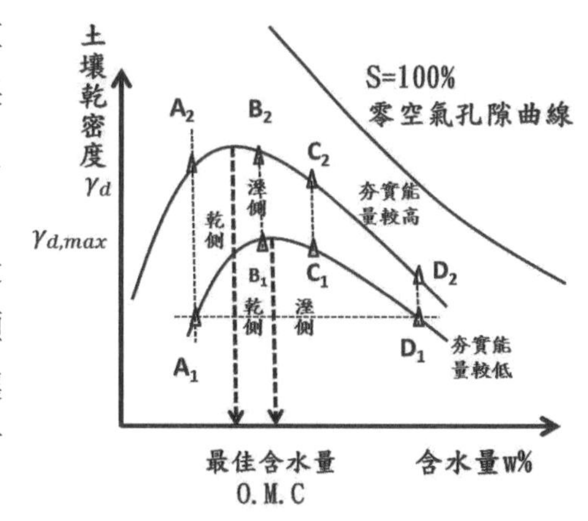

（1）含水量不變，提高夯實能量能趕走更多土壤中的空氣，並破壞土壤顆粒原有的不定向膠凝結構，使土壤更傾向定向性分散結構之排列方式，如圖$A_1 \longrightarrow A_2$、$B_1 \longrightarrow B_2$等。

（2）原土壤夯實試驗落點在夯實能量較低之夯實曲線乾側者，如上圖中之B_1，在夯實能量提高後，該落點會變成在較高能量之夯實曲線溼側，如圖中之B_2。或原設定圖中溼側之C_1，提高夯實能量後，隨之提高土體乾密度與飽和度，即圖中之C_2。

（3）提高夯實能量將造成土壤工程特性改變、剪力強度下降，如下說明。此現象稱為過度夯實（Overcompaction），在道路工程應力求避免過度夯實，以免降低路基承載力。

①γ_d增加有限，但顆粒破碎率增高。

②導致土壤的飽和度較原設計高，激發超額孔隙水壓亦較大。

③超額孔隙水壓消散後的路徑，導致滲透性增加。

④顆粒結構趨向定向性之分散結構，剪力強度降低。

二、試述何謂加勁擋土結構（Reinforced Soil Structures 或稱 Mechanically Stabilized EarthWalls），包含加勁土壤的原理、加勁材料種類、依使用目的而區分的結構種類；（10 分）加勁擋土牆與一般擋土牆設計時的不同處在於需進行內穩定檢核，試繪圖並說明加勁擋土牆內穩定可能會發生的 5 種破壞模式（failure models）及原因。（15 分）

參考題解

（一）加勁擋土牆（Reinforced Soil Walls 或稱 Mchanically Stabilized EarthWalls, MSEW）係利用加勁材料、面版及填築土料所構築而成之加勁土壤結構物，其由加勁材料、面版及填築土料所構成的加勁土體（Reinforced Soil Mass），可視為一穩定之個體，藉由本身之重量，可以抵抗來自牆體背後的土壓力或其他應力，因此力學行為類似於鋼筋混凝土擋土牆，適用於原考慮採用傳統重力式、懸臂式或是扶壁式鋼筋混凝土結構之工址，特別有利於預期大量整體沉陷或差異沉陷的工址。

1. 加勁擋土牆結構的構造一般係由面版（剛性、柔性）、加勁材料、填築土料及排水系統所組成，以下茲就加勁擋土結構各主要組成元件之材料工程特性進行概述。一般用於土壤加勁用途之加勁材料可區分為非金屬與金屬兩大類，其中金屬類加勁材以鋼材為較普遍應用之原料，此材質須視應用之週遭環境因素、使用年限之不同，而有不同之表面處理方式。然而，工程界目前較常應用於加勁土壤之材料則為非金屬類中之地工合成材料，其依織造方式及網目大小細又可細分為地工織物（Geofabrics）與地工格網（Geogrid）。
2. 加勁材料主要有隔離（Separation）與加勁（Reinforcing）功能。所謂隔離離是藉由地工織物（不織布或織布）的阻隔（Retention）與過濾（Filtration）功能，防止下方細粒料上湧至上方級配層，也防止上方級配層侵入下方細料層。
3. 加勁原理是於基底層或路堤層中，舖設具抗張強度的加勁材料（織布或格網）提供額外的側向阻抗，藉以分散車輛的集中荷重，阻止承載破壞的發生，並利用土壤與加勁材料間產生的互制作用，束制土體的側向變形，以強化填築路堤土體整體穩定性。

（二）加勁擋土結構一般主要有四種破壞模式：

1. 內部穩定破壞。
2. 外部穩定破壞。
3. 複合型破壞。
4. 服務功能（Serviceability）劣化。

其中內部穩定破壞係指破壞面通過加勁區者，依力學破壞機制，影響因素主要為加勁材料之強度及加勁材料與填築土料間之互制行為，其破壞型式包括加勁材本身的斷裂破壞[圖(a)]、整體拉出破壞[圖(b)]、牆面接點處破壞[圖(c)]、面牆單元破壞[圖(d)]、牆頂單元翻覆破壞[圖(e)]、區塊側向滑動破壞 [圖(e)]等。

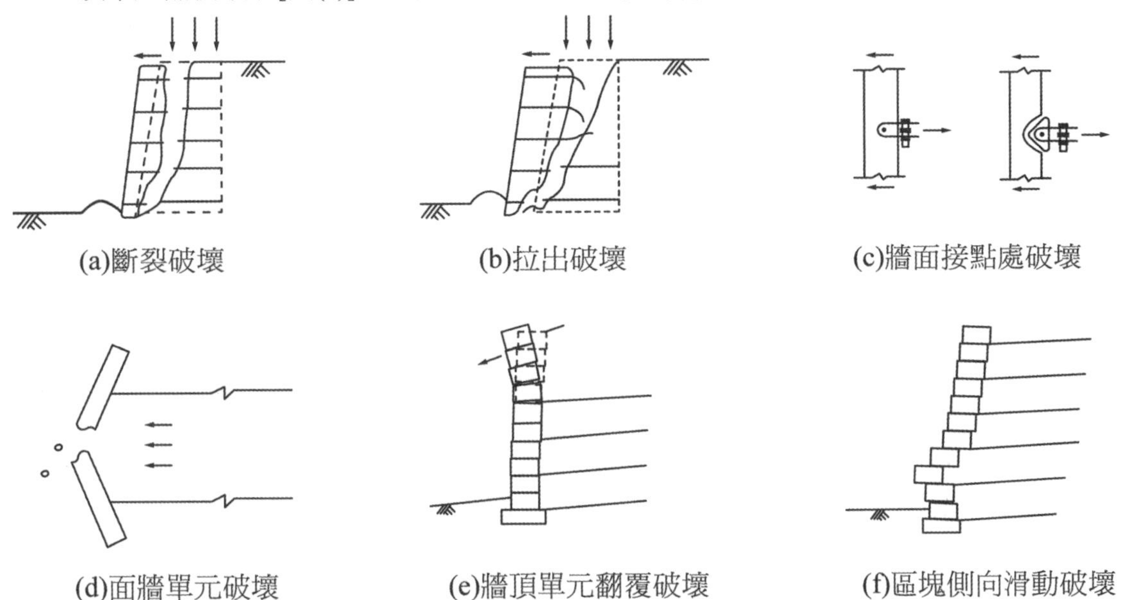

(a)斷裂破壞　(b)拉出破壞　(c)牆面接點處破壞

(d)面牆單元破壞　(e)牆頂單元翻覆破壞　(f)區塊側向滑動破壞

註：以上相關內容與圖片係取自 Geotechnical Engineering Office (2002), "Guide to Reinforced Fill Structure and Slope Design," Geoguide 6, The Government of the Hong Kong Special Administrative Region, Hong Kong.

三、如下圖上、下水位面水頭差 600 mm，流經 A、B、C 三種土壤（斷面 50 mm × 50 mm，高度分別為 H_A= 50 mm、H_B = 100 mm、H_C= 50 mm），滲透係數分別為10^{-2}cm/sec、10^{-1}cm/sec、10^{-3}cm/sec，若以下水位面處為基準，請問 a、b、c、d 四個位置的水頭高各是多少 mm？（15 分）並計算 5 小時後的總流量 Q 是多少立方公尺？（10 分）

$$K_{v(eq)} = \frac{H}{\sum_{i=1}^{n} \frac{H_i}{K_i}}$$

其中，H 為土層厚度；K 為土層滲透係數

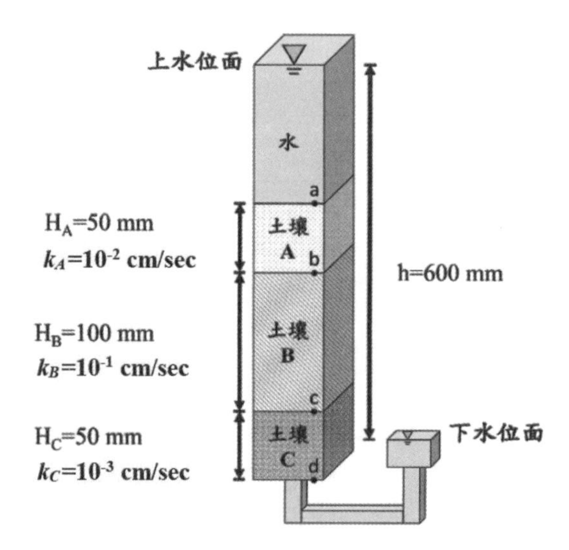

*H_A、H_B及H_C分別為土體長度

*h為上下水位面水頭差

參考題解

（一）水頭差分配（斷面積相同）

$$\Delta h_A : \Delta h_B : \Delta h_C = \frac{H_A}{k_A} : \frac{H_B}{k_B} : \frac{H_C}{k_C} = \frac{50}{1 \times 10^{-2}} : \frac{100}{1 \times 10^{-1}} : \frac{50}{1 \times 10^{-3}}$$

$$= 500 : 100 : 5000 = 5 : 1 : 50$$

$$\Delta h_A = \frac{5}{5+1+50} \times 600 = \frac{3000}{56} \text{mm}$$

$$\Delta h_B = \frac{1}{5+1+50} \times 600 = \frac{600}{56} \text{mm}$$

$$\Delta h_C = \frac{50}{5+1+50} \times 600 = \frac{30000}{56} \text{mm}$$

以下水位面為基準面（單位：mm）　　　　總水頭＝位置水頭 ＋ 壓力水頭

位置	總水頭 mm	位置水頭 mm	壓力水頭 mm
上水位面	600	600	0
a	600	200	$600-200=400$
b	$600-\dfrac{3000}{56}=\dfrac{30600}{56}$	150	$\dfrac{30600}{56}-150=\dfrac{22200}{56}$
c	$\dfrac{30600}{56}-\dfrac{600}{56}=\dfrac{30000}{56}$	50	$\dfrac{30000}{56}-50=\dfrac{27200}{56}$
d	$\dfrac{30000}{56}-\dfrac{30000}{56}=0$	0	0
下水位面	0	0	0

（二）5 小時總流量計算

$$\frac{\sum H_i}{k_e}=\frac{H_A}{k_A}+\frac{H_B}{k_B}+\frac{H_C}{k_C}$$

$$\frac{20}{k_e}=\frac{5}{1\times 10^{-2}}+\frac{10}{1\times 10^{-1}}+\frac{5}{1\times 10^{-3}}$$

$$k_e=3.57\times 10^{-3}\ \text{cm/sec}$$

$$i_e=\frac{600}{200}=3$$

5 小時總流量$Q=q\times t=k_e i_e A t$

$$=3.57\times 10^{-3}\times 3\times(5\times 5)\times(5\times 60\times 60)$$

$$=4819.5\text{cm}^3=4.8195\times 10^{-3}\text{m}^3$$……………………Ans.

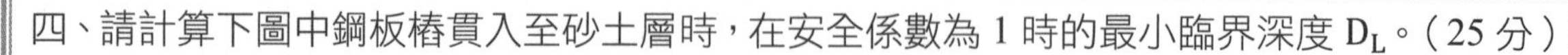

四、請計算下圖中鋼板樁貫入至砂土層時，在安全係數為 1 時的最小臨界深度 D_L。（25 分）

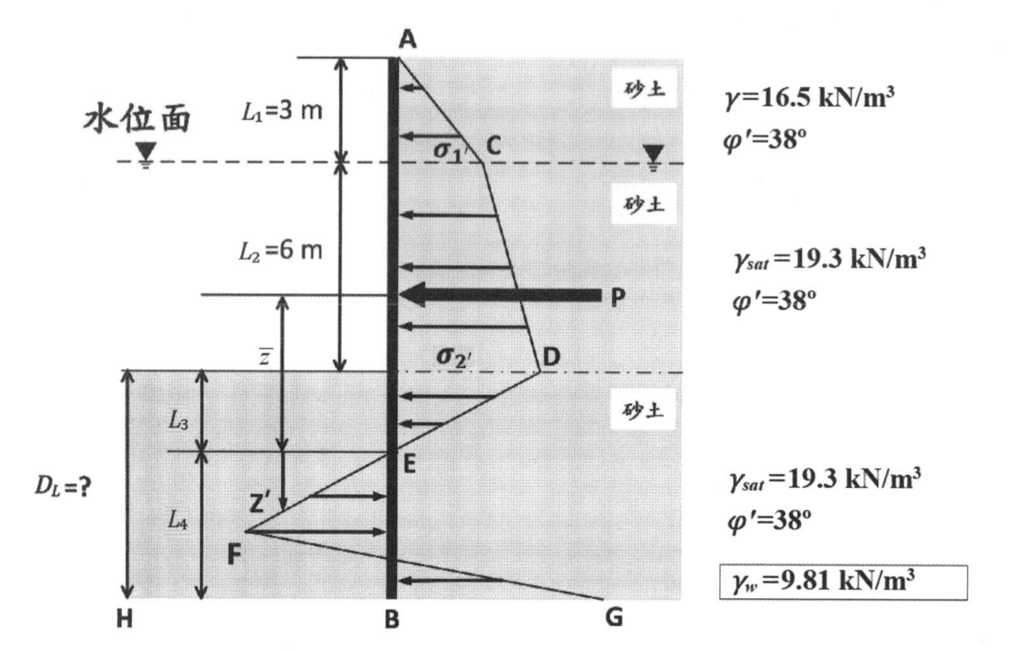

相關公式

$$K_a = \tan^2(45 - \frac{\varphi'}{2})$$

$$K_p = \tan^2(45 + \frac{\varphi'}{2})$$

$$\sigma'_a = [\gamma L_1 + \gamma' L_2 + (z - L_1 - L_2)\gamma']K_a$$

$$\sigma'_p = (z - L_1 - L_2)\gamma' K_a$$

$$\sigma' = \sigma'_2 - \gamma'(z - L)(K_p - K_a)$$

$$(L_4)^4 + A_1(L_4)^3 - A_2(L_4)^2 - A_3(L_4) - A_4 = 0$$

其中

$$A_1 = \frac{(\gamma L_1 + \gamma' L_2)K_p + \gamma' L_3(K_p - K_a)}{\gamma'(K_p - K_a)}$$

$$A_2 = \frac{8P}{\gamma'(K_p - K_a)}$$

$$A_3 = \frac{6P[\gamma'(K_p - K_a)(2\bar{z} + L_3) + (\gamma L_1 + \gamma' L_2)K_p]}{[\gamma'(K_p - K_a)]^2}$$

$$A_4 = \frac{P[6\bar{z}(\gamma L_1 + \gamma' L_2)K_p + 6\bar{z}\gamma' L_3(K_p - K_a) + 4P]}{[\gamma'(K_p - K_a)]^2}$$

其中，P 為之面積；L、$\bar{z}$、L_3 及 L_4 請參閱圖說

參考題解

Rankine 主動土壓力係數 $K_a = 0.24$

Rankine 被動土壓力係數 $K_p = 4.20$

$\sigma'_1 = \gamma L_1 K_a = 16.5 \times 3 \times 0.24 = 11.88\ \text{kPa}$

$\sigma'_2 = \sigma'_1 + \gamma' L_2 K_a = 11.781 + (19.3 - 9.81) \times 6 \times 0.24$

$= 11.88 + 13.67 = 25.55\ \text{kPa}$

進入開挖面以下，左邊被動壓力開始發展，扣抵右側主動土壓力至零。

$\Longrightarrow 25.55 + (19.3 - 9.81) \times L_3 \times 0.24 - (19.3 - 9.81) \times L_3 \times 4.2 = 0$

$\Longrightarrow L_3 = 0.68\text{m}$

計算主動土壓力合力P：

$$P = \frac{1}{2} \times 11.88 \times 3 + \frac{1}{2} \times (11.77 + 25.55) \times 6 + \frac{1}{2} \times 25.55 \times 0.68$$

$$= 17.82 + 111.96 + 8.69 = 138.47\text{kN/m}$$

計算深度L_3所在位置至主動土壓力合力P作用位置之垂直距離$\bar{z}$：

$$\text{面積一次矩} = 17.82 \times (1 + 6 + 0.68) + 11.88 \times 6 \times (3 + 0.68) + \frac{1}{2} \times 13.67 \times 6 \times \left(\frac{6}{3} + 0.68\right) + \frac{1}{2} \times 25.55 \times 0.68 \times \left(\frac{2 \times 0.68}{3}\right)$$

$$= 136.86 + 262.31 + 109.91 + 3.94 = 513.02$$

$$\bar{z} = \frac{513.02}{138.47} = 3.70\text{m}$$

$$K_p - K_a = 4.2 - 0.24 = 3.96$$

$$\gamma'(K_p - K_a) = (19.3 - 9.81) \times 3.96 = 37.58$$

$$\gamma L_1 + \gamma' L_2 = 16.5 \times 3 + (19.3 - 9.81) \times 6 = 106.44$$

$$\text{計算}A_1 = \frac{(\gamma L_1 + \gamma' L_2)K_p + \gamma' L_3(K_p - K_a)}{\gamma'(K_p - K_a)}$$

$$= \frac{106.44 \times 4.2 + 37.58 \times 0.68}{37.58} = \frac{472.60}{37.58} = 12.58$$

$$\text{計算}A_2 = \frac{8P}{\gamma'(K_p - K_a)} = \frac{8 \times 138.47}{37.58} = 29.48$$

$$\text{計算}A_3 = \frac{6P[\gamma'(K_p - K_a)(2\bar{z} + L_3) + (\gamma L_1 + \gamma' L_2)K_p]}{[\gamma'(K_p - K_a)]^2}$$

$$= \frac{6 \times 138.47 \times [37.58(2 \times 3.7 + 0.68) + 106.44 \times 4.2]}{37.58^2}$$

$$= \frac{623691.92}{1412.2564} = 441.63$$

$$計算A_4=\frac{P\left[6\bar{z}(\gamma L_1+\gamma' L_2)K_p+6\bar{z}\gamma'\left(K_p-K_a\right)+4P\right]}{\left[\gamma'\left(K_p-K_a\right)\right]^2}$$

$$=\frac{138.47[6\times 3.7\times 106.44\times 4.2+6\times 3.7\times 37.58+4\times 138.47]}{37.58^2}$$

$$=\frac{1566458.713}{1412.2564}=1109.19$$

已知 $(L_4)^4+A_1(L_4)^3-A_2(L_4)^2-A_3(L_4)-A_4=0$

$\Rightarrow (L_4)^4+12.58(L_4)^3-29.48(L_4)^2-441.63(L_4)-1109.19=0$

試誤法可得 $L_4=6.5\text{m}$

L_4(m)	值
7	1070.82
6	−806.97
6.4	−167.63
6.5	14.53
6.49	−4.105

$FS=1\Rightarrow$理論貫入深度$D=L_3+L_4=0.68+6.49=7.17\approx 7.2\text{m}$ ………… Ans.

111年 專門職業及技術人員高等考試試題／材料力學

一、一彈塑性鋼桿 AB 斷面大小為 1500 mm²，其彈性係數及降伏強度分別為 $E = 200$ GPa，$\sigma_Y = 250$ MPa。若 C 點受一外力 Q 作用（如圖所示），外力 Q 由 0 逐漸增加至 550 kN 後卸載，試回答下列問題，不需考慮桿件受壓挫屈（buckling）：（25 分）

（一）C 點之永久變形量（Permanent deflection），單位請使用 mm 並標明方向。

（二）鋼桿之殘餘應力（Residual stress），單位請使用 MPa 並標明受拉或受壓。

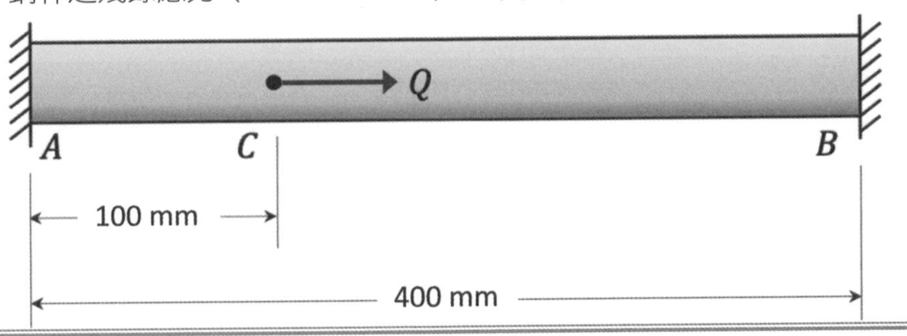

參考題解

（一）圖示桿件降伏時，對應之桿件降伏內力 N_y

$$N_y = \sigma_y A = 250 \times 1500 = 375000N = 375\ kN$$

（二）此靜不定軸力桿為並聯結構，彈性階段時的桿件內力，可依勁度比例求得

$$K_{AC} : K_{BC} = \frac{EA}{100} : \frac{EA}{300} = 3:1$$

$$N_{AC} = \frac{3}{3+1} \cdot Q = \frac{3}{4}Q$$

$$N_{BC} = \frac{1}{3+1} \cdot Q = \frac{1}{4}Q$$

$N_{AC} = \frac{3}{4}Q$ ← [C ● → Q] ← $N_{BC} = \frac{1}{4}Q$

（三）由（二）可知，在 Q 作用下，AC 桿受到的軸力比較大（$N_{AC} = \frac{3}{4}Q$），因此 AC 桿會先降伏。當 AC 桿恰降伏時 $(N_{AC} = N_y)$，假設此時的外力 $Q = Q_y$（降伏載重）

$$N_{AC} = N_y \Rightarrow \frac{3}{4}Q_y = 375\ kN \quad \therefore Q_y = 500\ kN$$

題目給的 $Q = 550\ kN > Q_y = 500\ kN$，表示當 $Q = 550\ kN$ 時，AC 桿件早已降伏進入塑性段

（四）當 $Q=550\ kN$ 時

1. 各桿內力：

$$\begin{cases} N_{AC}=N_y=375\ kN\ (拉) \\ N_{BC}=550-375=175\ kN\ (壓) \end{cases}$$

加載

$$N_{AC}\leftarrow \boxed{C\ \bullet\rightarrow\ Q=550kN} \leftarrow N_{BC}$$

$N_{AC}=N_y=375kN$，$N_{BC}=175kN$

2. 此時 C 點變位

$$\Delta_C=\delta_{BC}=\frac{N_{BC}L_{BC}}{EA}=\frac{(175\times10^3)(300)}{(200\times10^3)(1500)}=0.175\ mm(\rightarrow)$$

（五）卸載時＝反向彈性加載

卸載

$$412.5\ kN=\frac{3}{4}Q=N_{AC}\longrightarrow \boxed{C\ \bullet\leftarrow\ Q=550kN} \longrightarrow N_{BC}=\frac{1}{4}Q=137.5\ kN$$

1. 各桿內力：
$$\begin{cases} N_{AC,卸}=\frac{3}{4}\cancel{Q}^{550}=412.5\ kN\ (壓) \\ N_{BC,卸}=\frac{1}{4}\cancel{Q}^{550}=137.5\ kN\ (拉) \end{cases}$$

2. C 點變位

$$\Delta_{C,卸}=\delta_{BC,卸}=\frac{N_{BC,卸}L_{BC}}{EA}=\frac{(137.5\times10^3)(300)}{(200\times10^3)(1500)}=0.1375\ mm(\leftarrow)$$

（六）C 點之永久變形量

$$\Delta_{C,永久}=\Delta_C+\Delta_{C,卸}=0.175+(-0.1375)=0.0375\ mm(\rightarrow)$$

（七）鋼桿之殘留應力

1. AC 桿

$$N_{AC,殘留}=N_{AC}+N_{AC,卸}=375+(-412.5)=-37.5\ kN\ (壓)$$

$$\sigma_{AC,殘留}=\frac{N_{AC,殘留}}{A}=\frac{-37.5\times10^3}{1500}=-25\ MPa\ (壓應力)$$

2. BC 桿

$$N_{BC,殘留}=N_{BC}+N_{BC,卸}=(-175)+137.5=-37.5\ kN\ (壓)$$

$$\sigma_{BC,殘留}=\frac{N_{BC,殘留}}{A}=\frac{-37.5\times10^3}{1500}=-25\ MPa\ (壓應力)$$

二、有一邊長為 100 mm 之正方體混凝土塊安置於一桁架內（俯視圖如圖 a 所示），混凝土塊的其中四個面設有剛性板（如圖 b 所示）並均勻受力，假設混凝土塊為一均勻材質，其彈性係數 $E=32$ GPa，柏松比為 $v=0.17$。若給予外力 $F=150$ kN，使混凝土塊在與桁架接觸之表面產生軸向應力。試回答以下問題：（25 分）

（一）請計算混凝土塊之體積變化量 ΔV（mm^3）。

（二）請計算混凝土塊內之應變能 U（焦耳）。

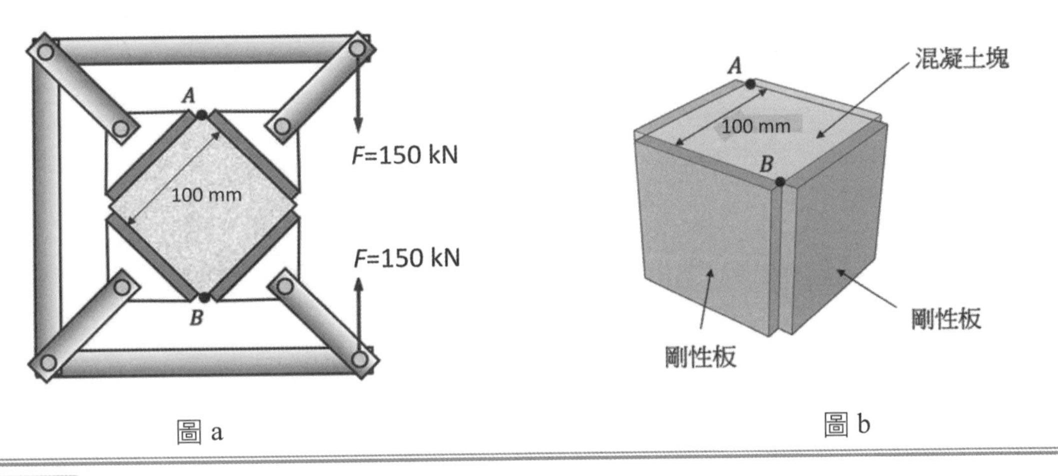

圖 a　　　　圖 b

參考題解

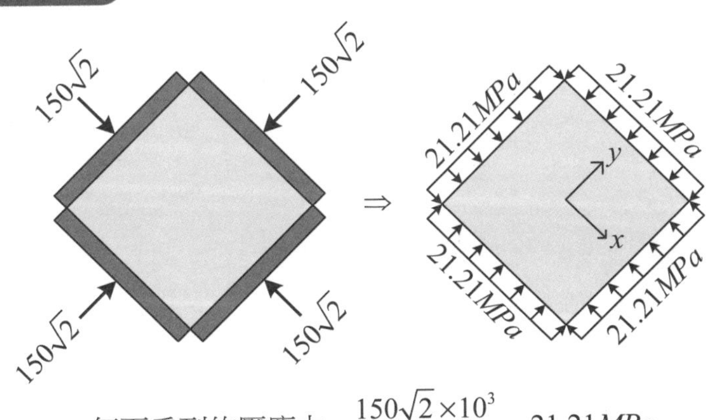

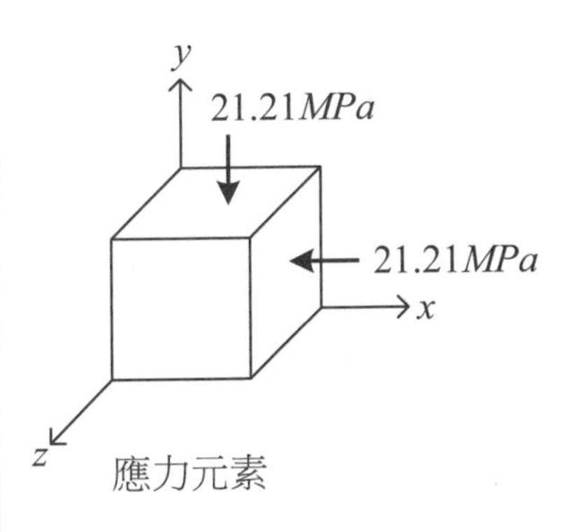

$$每面受到的壓應力=\frac{150\sqrt{2}\times10^3}{100\times100}=21.21MPa$$

（一）廣義虎克定律

$$\varepsilon_x = \frac{\sigma_x}{E} - \nu\frac{\sigma_y}{E} - \nu\frac{\sigma_y}{E} = \frac{-21.21}{32\times10^3} - 0.17\times\frac{-21.21}{32\times10^3} - 0 = -5.5\times10^{-4}$$

$$\varepsilon_y = -\nu\frac{\sigma_x}{E} + \frac{\sigma_y}{E} - \nu\frac{\sigma_y}{E} = -0.17\times\frac{-21.21}{32\times10^3} + \frac{-21.21}{32\times10^3} - 0 = -5.5\times10^{-4}$$

$$\varepsilon_z = -\nu\frac{\sigma_x}{E} - \nu\frac{\sigma_y}{E} + \frac{\sigma_y}{E} = -0.17\times\frac{-21.21}{32\times10^3} - 0.17\times\frac{-21.21}{32\times10^3} + 0 = 2.25\times10^{-4}$$

（二）體積變化量ΔV

1. 體積變化率e

$$e = (1+\varepsilon_x)(1+\varepsilon_y)(1+\varepsilon_z) - 1 = (1-5.5\times10^{-4})(1-5.5\times10^{-4})(1+2.25\times10^{-4}) - 1$$
$$= -8.75\times10^{-4}$$

2. 體積變化量ΔV

$$\Delta V = eV = -8.75\times10^{-4}\times100^3 = -875\ mm^3\ (\text{減少})$$

（三）應變能 U

1. 應變能密度 u

$$u = \frac{1}{2}\sigma_x\varepsilon_x + \frac{1}{2}\sigma_y\varepsilon_y + \frac{1}{2}\sigma_z\varepsilon_z = \frac{1}{2}(-21.21)(-5.5\times10^{-4}) + \frac{1}{2}(-21.21)(-5.5\times10^{-4}) + 0$$
$$= 0.0116655\ MPa = 11665.5\ \frac{\text{J}}{m^3}$$

2. 應變能 U

$$U = uV = 11665.5\times0.1^3 = 11.6655\ J$$

三、有一薄壁懸臂樑（其斷面如圖所示）在自由端 C 點（斷面最外側）處受一集中力 P = 20 kN 作用，其壁厚均為 4 mm，試回答下列問題（單位請使用 MPa）：（25 分）

（一）請計算 A 點之最大主應力、最小主應力，及最大剪應力。

（二）請計算 B 點之最大主應力、最小主應力，及最大剪應力。

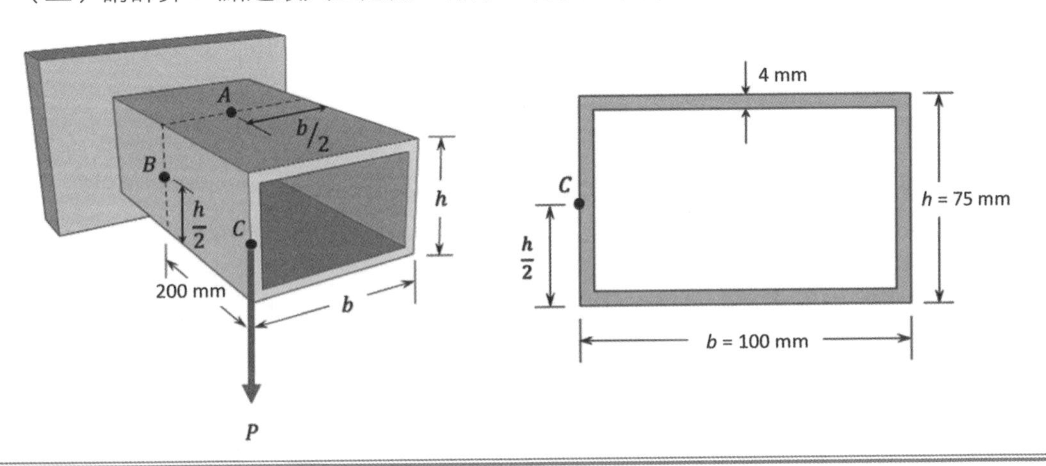

參考題解

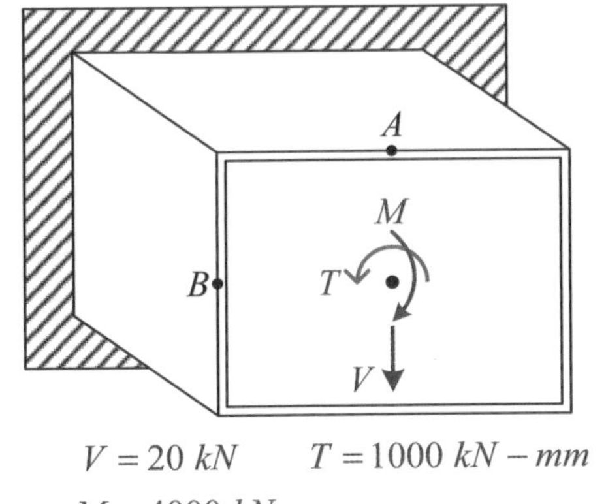

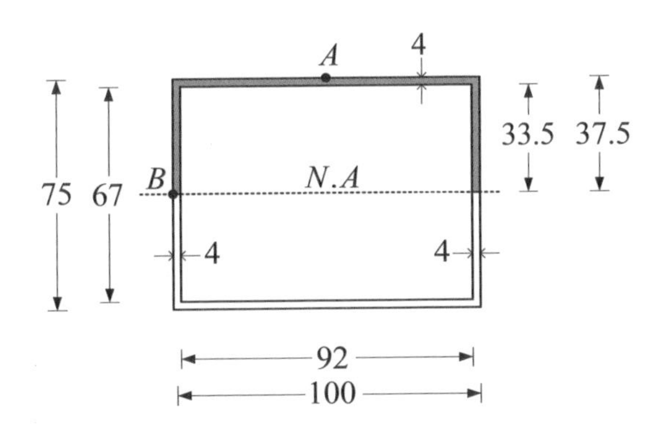

（一）A 點之最大主應力 σ_{P1}、最小主應力 σ_{P2}、最大剪應力 $\tau_{\max}$

1. A 點應力

（1）彎矩造成：$\sigma=\dfrac{My}{I}=\dfrac{\left(4000\times10^3\right)(37.5)}{1209775}=124\ MPa$ (拉應力)

PS：$I=\dfrac{1}{12}\times100\times75^3-\dfrac{1}{12}\times92\times67^3=1209775\ mm^4$

（2）剪力造成：$\tau = 0$

（3）扭力造成：$\tau = \dfrac{T}{2A_m t} = \dfrac{1000\times10^3}{2(96\times71)(4)} = 18.34\ MPa$

2. A 點之 σ_{P1}、σ_{P2}、$\tau_{\max}$

（1）$\tau_{\max} = \sqrt{\left(\dfrac{\sigma}{2}\right)^2 + \tau^2} = \sqrt{\left(\dfrac{124}{2}\right)^2 + 18.34^2} = 64.66\ MPa$

（2）$\sigma_{P1} = \dfrac{\sigma}{2} + \sqrt{\left(\dfrac{\sigma}{2}\right)^2 + \tau^2} = \dfrac{124}{2} + 64.66 = 126.66\ MPa$

（3）$\sigma_{P2} = \dfrac{\sigma}{2} - \sqrt{\left(\dfrac{\sigma}{2}\right)^2 + \tau^2} = \dfrac{124}{2} - 64.66 = -2.66\ MPa$

（二）B 點之最大主應力 σ_{P1}、最小主應力 σ_{P2}、最大剪應力 $\tau_{\max}$

1. B 點應力

（1）彎矩造成：$\sigma = 0$

（2）剪力造成：$\tau = \dfrac{VQ}{Ib} = \dfrac{(20\times10^3)(18689)}{1209775(8)} = 38.62\ MPa$

PS：$Q = 4\times100\times35.5 + \left(4\times33.5\times\dfrac{33.5}{2}\right)\times2 = 18689\ mm^3$

（3）扭矩造成：$\tau = \dfrac{T}{2A_m t} = \dfrac{1000\times10^3}{2(96\times71)(4)} = 18.34\ MPa$

2. B 點之 σ_{P1}、σ_{P2}、$\tau_{\max}$

（1）$\tau_{\max} = \sqrt{\left(\dfrac{\sigma}{2}\right)^2 + \tau^2} = \sqrt{0^2 + (38.62 + 18.34)^2} = 56.96\ MPa$

（2）$\sigma_{P1} = \dfrac{\sigma}{2} + \sqrt{\left(\dfrac{\sigma}{2}\right)^2 + \tau^2} = 0 + 56.96 = 56.96\ MPa$

（3）$\sigma_{P2} = \dfrac{\sigma}{2} - \sqrt{\left(\dfrac{\sigma}{2}\right)^2 + \tau^2} = 0 - 56.966 = -56.96\ MPa$

四、一樑 AB 由兩柱 CD 柱及 AE 柱支撐（如圖所示），兩柱有相同之彈性模數（E）及慣性矩（I），長度分別為 $\frac{1}{2}L$ 及 $2L$。若在 B 點受一向下力 P，請計算臨界載重 P_{cr}，並使用 E、I、L 表示。（25 分）

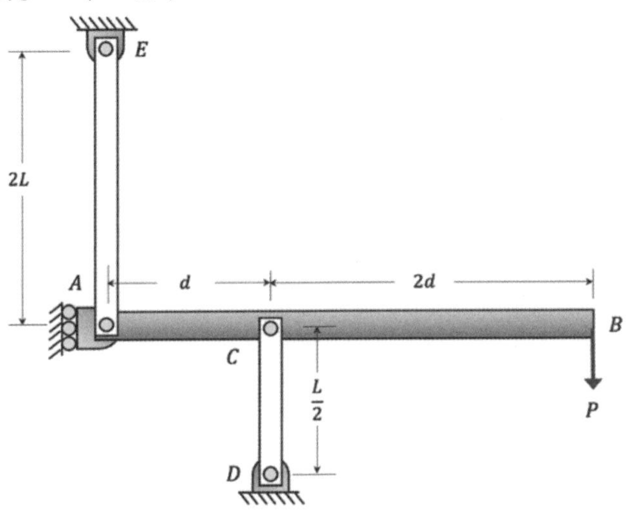

參考題解

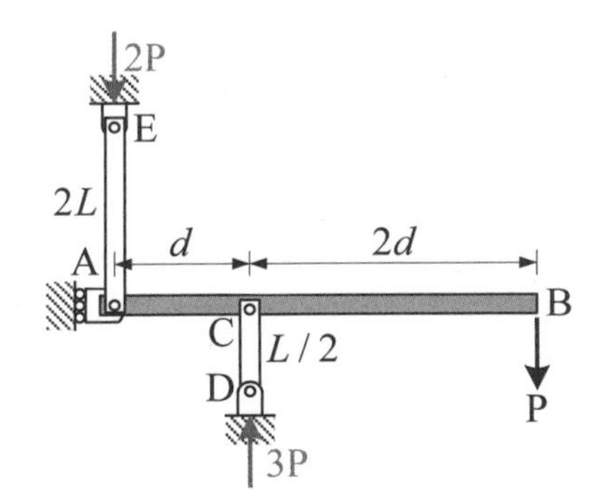

（一）若是 AE 桿先挫曲

$$N_{AE}=\left(P_{cr}\right)_{AE}\Rightarrow 2P=\frac{\pi^2 EI}{\left(1\times 2L\right)^2}\quad\therefore P=\frac{\pi^2 EI}{8L^2}\text{........①}$$

（二）若是 CD 桿先挫曲

$$N_{CD}=\left(P_{cr}\right)_{CD}\Rightarrow 3P=\frac{\pi^2 EI}{\left(1\times\frac{L}{2}\right)^2}\quad\therefore P=\frac{4}{3}\frac{\pi^2 EI}{L^2}\text{........②}$$

（三）比較①②可知，最大臨界 P 值為 $P=\frac{\pi^2 EI}{8L^2}=P_{cr}$（臨界載重）

由 AE 桿的挫曲強度所控制

單元 5

地方特考三等

111年 特種考試地方政府公務人員考試試題／靜力學與材料力學

一、如圖所示，桿件 AC 與 BC 在 A 點與 B 點均以插銷（pin）連結於支承上。∠CAB = ∠CBA = 60°。在節點 C 上受到水平力 P 作用（P＞0）。桿件 AC 彈性係數為 68.9 GPa，拉伸與壓縮的降伏強度為 255 MPa。桿件 BC 彈性係數為 200 GPa，拉伸與壓縮的降伏強度為 250 MPa。桿件 AC 與桿件 BC 的截面為 40 mm × 40 mm 的方形截面，兩桿件的長度均為 0.1 m。本題忽略桿件自重所帶來的影響。注意，以下數據解題可能需要：$\sqrt{3}$ =1.732，π =3.14159。據此，請回答以下問題：

（一）請求出桿件 AC 與 BC 所受到的軸力大小（以 P 表示），並標明其為張力或是壓力。（12 分）

（二）若桿件受壓時的挫曲狀況之安全因子設為 2，而受軸力的降伏狀況之安全因子為 1.5，而且不論那根桿件挫曲或降伏，即視為失敗。據此，請問水平力 P 的最大值為多少？（13 分）

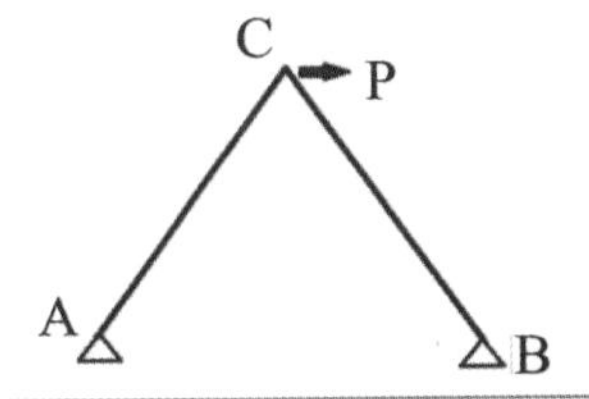

參考題解

（一）計算桿件內力

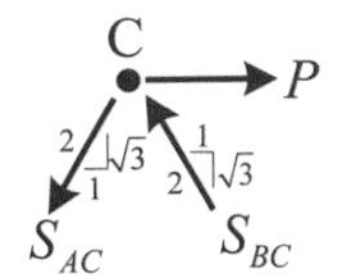

1. $\sum F_y = 0$, $S_{AC} \times \frac{\sqrt{3}}{2} = S_{BC} \times \frac{\sqrt{3}}{2}$ $\therefore S_{AC} = S_{BC}$........①

2. $\sum F_x = 0$, $S_{AC} \times \frac{1}{2} + S_{BC} \times \frac{1}{2} = P$ $\therefore S_{AC} + S_{BC} = 2P$.......②

聯立①②，可得 $\begin{cases} S_{AC} = P \text{ (拉力)} \\ S_{BC} = P \text{ (壓力)} \end{cases}$

（二）P 力的最大值

1. 若是 AC 桿先破壞 ⇒ 拉力降伏破壞

$$\sigma_a = \frac{\sigma_y}{FS} = \frac{255}{1.5} = 170MPa$$

$$當\sigma_{AC} = \sigma_a \Rightarrow \frac{S_{AC}}{A_{AC}} = \sigma_a \Rightarrow \frac{P}{40\times 40} = 170 \quad \therefore P = 272000\ N = 272\ kN ......①$$

2. 若是 BC 桿先破壞

（1）BC 桿壓力降伏破壞

$$\sigma_a = \frac{\sigma_y}{FS} = \frac{250}{1.5} = 166.67MPa$$

$$當\sigma_{BC} = \sigma_a \Rightarrow \frac{S_{BC}}{A_{BC}} = \sigma_a \Rightarrow \frac{P}{40\times 40} = 166.67 \quad \therefore P = 266672\ N = 266.672\ kN ....②$$

（2）BC 桿挫曲破壞

$$P_{cr} = \frac{\pi^2 EI}{(kL)^2} = \frac{\pi^2 \left(200\times 10^3\right)\left(\frac{1}{12}\times 40\times 40^3\right)}{(1\times 100)^2} = 42110312\ N$$

$$P_{allow} = \frac{P_{cr}}{FS} = \frac{42110312}{2} = 21055156N$$

$$當S_{BC} = P_{allow} \Rightarrow P = 21055156N = 21055.156\ kN .....③$$

3. 綜合①②③可知可承受之最大 P 力為 $P = 266.672\ kN$ ，為 BC 桿壓力降伏強度控制

二、如圖所示，有一軸力構件 AB，兩端為固定支承（Fix end）。構件的長度 L = 2 m，構件由 A36 鋼材所製作，其彈性模數為 E = 200 GPa，構件的截面為圓形，其半徑為 0.1 m。構件中央處為 C 點。已知在 AC 段，受到分布軸力 $p(x) = x^2$(kN/m)施加，x = 0 處為 A 點，x 軸向右為正。圓周率 π =3.14159。據此，請求出 A 端與 B 端的反力各自為何。（25 分）

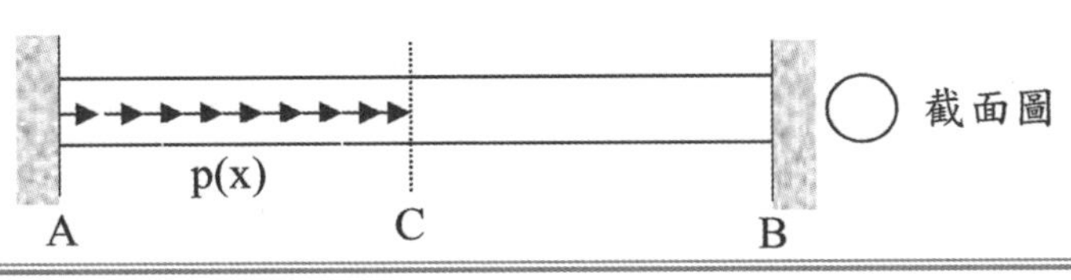

參考題解

$A = \pi r^2 = \pi(0.1)^2$

$E = 200GPa$

（一）力平衡：$R_A + R_B = \dfrac{1}{3}$……①

（二）材料組成律

$$\delta_{AC} = \int d\delta = \int_0^1 \frac{N_{AC}(x)dx}{EA} = \int_0^1 \frac{\left(R_A - \frac{1}{3}x^3\right)dx}{EA}$$

$$= \frac{1}{EA}\left(R_A - \frac{1}{12}\right)$$

$$\delta_{BC} = \frac{N_{BC}L_{BC}}{EA} = \frac{-R_B \cdot 1}{EA} = \frac{1}{EA}(-R_B)$$

（三）變形諧和

$$\delta_{AC} + \delta_{BC} = 0 \Rightarrow \frac{1}{EA}\left(R_A - \frac{1}{12}\right) + \frac{1}{EA}(-R_B) = 0 \Rightarrow R_A - R_B = \frac{1}{12} \text{……②}$$

（四）聯立①②可得 $\begin{cases} R_A = \dfrac{5}{24}kN \ (\leftarrow) \\ R_B = \dfrac{1}{8}kN \ (\leftarrow) \end{cases}$

【說明 1】

AC 段的總軸向力 P

（一）微小元素的軸向力：

$$dP = p(x)\,dx = x^2 dx$$

（二）整段積分得軸向總合力 P

$$P = \int dP = \int_0^1 x^2 dx = \frac{1}{3}x^3 \Big|_0^1$$

$$= \frac{1}{3}\ kN$$

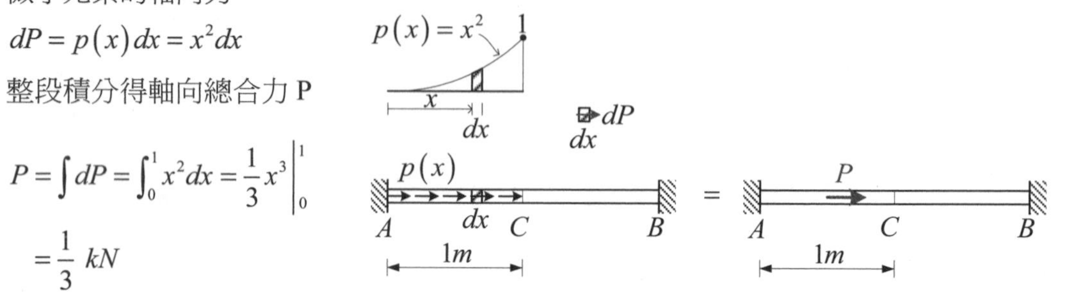

【說明 2】

關於 $N_{AC}(x)$

取出從 A 點到 x 處的自由體

（一）從 A 點到 x 處的軸向總合力為：$\frac{1}{3}p(x)\cdot x = \frac{1}{3}x^3$

（$p(x) = x^2$，為 2 次拋物線，故總合力為 $\frac{1}{3}$×底×高）

（亦可以積分方式計算從 A 點到 x 處的軸向總合力）

（二）對自由體進行軸向力平衡：

$$N_{AC}(x) + \frac{1}{3}p(x)\cdot x = R_A \Rightarrow N_{AC}(x) = R_A - \frac{1}{3}x^3$$

三、如圖所示，有一機構由一 1/4 圓弧曲桿 ABC 還有一直桿 BD 所構成。在曲桿的 A 端為鉸支承（以△表示），在 C 端為滾支承（以○代表），曲桿與直桿的聯結在 B 點為插銷，直桿 BD 與水平軸夾角為 45°。在曲桿上的 E 點受到外力 F = 10 kN 作用，E 點受力之力線延伸可以交於 1/4 圓弧曲桿的圓心處。現在假設在 D 點的接觸有靜摩擦係數 $\mu_s = 0.25$。本題解題可能用到以下數據：$\sqrt{3} = 1.732$, $\sqrt{2} = 1.4142$。請問系統能夠保持靜力平衡嗎？若是可以，請問在 D 點的摩擦力大小最大為多少，A 支承反力多少，C 支承反力又為多少？（25 分）

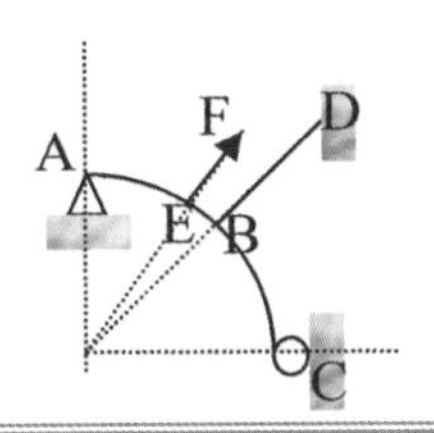

參考題解

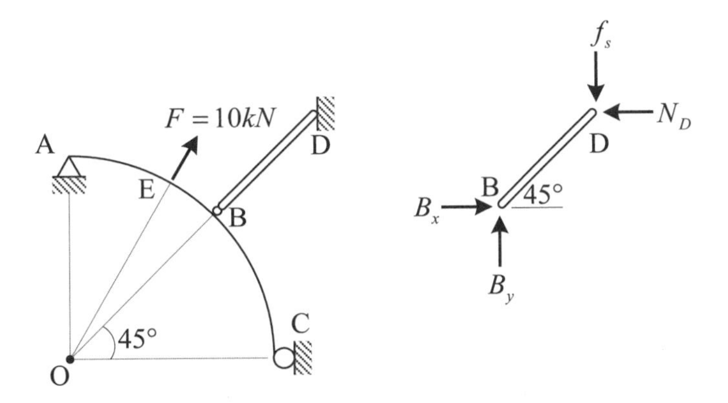

（一）BD 桿

1. 桿 B 點以插銷聯結於 ABC 曲桿，故 B 處內力僅有水平力 B_x 與垂直力 B_y，無斷面彎矩。
2. 桿 D 點斜靠於牆上，該處有正向力 N_D 與摩擦力 f_s，無彎矩。
3. 由上述兩點可知，BD 桿為二力桿。
4. 既然 BD 桿件為二力桿（桿角度為 45°）。
   （1）D 點的正向力 N_D 與摩擦力 f_s 兩者大小必須相等。
   （2）題目給定的靜摩擦係數 $\mu_s = 0.25$，代表 D 點能夠提供的最大靜摩擦力僅有 $f_s = f_{s,\max} = \mu_s N_D = 0.25 N_D$，也就是說 D 點的正向力 N_D 與摩擦力 f_s 永遠不可能相等，除非 $N_D = f_s = 0$。

（3）綜合（1）（2）的論述可知，在圖示受力條件下，BD 桿不會受力。

$\Rightarrow B_x = B_y = N_D = f_s = 0$

（二）ABC 曲桿（假設曲桿半徑為 r）

題目並未給定 F 力的確切作用位置（E 點），這裡自行假設 F 力的作用方向與水平線的夾角為60°，計算此時的支承反力。

1. $\sum M_O = 0$, $H_A \times r = 0$ $\therefore H_A = 0$
2. $\sum F_x = 0$, $R_C = F \times \cos 60°$

   $\therefore R_C = 0.5F = 5\ kN\ (\leftarrow)$
3. $\sum F_y = 0$, $R_A = F \times \sin 60°$

   $\therefore R_A = \dfrac{\sqrt{3}}{2} F = 8.66\ kN\ (\downarrow)$

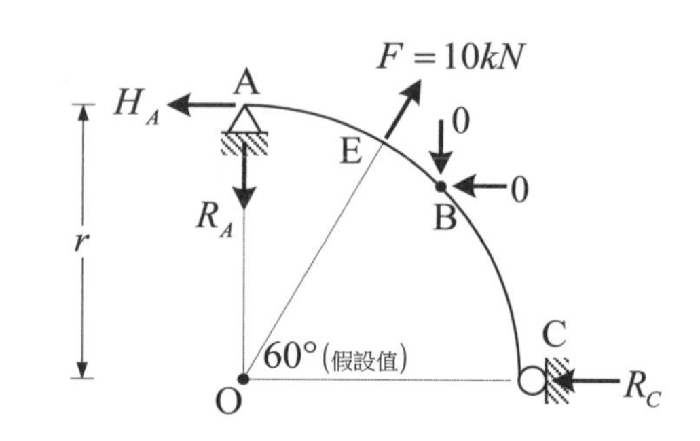

（三）總結

1. 此系統能保持靜力平衡
2. D 點受到的摩擦力為 0
3. A 支承反力：$\begin{cases} H_A = 0 \\ R_A = 8.66\ kN (\downarrow) \end{cases}$
4. C 支承反力：$R_C = 5\ kN\ (\leftarrow)$

四、如圖所示，圖中尺寸為 mm。陰影區域為一高度 12 mm，寬度為 8 mm 的矩形區域，其中挖去一直徑為 4 mm 的半圓形區域，該半圓形區域的圓心座落在矩形區域的幾何中心處。請求出該陰影區域之幾何中心點之座標為何？（請以圖中所標示的 X-Y 座標系統表示）。過此幾何中心點平行 X 軸之二次面積矩為何？注意：解題可能需要，圓周率 π=3.14159。（25 分）

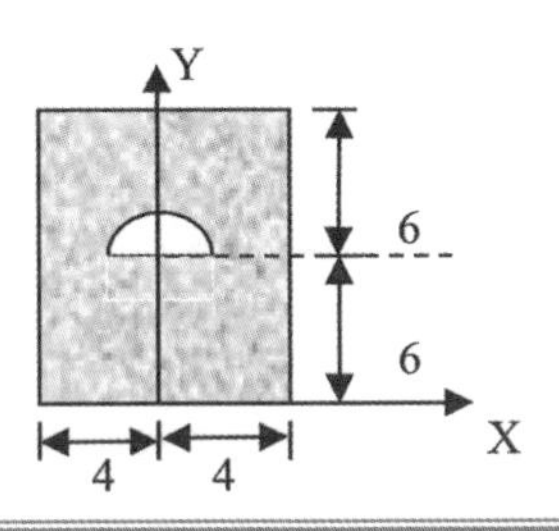

參考題解

幾何中心即為形心

（一）陰影面積的形心座標值 y，假設為 $\bar{y}$

（陰影面積的形心座標值 x 為 0，因為對稱）

$$\bar{y}=\frac{(8\times12)(6)-\left(\frac{1}{2}\pi\cdot2^2\right)\left(6+\frac{4\cancel{r}^{2}}{3\pi}\right)}{8\times12-\frac{1}{2}\pi\cdot2^2}$$

$$=\frac{532.9676}{89.7168}\approx5.94\ mm$$

$\therefore$形心座標$(x,y)=(0\ ,\ 5.94)$

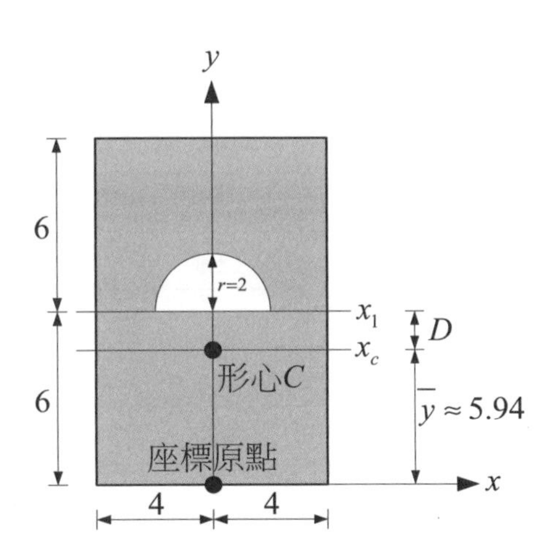

（二）計算通過形心的且平行 x 軸（假設此軸為 x_c）的慣性矩

$$陰影面積=8\times12-\frac{1}{2}\pi\cdot2^2=89.7168\ mm^2$$

1. 陰影面積對矩形中心軸 x_1 的慣性矩為

$$I_{x_1}=\frac{1}{12}\times8\times12^3-\frac{1}{8}\times\pi\cdot2^4=1145.7168\ mm^4$$

2. 平行軸定理

$$I_{x1}=I_{xc}+A\cdot D^2\Rightarrow1145.7168=I_{xc}+(87.7168)(0.06)^2\quad\therefore I_{xc}=1145.4\ mm^4$$

111年 特種考試地方政府公務人員考試試題／營建管理與土木施工學（包括工程材料）

一、請說明 BOT（Build, Operate and Transfer）與 ROT（Rehabilitate, Operate and Transfer）兩種不同形式的公共工程專案之執行意涵與差異性；並任舉兩項國內之實例。（25 分）

參考題解

（一）執行意涵：

依「促進民間參與公共建設法」第八條規定：

1. BOT：由民間機構投資新建並為營運；營運期間屆滿後，移轉該建設之所有權予政府。
2. ROT：民間機構投資增建、改建及修建政府現有建設並為營運；營運期間屆滿後，營運權歸還政府。

（二）差異性：

項 目	BOT	ROT
1.法源（促進民間參與公共建設法）	第八條第一項第一款	第八條第一項第四款
2.規模與投資金額	通常較大	通常較小
3.興建期	通常較長	通常較短
4.營運特許期	通常較長	通常較短
5.標的原始所有權人	民間機構	政府
6.標的特性	私有私管	公有私管
7.國賠適用	不適用	不一定（依責任歸屬而定）

（三）實例：

1. BOT 實例：

（1）台灣高速鐵路：

為全球最大 BOT 案，全長 345 公里，87 年 7 月交通部高鐵局與台灣高鐵公司簽約，政府零出資，特許期為 35 年。89 年 3 月開工，95 年 12 月通車，目前仍營運中（本案政府初估節省 5132 億元，結算節省 5720 億元）。

（2）高雄高運量捷運：

為台灣第二座高運量捷運系統，主線紅線（小港-南岡山）與橘線（西子灣-大寮）合計全長 42.7 公里，90 年 1 月高雄市政府與高雄捷運公司簽約（橋頭火車站-南岡山站為 99 年 5 月簽約），政府共出資 1518 億元，民間共出資 308 億元，特許期為 36 年。90 年 10 月開工（橋頭火車站-南岡山站為 100 年 1 月開工），96 年 12 月通車（橋頭火車站-南岡山站為 101 年 12 月通車），目前仍營運中（本案政府節省 308 億元）。

2. ROT 實例：

（1）蓮潭國際文教會館：

為高雄市政府第一件 ROT 案，原為高雄市人力發展訓練中心，基地面積 1.74 公頃，建築總樓地板面積為 32,298 平方公尺，94 年 10 月高雄市政府與致遠管理學院（後升格為首府大學）簽約，政府收取定額權利金每年 500 萬元，經營權利金為每年稅前營業總收入 4.5%，特許期為 20 年（期滿得依程序議約，期間以一次 10 年計算）。94 年 10 月開始整擴建工程，95 年 10 月完工並開始營運，目前仍營運中（本案政府每年平均收入約 2000 萬元）。

（2）國道 1 號泰安服務區：

為國道第一件 ROT 案，108 年 3 月交通部高速公路局與統一超商簽約，政府收取經營權利金為每年稅前營業總收入 5%，特許期為 9 年（期滿得依程序優先議約一次，期間 3 年）。108 年 3 月開始整擴建工程，109 年 8 月北站完工並開始營運，同年 11 月底南站完工，12 月開始全面營運，目前仍營運中（本案政府每年平均收入預估約 3284 萬元）。

二、一般營建工程專案的主要參與成員包括：業主（投資者）、設計者（通常亦包含監造工作）和承包商（施工者）；請說明此三種主要參與成員的基本任務計包含那些事項？（25 分）

參考題解

（一）業主：

1. 訂定工程專案之目標。
2. 確定工程專案的範圍與規模。
3. 成立工程專案之預算金額與來源。
4. 確定各工程專案團隊之權責。
5. 即時決策與作為。

（二）設計者：

1. 確定業主之需求和目標。
2. 從事工程專案之設計工作（圖說繪製、施工規範制定與發包預算估算）。
3. 協助業主擬定發包策略。
4. 輔助業主遴選承包商。
5. 業主和承包商間之協調工作。

（三）承包商：

1. 負責工程專案之實際施工作業。
2. 監督下包執行各工程項目。
3. 協調及整合各項資源。
4. 控管各工程項目，依預定時程施作與如期完工。
5. 依圖說及規範施作，進行品質管制。
6. 落實工地職業安全衛生工作。
7. 遵守政府相關法規之要求。

三、非破壞檢測（Nondestructive Testing；簡稱為 NDT）係應用各種科學性的方法，在未破壞所欲檢測之材料的情況下，得知材料品質的瑕疵。請分別說明鋼構材料所常採取之磁粉探傷檢驗（Magnetic Particle Inspection）與放射線檢驗（Radiography Inspection）兩種非破壞檢驗法之檢測原理。（25 分）

參考題解

（一）磁粉探傷檢驗：

利用電流周圍產生磁場，磁力線於瑕疵部位產生磁漏現象，吸引磁粉（粒），形成異常分佈，指示缺陷。

鋼構材料檢驗部位被磁化時，材質若是均質與連續性，則其磁感應線基本上被拘束在試件內，幾乎沒有磁感應線從試件表面進出，其表面不會形成明顯的磁漏現象。若試件表面或淺層（近表面）存在不連續性瑕疵，會在其表面形成磁漏現象，由磁場洩漏處磁粉吸附所形成磁痕，可提供瑕疵處之資訊（位置、尺寸與形狀等）。

本法僅適用於鐵磁性材料，厚板則僅適用於表面與淺層瑕疵檢測。其具有檢驗能力優良、規模小、安全性與經濟性高，且施測快、對鄰近工作項目施作幾乎無影響等優點。

（二）放射線檢驗：

以具有穿透力之極短波長電磁波（如 X 射線、γ 射線等），穿透試件缺陷或厚度差異，產生射線強度變化，由螢幕或底片成像，判讀缺陷。

放射線檢驗依使用射源，通常可分為兩類：一類為 X 射線，另一類為 γ 射線（伽瑪射線）。X 射線係由高速電子流撞擊物質靶而產生高能電磁波（屬核外產生），其能量依電壓大小而定，能量愈高則其穿透能力愈強。γ 射線是由不穩定同位素衰變時產生之高能電磁波（屬核內產生），所使用的同位素大多為 Ir-192（銥-192），少數採用 Co-60（鈷-60）、Cs-137（銫-137），近來亦有使用檢驗品質較高 Se-75（硒-75）為 γ 射線射源設備。二者特性差異，詳如下表：

類型	能量	解析度	檢測深度	安全性	費用	電源
X 射線	較低	較高	較淺	較高	較低	需要
γ 射線	較高	較低	較深	較低	較高	不需要

放射線檢驗可檢測材料種類較廣，不限於鐵磁性材料。厚板之各種深度瑕疵檢測均可適用（但 X 射線法有限制），檢驗能力亦不錯、但其規模較大、安全性與經濟性較低，且施測時鄰近工作項目必需停止施作。

四、某延壽工程共有 A 至 I 等九項作業，其依先行式網狀（Precedence Diagram Method；簡稱為 PDM）之原則所繪製之 PDM 網狀圖如圖所示，若各項作業之延時（Duration）如表所示。請將此 PDM 網狀圖依箭線式網狀圖法（Arrow Diagram Method；簡稱為 ADM）之原則轉繪成 ADM 網狀圖，並完成此箭線式網狀圖（ADM 網狀圖）之日程計算（包含所有作業之各種浮時，完工工期與要徑）。（25 分）

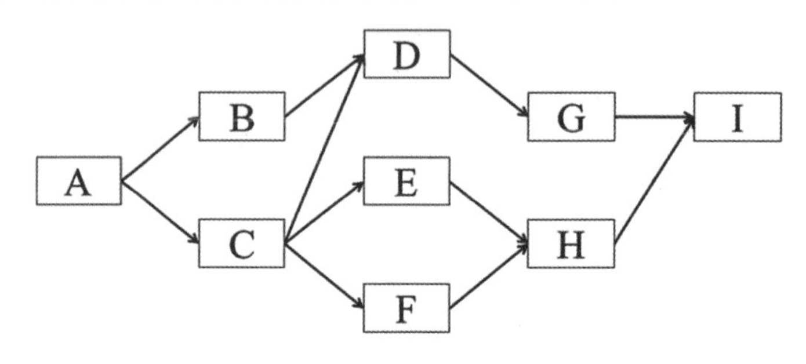

作業	延時（天）
A	4
B	12
C	10
D	5
E	6
F	7
G	5
H	16
I	9

參考題解

箭線式網圖（ADM）轉繪與計算如下圖：

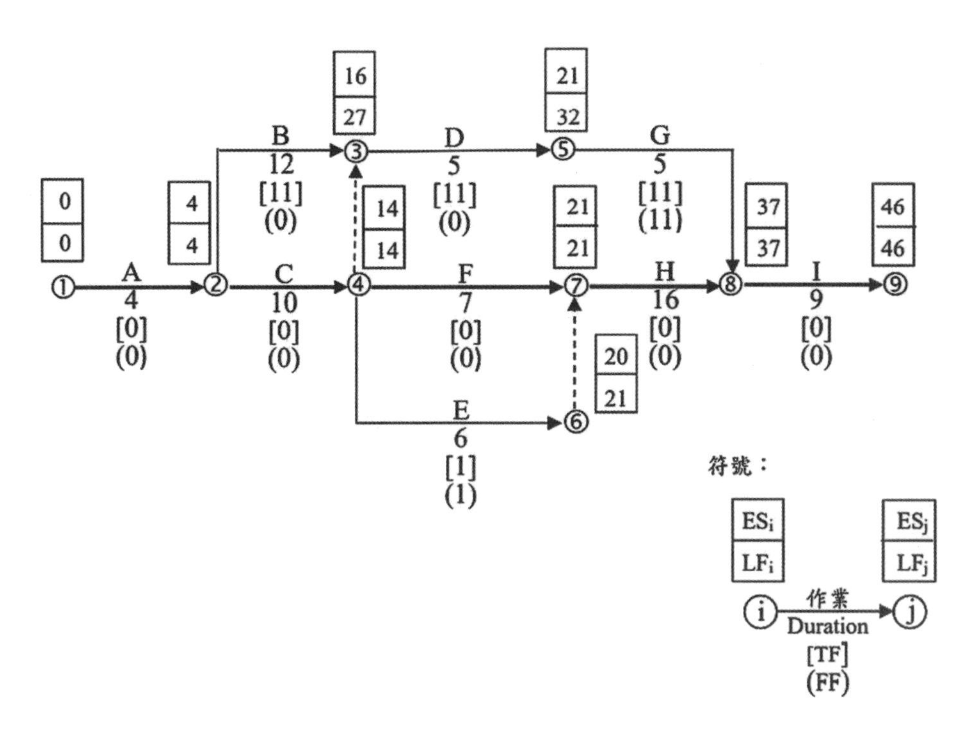

要徑：A→C→F→H→I

完工工期：46 天

日程與浮時計算結果，列表於下：

作業	Duration	最早開始時間 ES	最早完成時間 EF	最遲開始時間 LS	最遲開始時間 LF	總浮時 TF	自由浮時 FF	干擾浮時 IF
A	4	0	4	0	4	0	0	0
B	12	4	16	15	27	11	0	11
C	10	4	14	4	14	0	0	0
D	5	16	21	27	32	11	0	11
E	6	14	20	15	21	1	1	0
F	7	14	21	14	21	0	0	0
G	5	21	26	32	37	11	11	0
H	16	21	37	21	37	0	0	0
I	9	37	46	37	46	0	0	0

111年 特種考試地方政府公務人員考試試題／結構學

一、如圖所示梁結構及受外力下之剪力圖，試求對應該剪力圖下梁所受到之外力，並畫於該梁上。此外，試畫出對應之彎矩圖。（25 分）

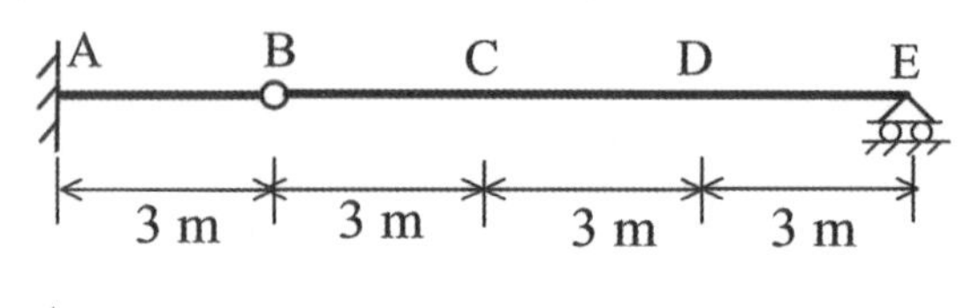

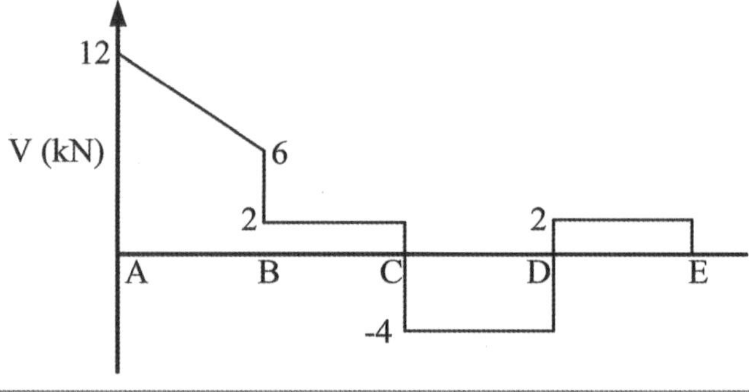

參考題解

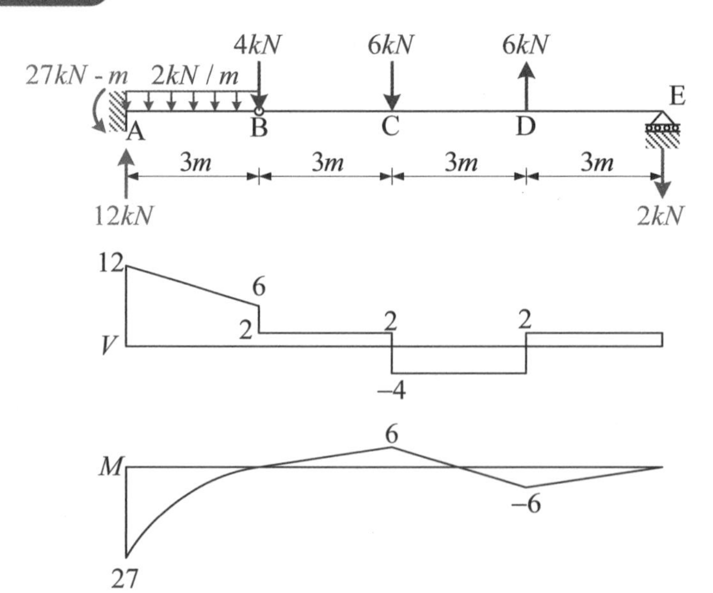

M_A $2kN/m$ $V_{BA}=6$

A B 3m 12

$$\sum M_A = 0$$

$$M_A = (2\times3)(1.5) + 6\times3$$

$$= 27\ kN - m$$

二、如圖所示桁架，若所有受拉桿件之張力強度皆為 200 kN，所有受壓桿件之壓力強度皆為 100 kN，試求該桁架破壞時之外力 P 為何？（25 分）

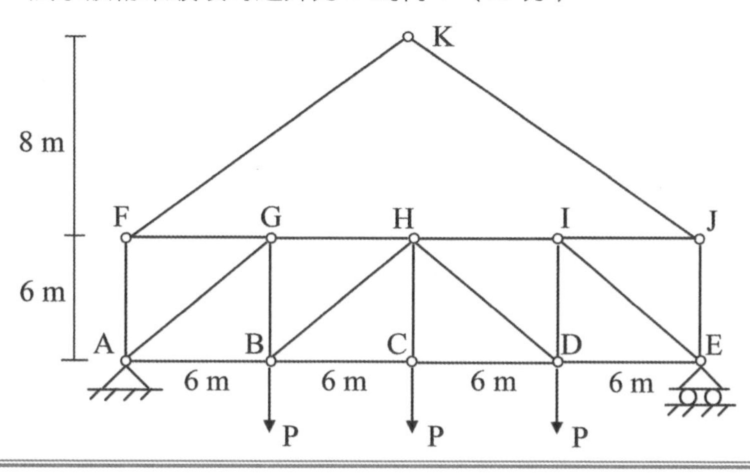

參考題解

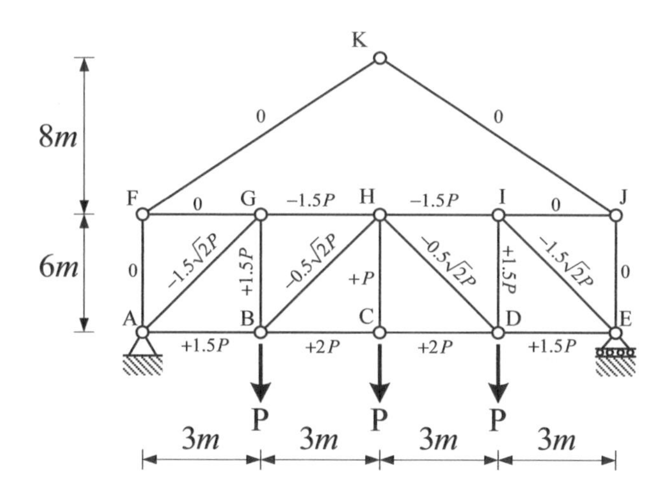

（一）若為拉力破壞，圖示桁架受到最大拉力為 2P（BC、CD 桿）

$\therefore 2P = 200kN \Rightarrow P = 100\ kN$.........①

（二）若為壓力破壞，圖示桁架受到最大壓力為 $1.5\sqrt{2}P$（AG、EI 桿）

$\therefore 1.5\sqrt{2}P = 100kN \Rightarrow P = 47.14\ kN$.........②

（三）根據①②可知：桁架破壞時之外力 $P = 47.14\ kN$，為 AG、EI 桿壓力破壞

三、如圖所示兩根簡支梁（AB 及 CD）上面有一塊均質板（尺寸 5 m × 25 m），該板上有兩道均布載重（方向為 Z 向），EF 線上均布載重大小為 4 kN/m，GH 線上均布載重大小為 20 kN/m。假設板重量可以忽略不計且與簡支梁之接合只能傳遞力量不能傳遞彎矩，若希望受力後整個板與梁所構成之斷面不要扭轉（對 X 軸），假設左梁與右梁材料相同，斷面都為矩形，梁寬皆為 90 cm，梁深各為 h_L、h_R，已知 h_L = 120 cm，試求 h_R。（25 分）

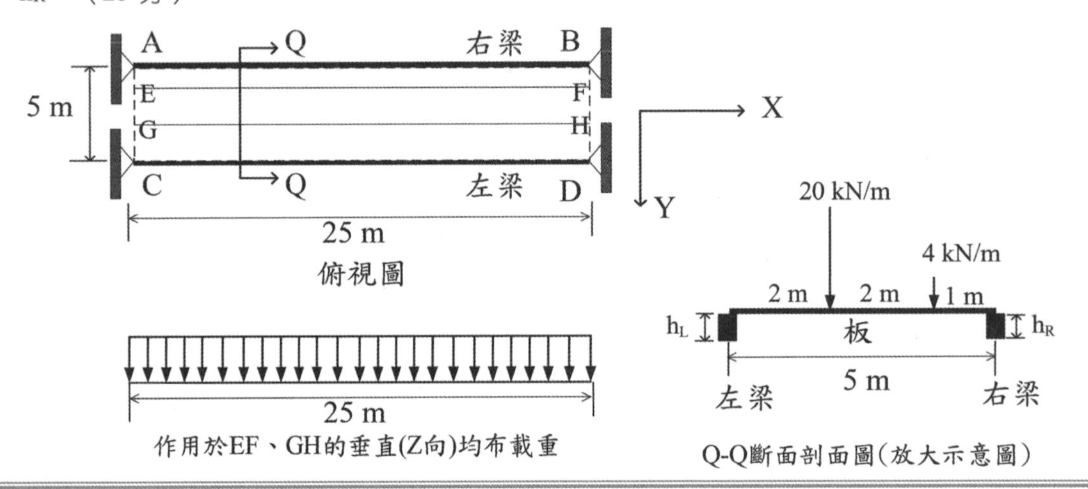

參考題解

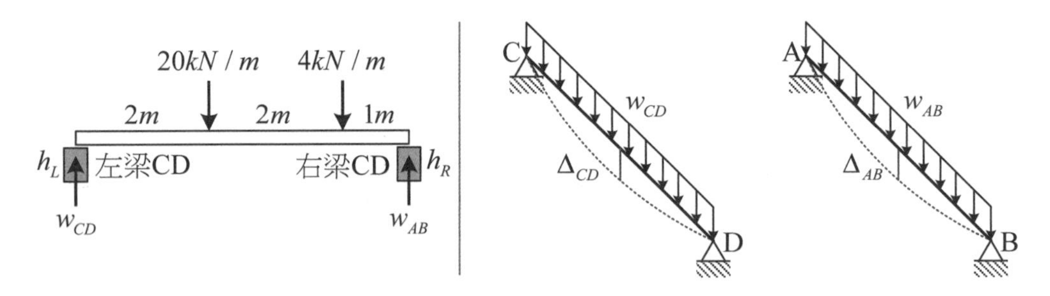

（一）計算右梁 AB 與左梁 CD 承受之均佈荷重⇒對左梁取力矩平衡

1. $\sum M_{左梁}=0$，$20\times2+4\times4=w_{AB}\times5$ $\therefore w_{AB}=11.2\ kN/m$

2. $\sum F_y=0$，$\cancel{w_{AB}}^{11.2}+w_{CD}=20+4$ $\therefore w_{CD}=12.8\ kN/m$

（二）若要版與梁均不產生 x 向扭轉，則右梁 AB 與左梁 CD 所產生的撓度要一致

$$\Delta_{AB}=\Delta_{CD}\Rightarrow\frac{5}{384}\frac{w_{AB}L^4}{EI_{AB}}=\frac{5}{384}\frac{w_{CD}L^4}{EI_{CD}}\quad(梁長L均為25m)$$

$$\Rightarrow\frac{w_{AB}}{I_{AB}}=\frac{w_{CD}}{I_{CD}}\Rightarrow\frac{11.2}{\frac{1}{12}\times90\times h_R^{\ 3}}=\frac{12.8}{\frac{1}{12}\times90\times120^3}\quad\therefore h_R=114.78\ cm$$

四、如圖所示構架，各桿件之 EI 及 L（長度）都相同，集中力係垂直作用於桿件中點。若 L = 10 m，試以傾角變位法求取各桿件之桿端彎矩，假設桿端彎矩採順時針為正。（以其他方法作答者一律不予以計分）（25 分）

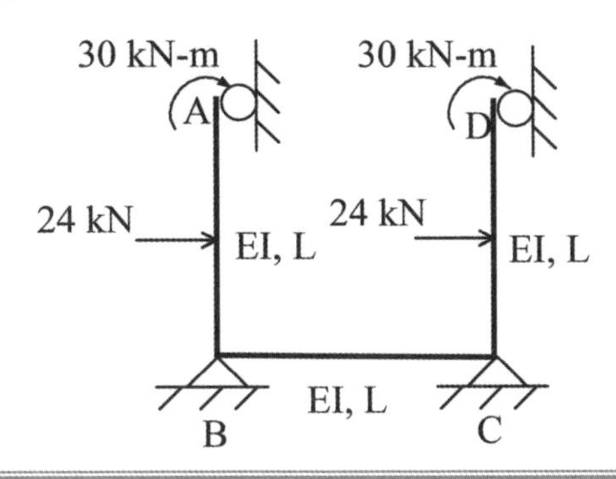

參考題解

（一）固端彎矩

$$M_{BA}^{F}=-\frac{3}{16}\times 24\times 10+\frac{1}{2}\times 30=-30\ kN$$

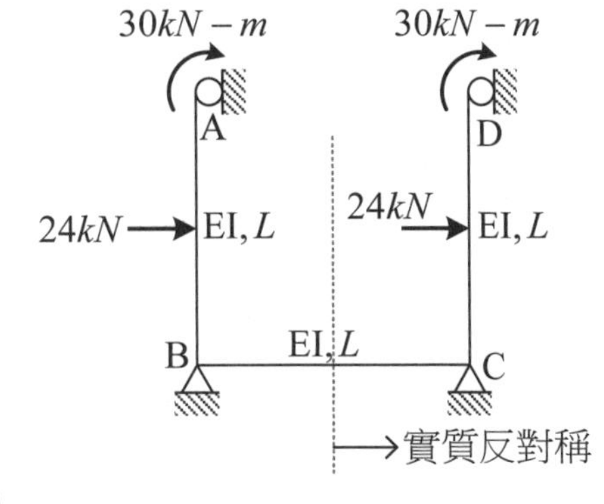

（二）k 值比 $\Rightarrow k_{AB}:k_{BC}=\frac{EI}{10}:\frac{EI}{10}=1:1$

（三）R 值比：沒有 R

（四）傾角變位式

$M_{BA}=1[1.5\theta_B]-30$

$M_{BC}=1[2\theta_B+\theta_C]=3\theta_B$（實質反對稱，$\theta_C=\theta_B$）

（五）力平衡：$\sum M_B=0$，$M_{BA}+M_{BC}=0\Rightarrow 4.5\theta_B-30=0\ \therefore \theta_B=\frac{20}{3}$

（六）代回傾角變位式，得桿端彎矩

$M_{BA}=1.5\theta_B-30=-20\ kN-m$

$M_{BA}=3\theta_B=20\ kN-m$

（七）結構實質反對稱特性

$M_{BA}=M_{CD}=-20\ kN-m$

$M_{BC}=M_{CB}=20\ kN-m$

$M_{AB}=M_{DC}=0$

111 年 特種考試地方政府公務人員考試試題／鋼筋混凝土學與設計

「鋼筋混凝土學與設計」依據及作答規範：內政部營建署「混凝土結構設計規範」(內政部 110.3.2 台內營字第 1100801841 號令)；中國土木水利學會「混凝土工程設計規範與解說」(土木 401-100)。未依上述規範作答，不予計分。

一、有一耐震設計的鋼筋混凝土梁，設計的混凝土規定抗壓強度 $f_c' = 280$ kgf/cm^2，設計的撓曲鋼筋為 SD420 鋼筋。（25 分）

（一）於混凝土灌漿時製作三顆標準圓柱試體。三顆圓柱試體進行抗壓試驗可得到抗壓強度。為符合設計的規定抗壓強度，請說明試驗所得抗壓強度的評量基準為何？

（二）撓曲鋼筋應符合 CNS 560 規定的 SD420W 之要求，惟 CNS 560 規定的 SD420 鋼筋亦可使用。SD420 鋼筋拉力試片進行的抗拉試驗可得實測降伏強度與實測抗拉強度。為使用 SD420 鋼筋，請說明 SD420 鋼筋實測降伏強度與實測抗拉強度應符合那些規定？

參考題解

（一）抗壓強度的評量基準

1. 三顆圓柱試體的平均強度不得低於「設計規定的抗壓強度 f_c' 」。
2. 任何一顆圓柱試體的強度低於「設計規定的抗壓強度 f_c' 」時，其差值不得超過 $35\ kgf/cm^2$ 。

（二）SD420 實測降伏強度與實測抗拉強度應符合下列規定

1. **實測降伏強度**不得超出**規定降伏強度** f_y 達 $1200\ kgf/cm^2$ 以上。
2. **實測極限抗拉強度**與**實測降伏強度**之比值不得小於 1.25。

二、有一鋼筋混凝土小梁，矩形梁斷面寬度 b = 25 cm，有效深度 d = 34.3 cm。梁承受彎矩，故設計三支 D16 拉力鋼筋，設計的鋼筋降伏強度 f_y = 4200 kgf/cm²。一支 D16 拉力鋼筋截面積 A_b = 1.99 cm²。惟於施工時誤用一支降伏強度 f_y = 2800 kgf/cm² 的鋼筋，如圖所示。混凝土抗壓強度 f_c' = 280 kgf/cm²。試計算誤用鋼筋後梁斷面的設計彎矩強度 ϕM_n 為何？（25 分）

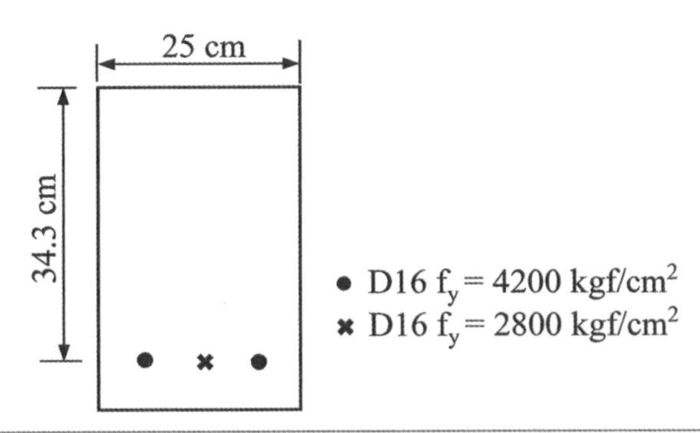

參考題解

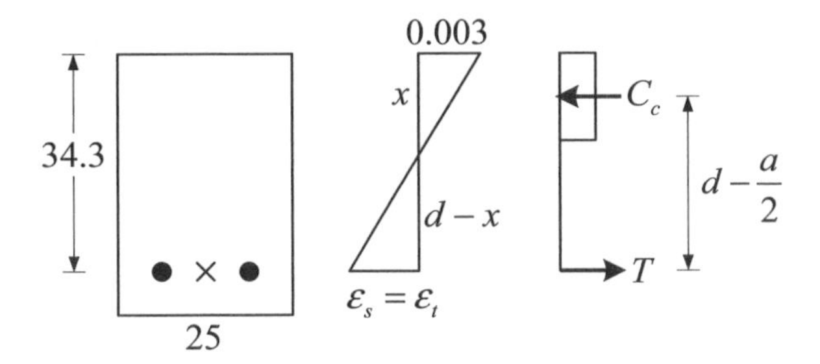

（一）計算中性軸位置

1. $C_c = 0.85 f_c' ba = 0.85(280)(25)(0.85x) = 5057.5x$

2. $T = A_{s,4200} f_y + A_{s,2800} f_y = (2 \times 1.99)(4200) + (1 \times 1.99)(2800) = 22288\ kgf$

3. $C_c = T \Rightarrow 5057.5x = 22288\ \ \therefore x = 4.41\ cm$

（二）計算 ε_t

$$\varepsilon_t = \frac{d_t - x}{x} \times 0.003 = \frac{34.3 - 4.41}{4.41} \times 0.003 = 0.02 \ge 0.005\ \ \therefore \phi = 0.9$$

（三）計算 ϕM_n

1. $M_n = C_c\left(d - \frac{a}{2}\right) = \left(5057.5 \cancel{x}^{4.41}\right)\left(34.3 - \frac{0.85 \cancel{x}^{4.41}}{2}\right) = 723210\ kgf - cm \approx 7.23\ tf - m$

2. $\phi M_n = 0.9 \times 7.23 = 6.507\ tf - m$

三、圖示為鋼筋混凝土單獨 T 型梁的斷面。梁配置雙層排列的五支 D25 拉力鋼筋。梁斷面將承受設計剪力 V_u = 30 tf，配置 D13 閉合矩形剪力鋼筋，剪力鋼筋之淨保護層為 4 cm。混凝土抗壓強度 $f_c' = 280$ kgf/cm²，剪力鋼筋降伏強度 $f_{yt} = 2800$ kgf/cm²。試計算剪力鋼筋配置的最大間距為何？（25 分）

D13 鋼筋之直徑 d_b = 1.27 cm，截面積 A_b = 1.27 cm²。

D25 鋼筋之直徑 d_b = 2.54 cm，截面積 A_b = 5.07 cm²。

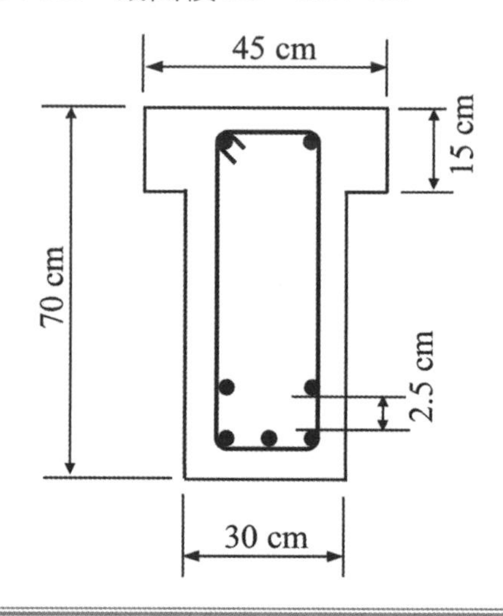

參考題解

（一）設計剪力 $V_u = 30\ tf$

（二）剪力強度需求

$$d_{下} = 70 - 4 - 1.27 - \frac{2.54}{2} = 63.46\ cm$$

$$d_{上} = 70 - 4 - 1.27 - 2.54 - 2.5 - \frac{2.54}{2} = 58.42\ cm$$

$$d = \frac{3\times 63.46 + 2\times 58.42}{3+2} = 61.44\ cm$$

1. 混凝土剪力強度：$V_c = 0.53\sqrt{f_c'}\, b_w d = 0.53\sqrt{280}\left[30\times 61.44\right] = 16347\ kgf$

2. 剪力計算強度：$V_u = \phi V_n \Rightarrow 30\times 10^3 = 0.75 V_n \quad \therefore V_n = 40000\ kgf$

3. 剪力筋強度：

（1）$V_n = V_c + V_s \Rightarrow 40000 = 16347 + V_s \quad \therefore V_s = 23653\ kgf$

（2）$V_s = \dfrac{dA_v f_y}{s} \Rightarrow 23653 = \dfrac{(61.44)(2\times 1.27)(2800)}{s} \quad \therefore s = 18.47\ cm$

（三）最大間距規定

$$V_s \le 1.06\sqrt{f_c'}\,b_w d \Rightarrow s \le \left(\frac{\cancel{d}^{\,61.44}}{2}\ ,\ 60cm\right)_{\min} \Rightarrow s \le (30.72m\ ,\ 60cm)_{\min}$$

$$\therefore s = 30.72\ cm$$

（四）最少鋼筋量規定

$$s \le \left(\frac{A_v f_y}{0.2\sqrt{f_c'}b_w}\ ,\ \frac{A_v f_y}{3.5b_w}\right)_{\min} \Rightarrow s \le \left(\frac{(2\times1.27)(2800)}{0.2\sqrt{280}(30)}\ ,\ \frac{(2\times1.27)(2800)}{3.5(30)}\right)_{\min}$$

$$\Rightarrow s \le (70.83cm\ ,\ 67.73cm)_{\min}\ \therefore s = 67.73\ cm$$

（五）綜合（二）（三）（四），$s = (18.47\ ,\ 30.72\ ,\ 67.73)_{\min} = 18.47\ cm$ 由剪力強度所控制

四、有一鋼筋混凝土簡支梁，跨度 6 m。梁斷面為中空斷面如圖所示，中空斷面尺寸為 25 cm × 50 cm，有效深度 d = 73.3 cm。簡支梁全跨承受均佈工作靜載重 w_D = 2.7 tf/m（含自重）與活載重 w_L = 3.0 tf/m。梁全跨度皆配置四支 D29 拉力鋼筋，鋼筋降伏強度 f_y = 4200 kgf/cm^2。混凝土抗壓強度 f_c' = 280 kgf/cm^2。一支 D29 鋼筋之截面積為 6.47 cm^2。試計算梁承受所有工作載重時跨度中點的瞬時撓度。（25 分）

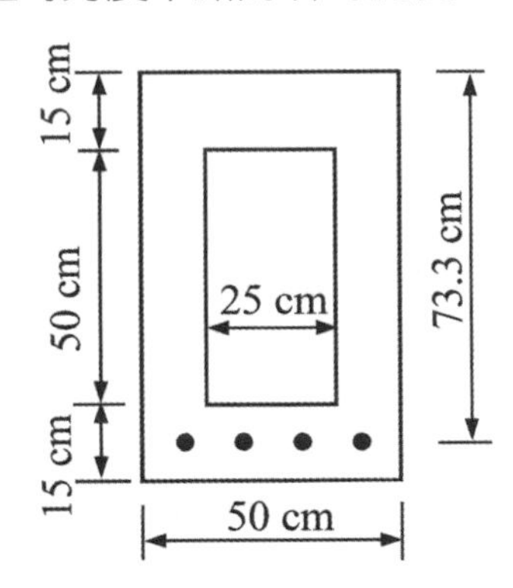

參考公式：承載均佈載重之簡支梁，其跨度中點之撓度為 $\dfrac{5wL^4}{384EI}$

$E_s = 2{,}040$ tf/cm^2　　$E_c = 15{,}000\sqrt{f_c'}$　　$f_r = 2.0\sqrt{f_c'}$

$M_{cr} = f_r \dfrac{I_g}{y_t}$　　$I_e = (\dfrac{M_{cr}}{M_a})^3 I_g + [1-(\dfrac{M_{cr}}{M_a})^3] I_{cr}$

參考題解

（一）計算 M_{cr}

$$I_g=\frac{1}{12}\times50\times80^3-\frac{1}{12}\times25\times50^3=1872917\ cm^4$$

$$f_r=\frac{M_{cr}y}{I_g}\Rightarrow2\sqrt{f'_c{}^{280}}=\frac{M_{cr}(40)}{1872917}\Rightarrow M_{cr}=1566995\ kgf-cm\approx15.67\ tf-m$$

（二）計算 I_{cr}

1. $n=\dfrac{E_s}{E_c}=\dfrac{2.04\times10^6}{15000\sqrt{280}}=8.12\ \Rightarrow$ 取 $n=8$

2. $nA_s=8(4\times6.47)=207.04\ cm^2$

3. 中性軸位置：

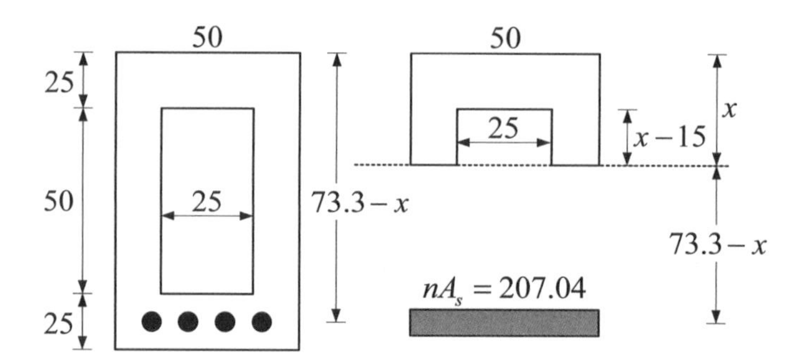

$$50x\left(\frac{x}{2}\right)-25(x-15)\frac{(x-15)}{2}=207.04(73.3-x)$$

$$\Rightarrow25x^2-12.5\left(x^2-30x+225\right)=15176.032-207.04x$$

$$\Rightarrow12.5x^2+582.04x-17988.532=0$$

$$\Rightarrow x^2+46.56x-1439=0\ \Rightarrow x=\begin{cases}21.23\\-67.79(\text{不合})\end{cases}$$

4. $I_{cr}=\dfrac{1}{3}(50)(21.23)^3-\dfrac{1}{3}(25)(21.23-15)^3+(207.04)(73.3-21.23)^2=718807\ cm^4$

（三）計算靜載重造成撓度 $(\Delta_i)_D$

1. $w_{D+L}=w_D+w_L=2.7+3=5.7\ tf/cm=57\ kgf/cm$

$$M_a=\frac{1}{8}wL^2=\frac{1}{8}(5.7)(6)^2=25.65\ tf-m>M_{cr}=15.67\ tf-m$$

$$\frac{M_{cr}}{M_a}=\frac{15.67}{25.65}=0.611$$

2. $I_e = \left(\dfrac{M_{cr}}{M_a}\right)^3 I_g + \left[1 - \left(\dfrac{M_{cr}}{M_a}\right)^3\right] I_{cr}$

$= (0.611)^3 (1872917) + \left[1 - (0.611)^3\right] (718807) = 982058\ cm^4$

3. $E_c = 15000\sqrt{f_c'} = 15000\sqrt{280} \cong 250998\ kgf / cm^2$

$(\Delta_i)_{D+L} = \dfrac{5}{384} \dfrac{w_{D+L} L^4}{E_c I_e} = \dfrac{5}{384} \dfrac{57(600)^4}{(250998)(982058)} \cong 0.39\ cm$

111年 特種考試地方政府公務人員考試試題／平面測量與施工測量

一、測量某一筆梯形土地，得其上底與下底分別為 150.124 公尺與 250.512 公尺，高為 120.230 公尺，並已知所使用之距離量測設備有±20 ppm 的標準差，請計算該梯形土地面積大小、各觀測量標準差以及土地面積之標準差。（25 分）

參考題解

（一）土地面積 $A=\frac{1}{2}\times 120.230\times(150.124+250.512)=24084.233m^2$

（二）$\sigma_{高}=\pm 120.230\times 20\times 10^{-6}=\pm 0.0024m\approx\pm 0.002m$

$\sigma_{上底}=\pm 150.124\times 20\times 10^{-6}=\pm 0.003m$

$\sigma_{下底}=\pm 250.512\times 20\times 10^{-6}=\pm 0.005m$

（三）$\frac{\partial A}{\partial 高}=\frac{1}{2}\times(150.124+250.512)=200.318m$

$\frac{\partial A}{\partial 上底}=\frac{1}{2}\times 120.230=60.115m$

$\frac{\partial A}{\partial 下底}=\frac{1}{2}\times 120.230=60.115m$

$$\sigma_A=\pm\sqrt{(\frac{\partial A}{\partial 高})^2\times\sigma_{高}^2+(\frac{\partial A}{\partial 上底})^2\times\sigma_{上底}^2+(\frac{\partial A}{\partial 下底})^2\times\sigma_{下底}^2}$$

$$=\pm\sqrt{200.318^2\times 0.002^2+60.115^2\times 0.003^2+60.115^2\times 0.005^2}=\pm 0.523m^2$$

二、在使用水準儀進行水準測量時，請說明水準線、水準面以及水平線三者之關係，並解釋視準軸誤差之定義以及可能減少視準軸誤差之觀測方式。（25 分）

參考題解

（一）水準線、水準面及水平線三者之意義分別如下：

1. 水準線：水準面與經過地心之平面相交而成之直線。
2. 水準面：即物理上的等位面，為一包圍地球的不規則空間曲面，此曲面上各點之垂線方向與重力線相符合。
3. 水平線：切於水準面上一點且垂直於通過該點垂線（重力線）的直線即為水平線。

如圖，就水準測量而言，當水準儀完成定平後，過儀器中心 O 的垂線對應地面點 P，過 P 點會有一水準面通過，此水準面與經過地心之平面相交便得水準線，同時過 P 點會有與水準線方向一致且與垂線直交的水平線產生，此時若不考慮大氣折光影響，則水準測量的視線亦應與水平線平行，即視線是為水平線。

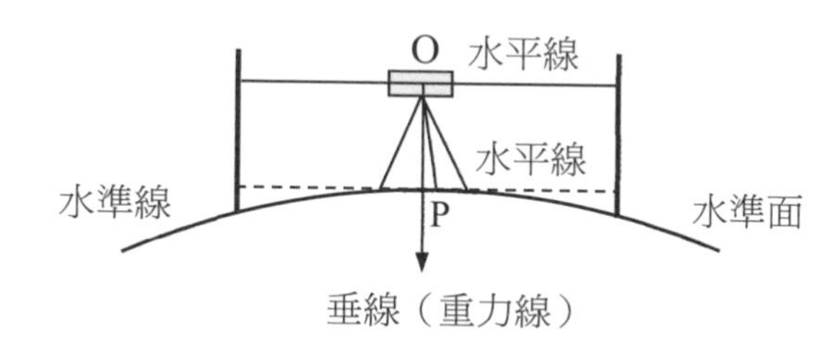

（二）視準軸是物鏡中心與十字絲中心的連線，亦即水準測量時的視線，觀測時視線應為水平線，若觀測時視準軸與水平線之間產生夾角，此即視準軸誤差。

另外若從儀器各主軸應有的幾何關係而言，當水準儀定平完成後，直立軸應呈垂直狀態（即為垂線），而水準軸應垂直於直立軸，故水準軸應呈水平狀態（即為水平線），又視準軸應平行於水準軸，故視準軸亦應為水平狀態（即為水平線）。因此，若視準軸不平行於水準軸時，就會產生視準軸誤差。

（三）水準儀若有視準軸誤差，除了觀測前先以定樁法實施校正之外，可能減少視準軸誤差之觀測方式是「各測站應保持前後視距離相等」。

如圖，若前後視距離相等，則視準軸誤差造成之後、前視標尺讀數誤差量皆為Δ，此時後、前視標尺讀數分別為 b、f，而正確水平視線的標尺讀數分別為 b'、f'，故正確高程差為：

$$\Delta h = b' - f' = (b-\Delta)-(f-\Delta) = b-f$$

三、以經緯儀觀測兩個目標點 A、B 間所夾之順鐘向水平角，得正、倒鏡觀測數值分別如下所示，並已知該經緯儀具有 ±20 秒之照準誤差（先驗標準差），請計算各觀測水平角殘差、水平角之估計值以及其先驗標準差。（25 分）

	後視（A 點）	前視（B 點）
正鏡（度-分-秒）	000-00-00	120-30-15
倒鏡（度-分-秒）	180-00-10	300-29-55

參考題解

（一）後視（A 點）的殘差 $V_A=-\dfrac{[0°00'00''-(180°00'10''-180°)]}{2}=+5''$

前視（B 點）的殘差 $V_B=-\dfrac{[120°30'15''-(300°29'55''-180°)]}{2}=-10''$

（二）後視（A 點）正倒鏡平均值 $\theta_A=\dfrac{0°00'00''+(180°00'10''-180°)}{2}=0°00'05''$

前視（B 點）正倒鏡平均值 $\theta_B=\dfrac{120°30'15''+(300°29'55''-180°)}{2}=120°30'05''$

水平角之估計值 $\alpha=\theta_B-\theta_A=120°30'05''-0°00'05''=120°30'00''$

（三）由於經緯儀有 ±20″ 之照準誤差，亦即各水平角讀數的標準差均為 ±20″，故後視和前視之正倒鏡重複二次觀測平均值的標準差均為：

$$\sigma_{\theta_A}=\sigma_{\theta_B}=\pm\frac{20''}{\sqrt{2}}$$

水平角估計值之標準差 $\sigma_\alpha=\pm\sqrt{(\frac{20''}{\sqrt{2}})^2+(\frac{20''}{\sqrt{2}})^2}=\pm20''$

四、在應用全球導航衛星系統進行虛擬距離定位測量時，通常以精度稀釋因子（Dilution of Precision）作為定位解算品質之指標，請說明該指標之定義與計算方式，並解釋如何應用該指標估計衛星定位精度。（25 分）

參考題解

（一）在應用全球導航衛星系統進行虛擬距離定位測量時，觀測量是根據設定的接收時間間隔逐次接收，每次接收觀測量變相當於完成一次的單點定位，該次的定位精度的估算與下列因素有關：

1. 各項觀測誤差所決定的該次單點定位之單位權中誤差 σ_0。
2. 觀測衛星的幾何分佈圖形。

茲概要說明每一接收時刻之單點定位原理，假設測站 R 對第 S_i 顆衛星 S 的虛擬距離觀測方程式如下：

$$V_R^S = -a_R^S \cdot X_R - b_R^S \cdot Y_R - c_R^S \cdot Z_R - C \cdot \delta t_R + L_R^S$$

式中：L_R^S 為常數項，δt_R 為接收儀時錶誤差，C 為光速，

$$a_R^S = \frac{X^S - X_R}{D_R^S} \text{、} b_R^S = \frac{Y^S - Y_R}{D_R^S} \text{、} c_R^S = \frac{Z^S - Z_R}{D_R^S}$$ 為方向餘弦值，

$$D_R^S = \sqrt{(X^S - X_R)^2 + (Y^S - Y_R)^2 + (Z^S - Z_R)^2}$$

X_R、Y_R 和 Z_R 為測站坐標，

X^S、Y^S 和 Z^S 為衛星坐標。

根據對 n 顆衛星觀測的虛擬距離方程式，以矩陣形式表示如下：

$$\begin{bmatrix} V_R^{S_1} \\ V_R^{S_2} \\ \vdots \\ V_R^{S_n} \end{bmatrix} = AX - L = \begin{bmatrix} a_R^{S_1} & b_R^{S_1} & c_R^{S_1} & -1 \\ a_R^{S_2} & b_R^{S_2} & c_R^{S_2} & -1 \\ \vdots & \vdots & \vdots & -1 \\ a_R^{S_n} & b_R^{S_n} & c_R^{S_n} & -1 \end{bmatrix} \begin{bmatrix} X_R \\ Y_R \\ Z_R \\ \delta t_R \end{bmatrix} - \begin{bmatrix} L_R^{S_1} \\ L_R^{S_2} \\ \vdots \\ L_R^{S_n} \end{bmatrix}$$

則估算虛擬距離單點定位精度的單位權中誤差 $\sigma_0 = \pm\sqrt{\dfrac{V^T \cdot V}{n-4}}$。

由於根據各觀測衛星的虛擬距離進行平差計算測站坐標時，其係數矩陣 A 的元素是根據測站至各個衛星的空間距離的方向餘弦所構成，亦即 A 矩陣取決於各觀測衛星的幾何分佈形狀，故稱 A 矩陣為結構矩陣。而根據 A 矩陣得到與未知數精度估算相關的權

係數矩陣Q_{XX}，其意義上也是由觀測衛星的幾何分佈圖形結構所決定的，Q_{XX}矩陣如下式：

$$Q_{XX}=(A^T\cdot A)^{-1}=\begin{bmatrix} Q_{XX} & Q_{XY} & Q_{XZ} & Q_{X\delta t} \\ Q_{YX} & Q_{YY} & Q_{YZ} & Q_{Y\delta t} \\ Q_{ZX} & Q_{ZY} & Q_{ZZ} & Q_{Z\delta t} \\ Q_{\delta tX} & Q_{\delta tY} & Q_{\delta tZ} & Q_{\delta t\delta t} \end{bmatrix}$$

（二）為了純量的表示衛星的幾何圖形結構對定位精度的影響，根據Q_{XX}引入了下列各種精度稀釋因子 DOP（Dilution of Precision）的計算式：

平面點位精度因子（Horizontal DOP）：$HDOP=\sqrt{Q_{XX}+Q_{YY}}$

高程精度因子（Vertical DOP）：$VDOP=\sqrt{Q_{ZZ}}$

位置精度因子（Position DOP）：$PDOP=\sqrt{Q_{XX}+Q_{YY}+Q_{ZZ}}$

時間精度因子（Time DOP）：$TDOP=\sqrt{Q_{\delta t\delta t}}$

幾何精度因子（Geometric DOP）：$GDOP=\sqrt{Q_{XX}+Q_{YY}+Q_{ZZ}+Q_{\delta t\delta t}}$

上述各種 DOP 值與觀測衛星的空間幾何分佈有密切關係，故 DOP 也稱為觀測衛星星座的圖形強度因子。然逐次接收衛星訊號相當於逐次進行單點定位，而觀測過程中衛星的空間分佈是動態的，所以 DOP 值也是隨時變化的，觀測過程應隨時予以注意。由於若在觀測精度σ_0固定的情形下，衛星定位精度和 DOP 的大小成正比，所以只要能使 DOP 值降低，便可提高定位精度一般為了測得必須的定位精度，觀測時會規定幾何精度因子的最大限制值。

111年 特種考試地方政府公務人員考試試題／土壤力學與基礎工程

一、（一）無滲流時無限邊坡之穩定性計算公式推導。（15 分）
（二）常見穩定邊坡工法與其對應適用性之描述。（10 分）

參考題解

（一）$c-\varphi$ 土壤之於無滲流時無限邊坡之安全係數

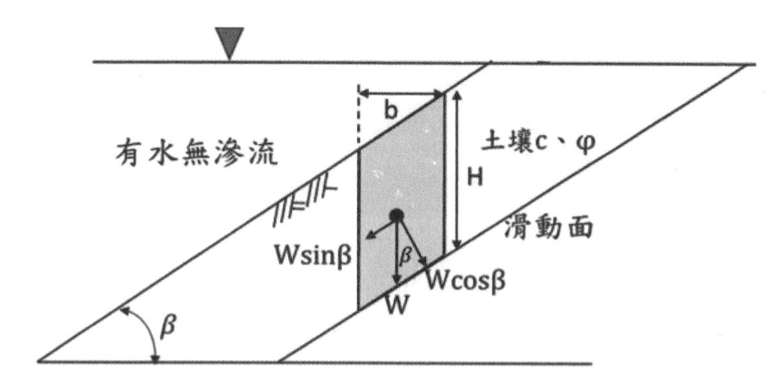

如圖，土體單元重量 $W' = \gamma' \times b \times H$

作用在滑動面上之驅動下滑力 $F_d = W'\sin\beta = \gamma' bH\sin\beta$

$$\Rightarrow \tau_d = \frac{F_d}{A} = \frac{\gamma' bH\sin\beta}{\dfrac{b}{\cos\beta} \times 1} = \gamma' H\sin\beta\cos\beta$$

作用在滑動面上之正向力 $N = W'\cos\beta = \gamma' bH\cos\beta$

$$\Rightarrow \tau_r = c + \sigma_N\tan\varphi = c + \frac{N}{A}\tan\varphi = c + \frac{\gamma' bH\cos\beta}{\dfrac{b}{\cos\beta} \times 1}\tan\varphi$$

$$= c + \gamma' H\cos^2\beta\tan\varphi$$

$$FS = \frac{\tau_r}{\tau_d} = \frac{c + \gamma' H\cos^2\beta\tan\varphi}{\gamma' H\sin\beta\cos\beta} = \frac{c}{\gamma' H\sin\beta\cos\beta} + \frac{\tan\varphi}{\tan\beta} \cdots\cdots\cdots\cdots\cdots \text{Ans.}$$

（二）邊坡穩定工法之選擇，牽涉到地形、坡度、地層類型、構造條件以及穩定之目的與保全對象等諸多影響因素，故須審慎評估方能選用一因地制宜之有效方案。目前邊坡穩定工法選用之主要著眼點在於穩定效果與安全性之考量，同時也應該將坡地景觀與生態等納入考量。以下工法例舉如下：

1. 排水法：於邊坡容易坍方處之頂端施築截水溝（地表排水）、或噴漿（植）等工法，或打設斜孔或橫向管路進行較深層排水，避免雨水滲入土層，減低土壤剪力強度而造成邊坡滑動。
2. 整坡法：當邊坡陡峭有崩塌之虞，可移除邊坡上部土方（載重）、降低高度、或修改坡度（減緩坡度），以穩定邊坡。或可回填邊坡下部土方，修改坡度（減緩坡度），以穩定邊坡。
3. 邊坡保護工程：主要為了避免裸露坡面受風化或沖蝕之影響。此類護坡不承受側向土壓力（或僅承受少許側土壓力），較常用於地質穩定但表面地層破碎之處。常見坡面保護工程如自由格梁（框）護坡、噴植（漿）或掛網噴植（漿）護坡、萌芽樁植生護坡等。此類護坡主要設計考量為以合適植生或坡面保護工，有效覆蓋裸露坡面，以減少雨水或逕流造成坡面之沖蝕或風化，避免沖蝕破壞擴大引發大面積崩塌。
4. 擋土護坡：設置主要目的乃提供邊坡抗滑及抗傾倒穩定功能，同時可作為克服地形高差提供工程設置空間。常見的擋土護坡有重力式擋土牆、懸臂式擋土牆、蛇籠擋土牆、加勁擋土牆、砌石擋土牆、錨定式擋土牆、抗滑樁、土釘工法等。

二、（一）何謂正常壓密土壤與過壓密土壤？（10 分）
（二）如何應用室內試驗求取土壤之壓縮指數（C_c），並用於壓密沉陷量計算？（15 分）

參考題解

（一）正常壓密（Normally Consolidated, NC）土壤：$\sigma'_v = \sigma'_c$

當土壤目前所受的有效應力 σ'_v（一般稱初始有效應力 σ'_0）等於預壓密應力 σ'_c，稱為正常壓密（Normally Consolidated, NC），所代表的現象是土壤在自然沉積過程中，僅受自重的壓縮並完成壓密（此處所稱完成壓密是指來自於土壤自重造成的壓密），未曾解壓或再加壓者稱之。簡而言之，所謂正常壓密狀態，指土壤內僅存在靜水壓力、且現在所受的有效應力是有史以來最大的有效應力。

過壓密（Over Consolidated, OC）土壤：$\sigma'_v < \sigma'_c$

當土壤目前所受的有效應力 σ'_v 小於預壓密應力 σ'_c，稱之為過壓密（Over Consolidated, OC），代表的現象是目前土壤有效應力落於解壓段（C_s）。唯有當外加載重增加、循著再壓曲線（C_r）前進，使得有效應力 σ'_v 再度超過預壓密應力σ'_c時，土壤才會再進入所謂正常壓密狀態（C_c）。簡而言之，所謂過壓密狀態，指僅存在靜水壓力、且現在所受的有效應力並不是有史以來最大的有效應力。

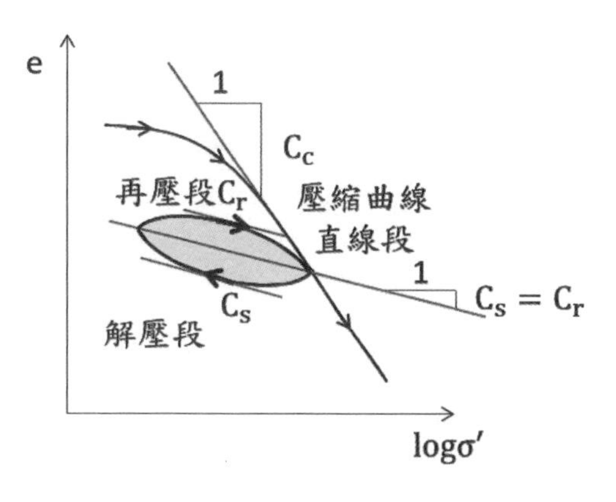

（二）壓縮指數 C_c，Compression Index

$$C_c = \frac{\Delta e}{\Delta \log\sigma'} = \frac{e_1 - e_2}{\log\ (\sigma'_2/\sigma'_1)}$$

如圖，壓縮指數是壓縮曲線半對數圖之直線段斜率，壓縮指數 C_c 為無單位因次，不受公制英制單位轉換影響。

已知：

$$\frac{\Delta V}{V} = \frac{A \times \Delta H_c}{A \times H_0} = \frac{\Delta H_c}{H_0} \quad \cdots\cdots\cdots\cdots\cdots\cdots\ (1)$$

$$\frac{\Delta V}{V} = \frac{\Delta V_v}{V_s + V_v} = \frac{\frac{\Delta V_v}{V_s}}{1 + \frac{V_v}{V_s}} = \frac{\Delta e}{1 + e_0} \quad \cdots\cdots\cdots\cdots\ (2)$$

結合（1），（2）以上兩式得 $\Rightarrow \frac{\Delta H_c}{H_0} = \frac{\Delta e}{1 + e_0} \Rightarrow \Delta H_c = \frac{\Delta e}{1 + e_0} \times H_0$

再知 $C_c = \frac{\Delta e}{\Delta \log\sigma'}$ ，其中 $\Delta e = e_0 - e_1$

$$\Rightarrow \Delta H_c = \frac{\Delta e}{1 + e_0} \times H_0 = \frac{C_c \Delta \log\sigma'}{1 + e_0} \times H_0 = \frac{C_c}{1 + e_0} H_0 \Delta \log\sigma'$$

$$\Rightarrow \Delta H_c = \frac{C_c}{1 + e_0} \times H_0 \times \log\frac{\sigma'_0 + \Delta\sigma'}{\sigma'_0} \cdots\cdots\cdots\cdots\cdots\cdots\cdots \text{Ans.}$$

三、（一）請描述土壤液化發生之要件。（10 分）
（二）進行土壤液化簡易評估時，所需具備之基本參數為何與需如何取得？（15 分）

參考題解

（一）土壤液化發生之要件：

當飽和砂土受到地震力或震動力作用，砂土顆粒因而產生緊密化的趨勢，但因作用力係瞬間發生，顆粒間的孔隙水來不及排除，此時外來的地震力或震動力將由孔隙水來承受，因而激發超額孔隙水壓，使砂土有效應力降低，當砂土的有效應力變為零時，土壤抗剪強度亦變為零（$\tau_f = \sigma' \tan\varphi' = 0 \times \tan\varphi' = 0$），此時的砂土呈連續性變形、類似流砂（Quick Sand）現象，砂土顆粒完全浮在水中，宛如液體，稱之液化。產生土壤液化的三個基本條件為：（1）疏鬆的砂質土壤、（2）高的地下水位、（3）強烈的地震。

（二）進行土壤液化簡易評估時，所需具備之基本參數：

欲評估基地土壤之抗液化強度須有詳細之地質鑽探與土壤試驗資料，根據土壤動態性質求得，依試驗方式可分為室內試驗法與現地試驗法兩類。

1. 室內試驗法：於現地鑽取土壤試體，在試驗室求取土壤之抗液化強度，可用動力三軸試驗、反覆單剪試驗、或反覆扭剪試驗等，試驗所用之試體應為具代表現場土壤狀況之試體。利用試驗室試驗所得資料推估現地土壤之抗液化強度時，須考慮模擬現地情況之各項修正因素，諸如試驗應力環境與現地的差異、土壤試體的擾動程度、沉積時間及地震不規則剪應力效應等因素，此項調整包含有相當程度的經驗判斷，可根據現地試驗資料加以調整。除了以上，並須符合下列各條件：
   （1）須作不同剪應力比之試驗，以建立土壤液化曲線。
   （2）試驗所用之圍壓必須符合工程完成後之狀況。
   （3）試驗時須記錄試體內孔隙水壓及試體變形與反覆振動次數之關係。
   （4）應詳細記錄試驗時孔隙水壓消散後之體積變化
2. 現地試驗法：現地試驗法主要係根據現地試驗之資料來評估土壤之抗液化強度，可分為 SPT-N 法，$CPT - q_c$ 法及 Vs 法等，其中 SPT-N 法為工程上最常使用之方法，取得現場各深度之 N 值，同時進行相關修正後即可用來進行液化潛能評估作業，相關修正包括對打擊能量 60%、對一大氣壓力等修正。另有關細粒料的含量也與 N 值修正有關。

四、（一）請說明筏式基礎與擴展基腳在工程應用上的差異性。（10 分）
（二）淺基礎方形基腳之極限承載力為何？（15 分）

參考題解

（一）擴展基腳又稱獨立基腳，指基腳上僅承受來自上部結構單柱傳遞之荷重，係為最簡單之基礎，其形狀有方形、矩形或圓形，當結構物使用獨立基腳作為基礎時，常因差異沉陷造成結構體變形開裂。使用時機一般為載重不大，容許差異沉陷存在之建築物。另如擋土牆或承重牆等條型基礎，常取單位長度進行分析設計，此時亦可視為獨立基腳。

筏式基礎指利用大面積基礎版、結合地梁等將建築物設計載重傳遞於基礎底面之土層。該種基礎具有減少差異沉陷量的發生、挖除地下室之土重可扣抵原土壤承載力（補償作用）之優點。當土壤支承力較小而必須承受很大之建築物重量時，則宜採用筏式基礎，一般而言，其使用時機如下：

1. 為減少基礎產生過大的差異沉陷量。
2. 基礎底面之土壤屬軟弱土壤，使用獨立基腳支承力不足。
3. 柱基腳底面積之總和超過建築基地面積 1/2 以上。
4. 基礎底面位於地下水位以下，需抵抗地下水位引起的上舉力或上浮力。
5. 提高建物基礎抵抗液化能力。
6. 藉由挖除地下室土壤，以減少作用於基礎底面的淨基礎壓力，可預期減少完工後整體建築物的沉陷量。

（二）淺基礎方形基腳之極限承載力：

方形基礎 $q_u = 1.3cN_c + qN_q + 0.4\gamma BN_\gamma$..............................Ans.

或依 Meyerhof（1953、1963、1981）土壤極限承載力（廣義式）

$$q_u = cN_cF_{cs}F_{cd}F_{ci} + qN_qF_{qs}F_{qd}F_{qi} + \frac{1}{2}\gamma B'N_\gamma F_{\gamma s}F_{\gamma d}F_{\gamma i} \text{...........Ans.}$$

下標 s = shape　　d = depth　　i = inclination

單元 6

地方特考四等

111年 特種考試地方政府公務人員考試試題／靜力學概要與材料力學概要

一、如圖所示四根均質鋼線對稱懸吊一剛體。若所有鋼線之性質均相同，在拉力 $P = 40$ kN 作用之下，試分別求 A、B、C、D 各鋼線之軸向力。（25 分）

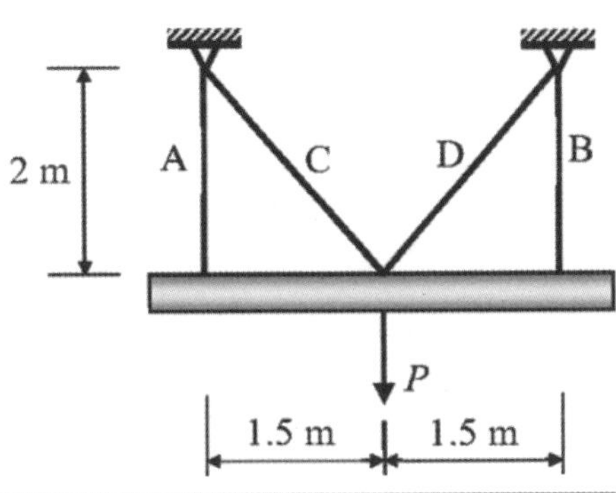

參考題解

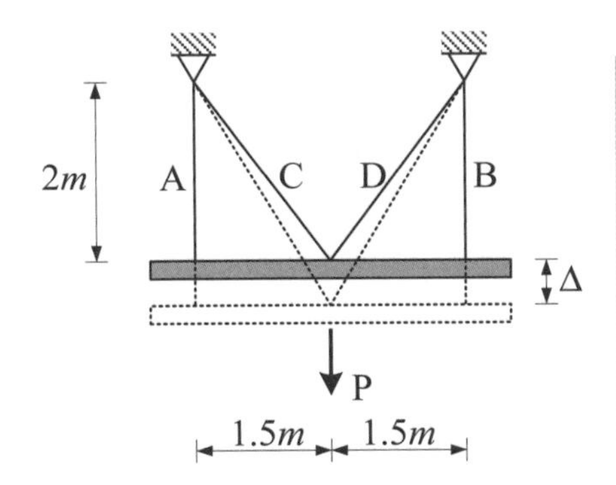

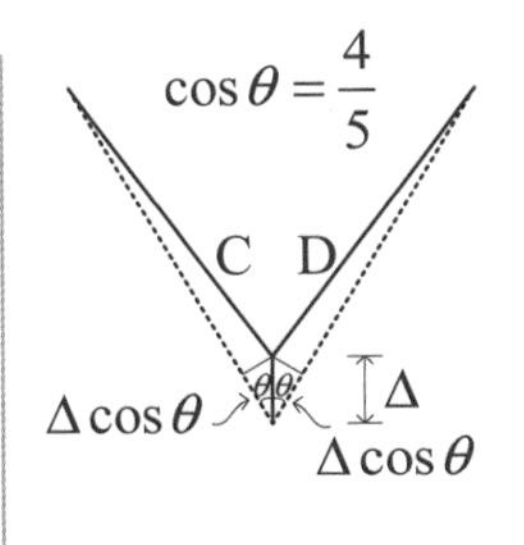

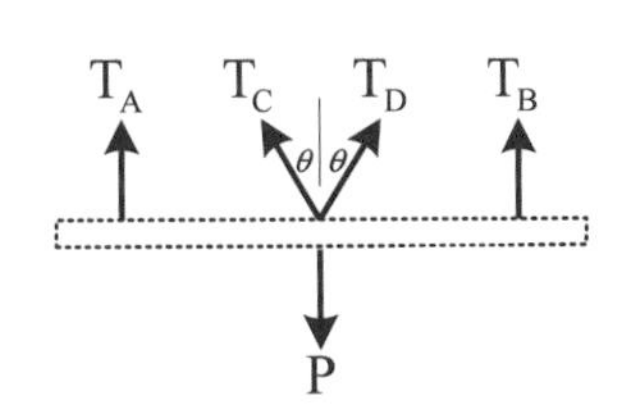

（一）變形諧和

$$\delta_A = \delta_B = \Delta$$

$$\delta_C = \delta_D = \Delta \times \cos\theta = \frac{4}{5}\Delta$$

（二）材料組成律

$$T_A = \frac{EA}{L_A}\delta_A = \frac{EA}{2}(\Delta) = \frac{1}{2}EA\Delta$$

$$T_B = \frac{EA}{L_B}\delta_B = \frac{EA}{2}(\Delta) = \frac{1}{2}EA\Delta$$

$$T_C = \frac{EA}{L_C}\delta_C = \frac{EA}{2.5}\left(\frac{4}{5}\Delta\right) = \frac{4}{12.5}EA\Delta$$

$$T_D = \frac{EA}{L_D}\delta_D = \frac{EA}{2.5}\left(\frac{4}{5}\Delta\right) = \frac{4}{12.5}EA\Delta$$

（三）力平衡

$\sum F_y = 0$，$T_A + T_B + T_C \times \cos\theta + T_D \times \cos\theta = P$

$$\Rightarrow \frac{1}{2}EA\Delta + \frac{1}{2}EA\Delta + \frac{4}{12.5}EA\Delta \times \frac{4}{5} + \frac{4}{12.5}EA\Delta \times \frac{4}{5} = P \quad \therefore \Delta = \frac{125}{189}\frac{P}{EA}$$

（四）將Δ帶回材料組成律，解出各桿內力

$$T_A = \frac{1}{2}EA\Delta = \frac{1}{2}EA\left(\frac{125}{189}\frac{P}{EA}\right) \approx 0.3307P = 13.228\ kN$$

$$T_B = \frac{1}{2}EA\Delta = \frac{1}{2}EA\left(\frac{125}{189}\frac{P}{EA}\right) \approx 0.3307P = 13.228\ kN$$

$$T_C = \frac{4}{12.5}EA\Delta = \frac{4}{12.5}EA\left(\frac{125}{189}\frac{P}{EA}\right) \approx 0.2116P = 8.464\ kN$$

$$T_D = \frac{4}{12.5}EA\Delta = \frac{4}{12.5}EA\left(\frac{125}{189}\frac{P}{EA}\right) \approx 0.2116P = 8.464\ kN$$

二、一底為 20 cm，高為 15 cm 之等腰三角形斷面，現於其底部開一 10 × 5 cm 對稱方孔（如圖所示）。請分別求其對方孔頂部平行於底部之 x 軸，及對垂直對稱軸（y 軸）的慣性矩。（25 分）

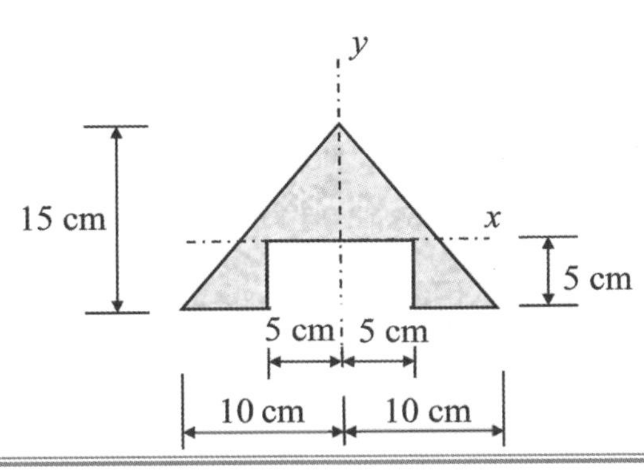

參考題解

（一）$I_x = \dfrac{1}{36} \times 20 \times 15^3 - \dfrac{1}{3} \times 10 \times 5^3 = 1458.33\ cm^4$

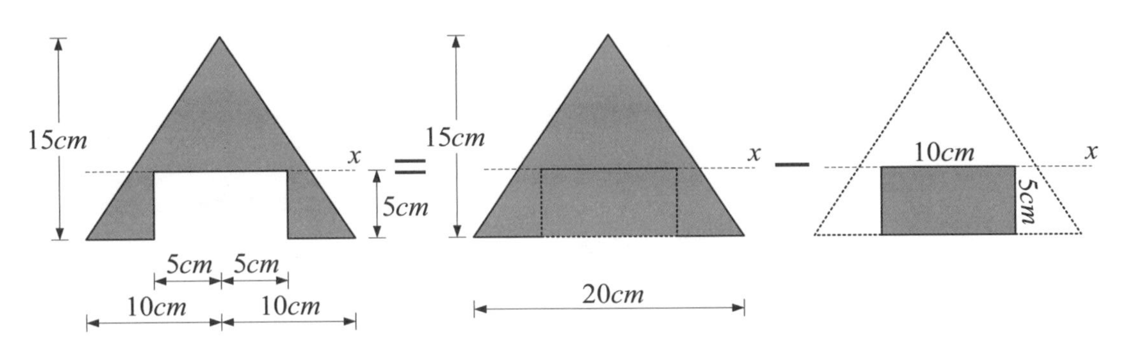

（二）$I_y = \left[\dfrac{1}{12} \times 15 \times 10^3\right] \times 2 - \dfrac{1}{12} \times 5 \times 10^3 = 2083.33\ cm^4$

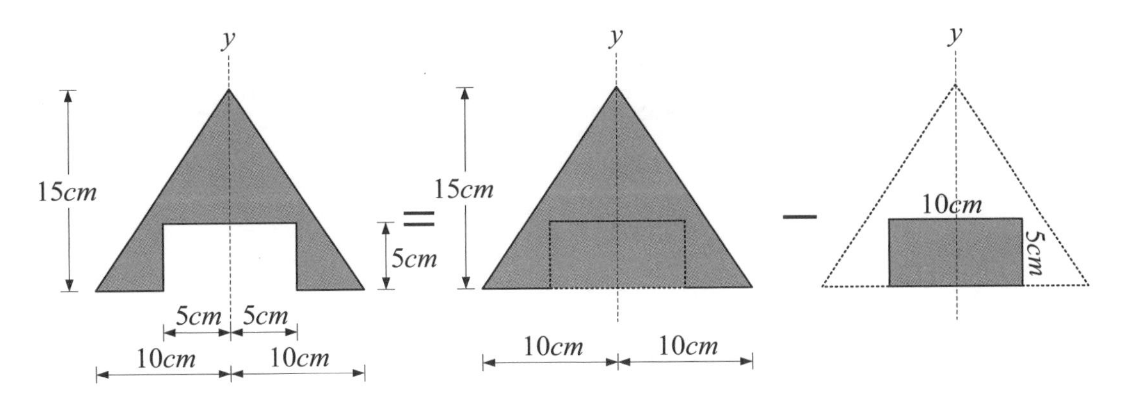

三、一邊長 40 cm，厚度為 2 cm 之方形鋼管短柱，內部充填混凝土（如圖所示）。設鋼管彈性模數 $E_s = 2.0\times10^6$ kgf/cm²，混凝土彈性模數 $E_c = 3.5\times10^5$ kgf/cm²。現該柱承受一無偏心之軸向壓力 $P = 400$ tf，試分別求鋼管及混凝土之平均軸向應力。（25 分）

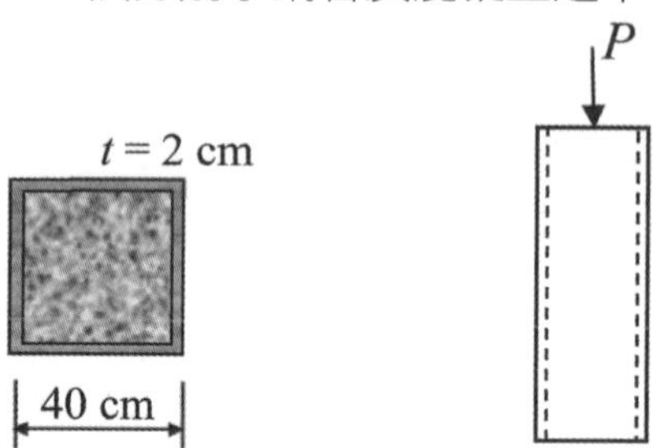

參考題解

假設柱長為 L，鋼管混凝土柱為並聯結構，桿件內力可依勁度比例求得

（一）鋼管軸向勁度 k_s

$$k_s = \frac{E_s A_s}{L} = \frac{2\times10^6\left(40^2 - 36^2\right)}{L} = \frac{608\times10^6}{L}$$

（二）混凝土軸向勁度 k_c

$$k_c = \frac{E_c A_c}{L} = \frac{3.5\times10^5\left(36^2\right)}{L} = \frac{453.6\times10^6}{L}$$

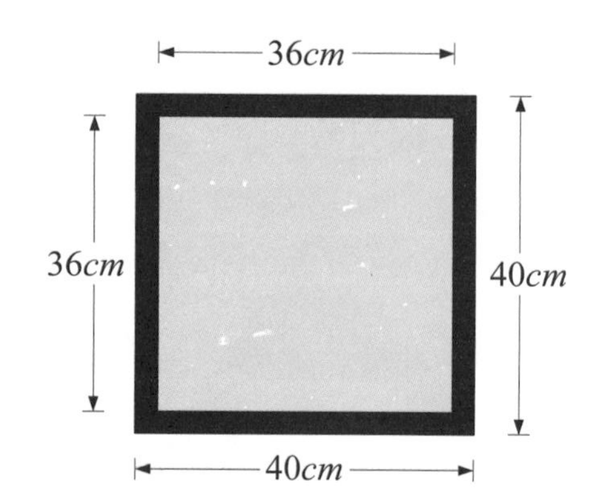

（三）鋼管及混凝土之平均軸向應力

1. 鋼管

鋼管內力：$$P_s = \frac{k_s}{k_s + k_c}\times P = \frac{\frac{608\times10^6}{L}}{\frac{608\times10^6}{L} + \frac{453.6\times10^6}{L}}\times\left(400\times10^3\right) = 229088\ kgf$$

鋼管應力：$$\sigma_s = \frac{P_s}{A_s} = \frac{229088}{\left(40^2 - 36^2\right)} = 753.58\ kgf/cm^2$$

2. 混凝土

混凝土內力：$$P_c = \frac{k_c}{k_s + k_c}\times P = \frac{\frac{453.6\times10^6}{L}}{\frac{608\times10^6}{L} + \frac{453.6\times10^6}{L}}\times\left(400\times10^3\right) = 170912\ kgf$$

混凝土應力：$$\sigma_c = \frac{P_c}{A_c} = \frac{170912}{\left(36^2\right)} = 131.88\ kgf/cm^2$$

四、兩種分別為圓形（直徑 D）及方形（邊長 B）的均質彈性材料斷面（如圖所示）。若兩種斷面承受相同之彎矩，且其最大彎曲應力相同，則圓形斷面直徑 D 與方形斷面邊長 B 之關係為何？又若兩種斷面承受相同之剪力，且其最大剪應力相同，則 D 與 B 之關係為何？（25 分）

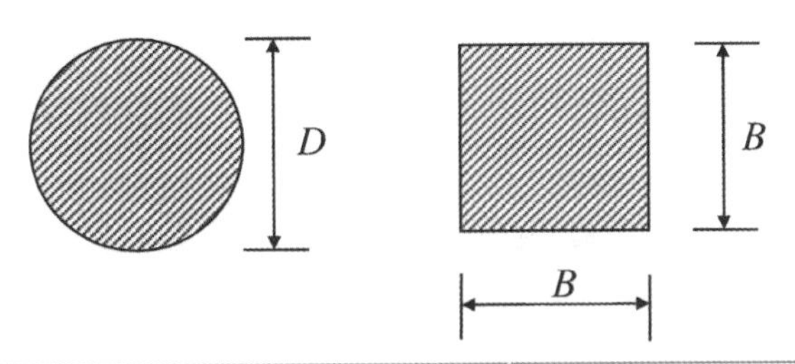

參考題解

（一）最大彎曲應力相同

1. $\sigma_{\max,圓}=\sigma_{\max,方}\Rightarrow\dfrac{M}{S_{圓}}=\dfrac{M}{S_{方}}\quad\therefore S_{圓}=S_{方}$

2. $S_{圓}=S_{方}\Rightarrow\dfrac{1}{32}\pi D^3=\dfrac{1}{6}B\cdot B^2\quad\therefore B=0.838D$

（二）最大剪應力相同

1. $\tau_{\max,圓}=\tau_{\max,方}\Rightarrow\dfrac{4}{3}\dfrac{V}{A_{圓}}=\dfrac{3}{2}\dfrac{V}{A_{方}}\quad\therefore 9A_{圓}=8A_{方}$

2. $9A_{圓}=8A_{方}\Rightarrow 9\left(\dfrac{1}{4}\pi D^2\right)=8\left(B^2\right)\quad\therefore B=0.94D$

111年 特種考試地方政府公務人員考試試題／營建管理概要與土木施工學概要（包括工程材料）

一、試詳述鋼筋混凝土構造的鋼筋「保護層」之功用及相關施工注意事項為何？（25 分）

參考題解

（一）鋼筋「保護層」之功用

1. 提供充分握裹強度，以發揮鋼筋設計強度。
2. 增進鋼筋防蝕性能，確保構造物耐久性。
3. 提升構材防火效能，降低構造物火害程度。

（二）施工注意事項

1. 保護層厚度方面：

（1）鋼筋保護層厚度，應按設計圖說之規定辦理，如設計圖說未規定時，應依相關規範之規定辦理。

（2）若鋼筋另有防火保護層厚度之規定則須採用較大之值。

（3）攔河堰、溢洪道之堰面或排砂道、排洪隧道、取水豎井、墩柱底部等水工構造物，應使用耐磨抗沖蝕材料、鋼鈑或其他保護措施以維持保護層厚度，亦得酌予加大鋼筋保護層厚度，惟需注意養護或其他措施，以避免混凝土表面乾縮裂縫之產生。

2. 施工精度控制方面：

（1）保護層厚度排置許可差 ± 6 mm。

（2）保護層厚度均勻一致，鋼筋無局部沈陷變形現象。

（3）墊座之間距不可過大，以免鋼筋沉陷過大，造成保護層厚度不一。適當之間距如下：

① D10 鋼筋間距不可大於 60 cm。

② D13 鋼筋間距不可大於 80 cm。

③ D16 以上（含）鋼筋，間距不可大於 100 cm。

（4）版筋上下層鋼筋墊座位置需錯開排置。

3. 保護層墊座材質方面：

（1）保護層墊座應以工程司核可之水泥砂漿、金屬製品、塑膠製品或其他經核可之材料將鋼筋墊隔或固定於正確之位置。

（2）水泥砂漿墊座應採用預製之水泥砂漿塊，其強度至少須等於所澆置混凝土之強度。

4. 防蝕其他規定：

（1）如構造物完成後混凝土將暴露於室外，則墊座距混凝土表面 15 mm 範圍內必須為抗腐蝕或經防腐處理之材料。

（2）構造物為將來擴建而延伸在外之鋼筋，應以混凝土或其他適當之覆蓋物保護，以防銹蝕，其保護方法應事先徵得工程司之同意。

二、為能確保工程的施工成果可以符合設計及規範，請詳述監造單位應如何建立完整的施工品質查證系統及派駐現場人員工作重點？（25 分）

參考題解

（一）如何建立完整的施工品質查證系統

依「公共工程施工品質管理制度」第 3 條之規定：

為確保工程的施工成果能符合設計及規範之品質目標，主辦機關或監造單位應建立施工品質查證系統，成立監造組織，訂定監造計畫，執行監督施工及材料與設備之抽查（驗）作業，並對抽查（驗）結果留存紀錄，檢討成效及缺失，經由不斷的修正改善，達成全面提升工程品質之目標。

1. 建立監造組織：

監造單位應於現有之監造體系內，建立監造組織，訂定工作職掌，以利施工品質查證工作之推展。

2. 訂定監造計畫：

監造單位應視工程特性訂定監造計畫，其內容除包含施工計畫審查作業程序、品質計畫審查作業程序外，並依工程性質類別訂定材料與設備抽驗程序及標準、施工抽查程序及標準，作為品質查證工作之準則，以確保施工品質。

3. 查證材料及設備：

監造單位應依據材料與設備抽驗程序及標準規定，對施工廠商提出之出廠證明、檢驗文件、試驗報告等之內容、規格及有效日期予以查證，並進行現場之比對抽驗確認，期使進場之材料及設備能符合契約規定，查證之結果應填具材料／設備品質抽驗紀錄表，如有缺失，應即通知施工廠商負責改善。

4. 查證施工作業：

監造單位應根據施工抽查程序及施工抽查標準之規定對鋼筋組立、鋼骨焊接、混凝土澆置等施工作業，按施工抽查標準表之內容，藉目視檢查、量測等方式實施查證簽認之工作，以確認施工作業品質符合規定，其查證結果應填具施工抽查紀錄表，並通知施工廠商改善缺失。

5. 紀錄建檔保存：

監造單位應對各類證明文件、試驗紀錄及施工抽查紀錄表，留存紀錄建檔保存，除做為工程驗收之憑證外，亦可提供後續工程訂定監造計畫之參考。

（二）派駐現場人員工作重點

依「公共工程施工品質管理作業要點」第 11 條之規定：

監造單位及其所派駐現場人員工作重點如下：

1. 訂定監造計畫，並監督、查證廠商履約。
2. 施工廠商之施工計畫、品質計畫、預定進度、施工圖、施工日誌、器材樣品及其他送審案件之審核。
3. 重要分包廠商及設備製造商資格之審查。
4. 訂定檢驗停留點，辦理抽查施工作業及抽驗材料設備，並於抽查（驗）紀錄表簽認。
5. 抽查施工廠商放樣、施工基準測量及各項測量之成果。
6. 發現缺失時，應即通知廠商限期改善，並確認其改善成果。
7. 督導施工廠商執行工地安全衛生、交通維持及環境保護等工作。
8. 履約進度及履約估驗計價之審核。
9. 履約界面之協調及整合。
10. 契約變更之建議及協辦。
11. 機電設備測試及試運轉之監督。
12. 審查竣工圖表、工程結算明細表及契約所載其他結算資料。
13. 驗收之協辦。
14. 協辦履約爭議之處理。
15. 依規定填報監造報表。
16. 其他工程監造事宜。

前項各款得依工程之特性及實際需要，擇項訂之。如屬委託監造者，應訂定於招標文件內。

三、依據政府採購法相關規定，在那些情況下，廠商所繳納之押標金不予發還，若其已發還者應予追繳？（25 分）

參考題解

（一）依「政府採購法」第 31 條第 2 項之規定，如下：

廠商有下列情形之一者，其所繳納之押標金，不予發還；其未依招標文件規定繳納或已發還者，並予追繳：

1. 以虛偽不實之文件投標。
2. 借用他人名義或證件投標，或容許他人借用本人名義或證件參加投標。
3. 冒用他人名義或證件投標。
4. 得標後拒不簽約。
5. 得標後未於規定期限內，繳足履約保證金或提供擔保。
6. 對採購有關人員行求、期約或交付不正利益。
7. 其他經主管機關認定有影響採購公正之違反法令行為者。

（二）前法第 7 款規定之「其他經主管機關認定有影響採購公正之違反法令行為者」，另依行政院公共工程委員會 108 年 9 月 16 日工程企字第 1080100733 號令，如下：

1. 有採購法第 48 條第 1 項第 2 款之「足以影響採購公正之違法行為者」情形。
2. 有採購法第 50 條第 1 項第 5 款、第 7 款情形之一。
3. 廠商或其代表人、代理人、受雇人或其他從業人員有採購法第 87 條各項構成要件事實之一。

四、試詳述自充填混凝土（Self-Compacting Concrete, SCC）與傳統混凝土之材料及各種性質之比較。（25分）

參考題解

（一）材料方面：

項　目	自充填水泥混凝土	傳統水泥混凝土
漿　體	高漿量（採高粉體量）	低～高漿量（高漿量採高水泥量）
骨　材	高砂率（低粗骨材用量）	低砂率（高粗骨材用量）
化學摻料	1. 強塑劑或流動化劑 2. 增粘劑	強塑劑或流動化劑
礦物摻料	1. 卜作嵐材料（如飛灰等） 2. 水淬高爐石粉 3. 不具膠結性或半惰性之礦物摻料（如石灰石粉等）	1. 卜作嵐材料（如飛灰等） 2. 水淬高爐石粉

（二）性質方面：

1. 新拌性質：

項　目		自充填水泥混凝土	傳統水泥混凝土
工作性	流動性	高	低
	搗實性	不需搗實	需充分搗實
	自充填性	甚佳	不良
	抗析離性（稠度）	稠度適當，不易析離與泌水。	高坍度時，易析離與泌水。
	泵送性	高	低～中
凝結時間		較長	較短
水化熱		較低	較高

2. 硬固性質：

項　目	自充填水泥混凝土	傳統水泥混凝土
強　度	變異性較小	變異性較大
水密性	較高（材質均質緻密）	較低（常因搗實作業不良，產生蜂窩與孔洞。）
耐久性	較高（不易有泌水、蜂窩與孔洞等缺失。）	較低（易有泌水、蜂窩與孔洞等缺失。）

111年 特種考試地方政府公務人員考試試題／結構學概要與鋼筋混凝土學概要

一、試繪製圖示連續梁指定函數的影響線：D 點支承反力（R_D）、B 點彎矩（M_B）、D 點彎矩（M_D）、B 點剪力（V_B）與 D 點支承左側斷面的剪力（V_{DL}）。影響線必須標示數值，只有圖形沒有標示數值者不予計分。（25 分）

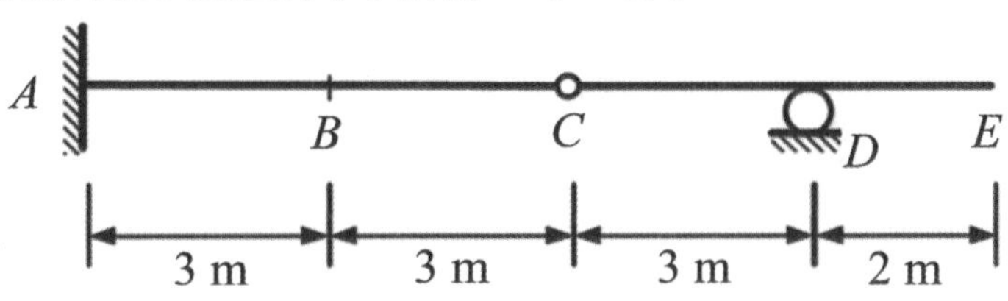

參考題解

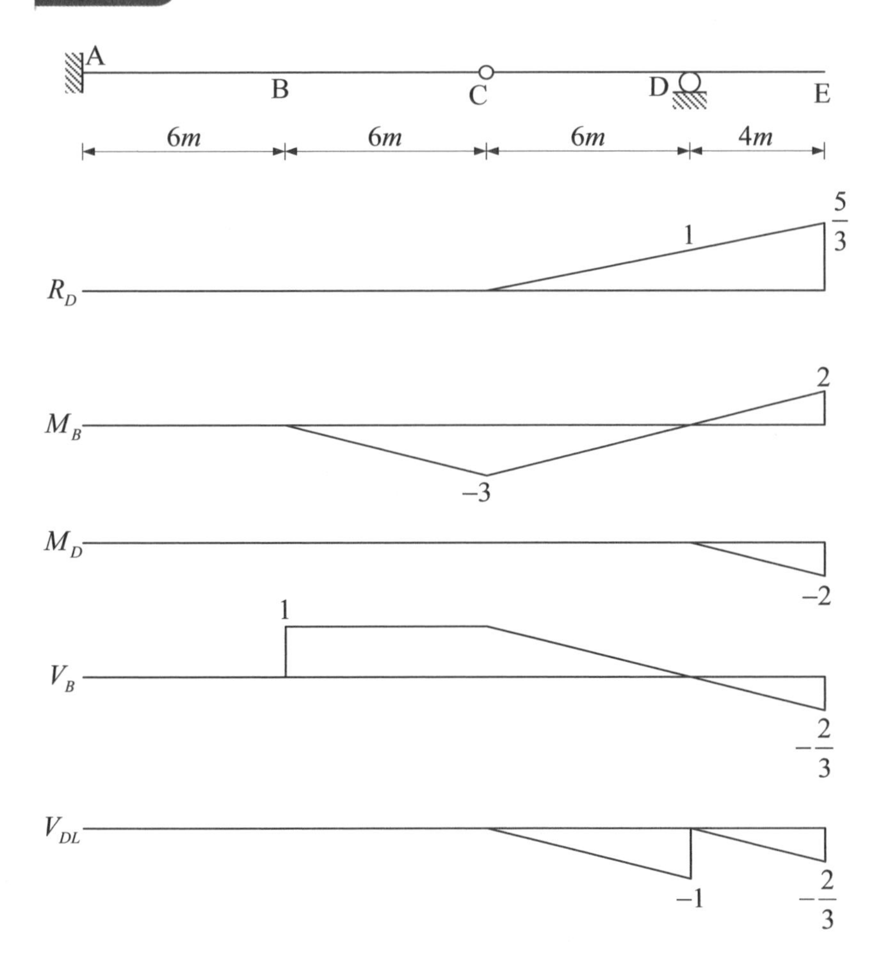

二、假設圖示桁架所有桿件的長度與截面積比值（L/A）均為 1 m/cm²，彈性模數 $E = 2040$ tf/cm²，試分別考慮下列三種情況（互不相關），分析 D 點的水平向變位：

（一）D 點受圖示 6 tf 荷載作用。（15 分）

（二）C 點支承往下沉陷 5 cm。（5 分）

（三）因製造誤差，AC 桿件的長度短少 2 cm。（5 分）

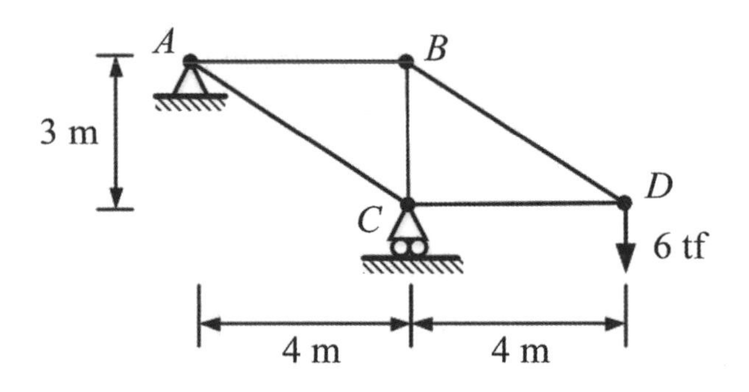

參考題解

$$\frac{L}{EA} = 1\frac{m}{cm^2} \times \frac{1}{2040\frac{tf}{cm^2}} = \frac{1}{2040} \cdot \frac{m}{tf}$$

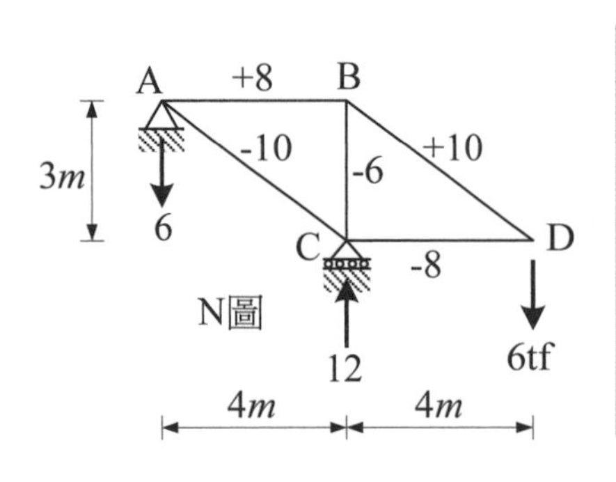

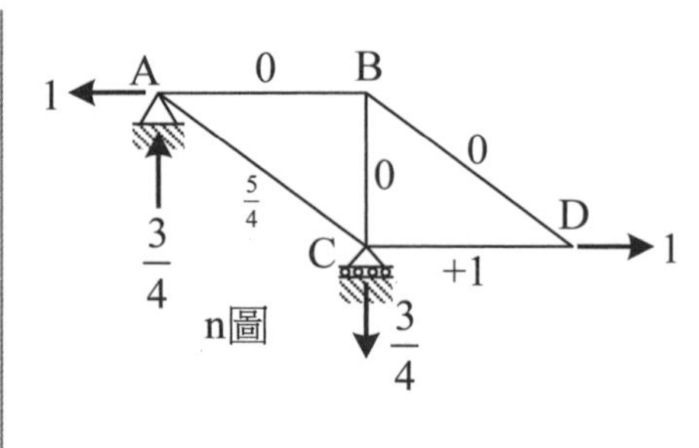

（一）D 點受圖示 6tf 荷載作用下，D 點的水平變位 Δ_{DH}

桿件	n	N	$n \cdot N$
① AB	0	8	0
② AC	5/4	−10	−12.5
③ BC	0	−6	0
④ BD	0	10	0
⑤ CD	1	−8	−8
Σ			−20.5

$$1 \cdot \Delta_{DH} = \sum n \cdot \frac{NL}{EA} = -20.5 \cdot \frac{L}{EA} = -20.5 \cdot \frac{1}{2040} = -0.01\ m\ (\leftarrow)$$

（二）C 點支承往下沉陷 5cm，D 點的水平變位 Δ_{DH}

$$r_s\Delta_s + 1\cdot\Delta_{DH} = \sum n\frac{NL}{EA} \Rightarrow 0.05\times\frac{3}{4} + 1\cdot\Delta_{DH} = 0 \;\therefore \Delta_{DH} = -0.0375m\ (\leftarrow)$$

（三）因製造誤差，AC 桿件的長度短少 2cm，D 點的水平變位 Δ_{DH}

$$1\cdot\Delta_{DH} = \sum n\cdot\delta_m \Rightarrow 1\cdot\Delta_{DH} = \frac{5}{4}(-0.02) = -0.025\ m\ (\leftarrow)$$

※依據與作答規範：內政部營建署「混凝土結構設計規範」（內政部 110.03.02 台內營字第 1100801841 號令。未依上述規範作答，不予計分。

D10，d_b = 0.96 cm，A_b = 0.71 cm^2；D13，d_b = 1.27 cm，A_b = 1.27 cm^2；

D25，d_b = 2.54 cm，A_b = 5.07 cm^2；D29，d_b = 2.87 cm，A_b = 6.47 cm^2；

D32，d_b = 3.22 cm，A_b = 8.14 cm^2；D36，d_b = 3.58 cm，A_b =10.07 cm^2

混凝土強度 f'_c = 280 kgf/cm^2，

D10 與 D13 之 f_y = 2800 kgf/cm^2；D25、D29 與 D32 之 f_y = 4200 kgf/cm^2

三、一鋼筋混凝土矩形梁斷面，梁寬 35 cm，有效深度 50 cm，試求梁的最小及最大鋼筋量。（10 分）

參考題解

假設主筋採用大號數鋼筋（D25 以上），$f_y = 4200\ kgf/cm^2$

（一）最小鋼筋量 $A_{s,\min}$

$$A_{s,\min} = \left\{\frac{14}{f_y}b_w d\ ,\ \frac{0.8\sqrt{f'_c}}{f_y}b_w d\right\}_{\max} = \left\{\frac{14}{4200}(35\times50)\ ,\ \frac{0.8\sqrt{280}}{4200}(35\times50)\right\}_{\max}$$

$$= \left\{5.83\ cm^2\ ,\ 5.58\ cm^2\right\}_{\max} = 5.83\ cm^2$$

（二）最大鋼筋量 $A_{s,\max}$

1. 中性軸位置：$x = \frac{3}{7}d = 21.43\ cm$

2. 計算 $A_{s,\max}$

$$C_c = 0.85f'_c ba = 0.85(280)(35)(0.85\times21.43) = 151735\ kgf$$

$$T = A_{s,\max}f_y$$

$$C_c = T \Rightarrow 151735 = A_{s,\max}\overset{4200}{f_y}\quad \therefore A_{s,\max} = 36.13\ cm^2$$

四、同上題之鋼筋混凝土矩形梁，若承受 Mu = 20 tf-m，試設計此梁所需配置之鋼筋。（25 分）

參考題解

假設極限狀態中性軸深度為 x ，此時 $\varepsilon_t \geq 0.005$ ； $\phi = 0.9$

（一）設計彎矩 $M_u = 20tf - m \Rightarrow M_n = \dfrac{M_u}{\phi} = \dfrac{20}{0.9}$

（二）計算中性軸位置

1. $C_c = 0.85 f_c' ba = 0.85(280)(35)(0.85x) = 7080.5x$

2. $M_n = C_c\left(d - \dfrac{a}{2}\right) \Rightarrow \dfrac{20}{0.9} \times 10^5 = 7080.5x\left(50 - \dfrac{0.85x}{2}\right)$

$$\Rightarrow -0.425x^2 + 50x - 313.85 = 0 \ \therefore x = \begin{cases} 6.65 \\ 111\ (\text{不合}) \end{cases}$$

3. 確認 ε_t

$$\varepsilon_t = \frac{d - x}{x} \times 0.003 = \frac{50 - 6.65}{6.65} \times 0.003 = 0.0196 \geq 0.005\ (ok)$$

（三）所需的鋼筋量

$$C_c = T \Rightarrow 7080.5\cancel{x}^{6.65} = A_s \cancel{f_y}^{4200} \quad \therefore A_s = 11.21\ cm^2 \geq A_{s,\min} = 5.83\ cm^2$$

PS：由上一題可知 $A_{s,\min} = 5.83\ cm^2$

（四）配置鋼筋：可採用 2-D29， $A_s = 2 \times 6.47 = 12.94\ cm^2 > 11.21\ cm^2\ (ok)$

五、何謂混凝土的潛變與乾縮？其對構件行為有何影響？（15 分）

參考題解

【參考九華講義-RC 第七章 7-13 頁】

混凝土之潛變與乾縮行為

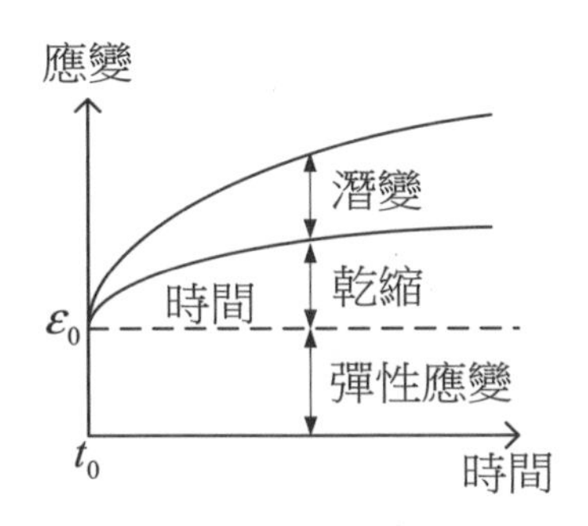

（一）混凝土並非均質物體，隨著時間增加，水化作用不斷的進行，再加上混凝土長時間的受壓，混凝土結構體後會趨於「緊實」，這種現象統稱為「潛變與乾縮」。

（二）影響混凝土潛變與乾縮的因素：

混凝土成分的組成、坍度、水灰比、養護時間與相對濕度、長期載重的時間等等。

（三）混凝土的潛變與乾縮行為會造成**長期撓度增加**。

（四）鋼筋本身為均質材料構成，不會受到潛變與乾縮的行為影響，故在斷面的受壓區，常會放置鋼筋（壓力筋）來控制長期撓度。壓力筋量越多，潛變乾縮所造成的長期撓度增值越小。

PS：鋼筋混凝土斷面內的壓力筋，會因為「混凝土潛變與乾縮量的增加」，導致壓力筋受到的應力越來越大。

111年 特種考試地方政府公務人員考試試題／測量學概要

一、某田徑場的 400 m 競賽跑道是由兩個半圓加上兩個直線段組成的長圓形（如下圖），為檢驗此競賽跑道是否符合標準進行觀測，量測跑道內沿的直線段長度得 $L = 84.392$ m，及半圓半徑得 $r = 36.506$ m，若競賽標準跑道的估算是按跑道內沿外擴 0.3 m 來計算，請計算此標準跑道的總長度 P。若以上距離的觀測中誤差皆為 $\sigma = \pm 0.005$ m，則總長度的中誤差 σ_P 應為何？若跑道內的場域都要鋪設草坪，請估算應鋪設草坪的面積 A 及其中誤差 σ_A。（所有答案皆須以適當的有效位數及單位表示之）（20 分）

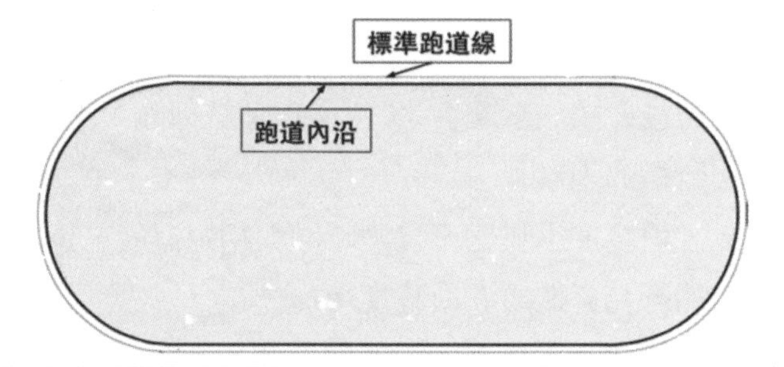

參考題解

（一）計算跑道總長度 P：

$$P = 2L + 2 \times \frac{1}{2} \times 2\pi \times (r + 0.3) = 2L + 2\pi \times (r + 0.3)$$
$$= 2 \times 84.392 + 2 \times \pi \times (36.506 + 0.3) = 400.043m$$

（二）計算跑道總長度的中誤差 σ_P：

$$\frac{\partial P}{\partial L} = 2$$

$$\frac{\partial P}{\partial r} = 2\pi$$

$$\sigma_P = \pm\sqrt{(\frac{\partial P}{\partial L})^2 \cdot \sigma_L^2 + (\frac{\partial P}{\partial r})^2 \cdot \sigma_r^2} = \pm\sqrt{2^2 \times 0.005^2 + (2\pi)^2 \times 0.005^2} = \pm 0.033m$$

（三）草坪的面積 A 及其中誤差 σ_A：

$$A = 2r \times L + 2 \times \frac{1}{2} \times \pi \times r^2 = 2r \times L + \pi \times r^2$$
$$= 2 \times 36.506 \times 84.392 + \pi \times 36.506^2 = 10348.392m^2$$

$$\frac{\partial A}{\partial L} = 2r = 2 \times 36.506 = 73.012m$$

$$\frac{\partial A}{\partial r} = 2L + 2\pi \times r = 2 \times 84.392 + 2\pi \times 36.506 = 398.158m$$

$$\sigma_A = \pm\sqrt{(\frac{\partial A}{\partial L})^2 \cdot \sigma_L^2 + (\frac{\partial A}{\partial r})^2 \cdot \sigma_r^2} = \pm\sqrt{73.012^2 \times 0.005^2 + 398.158^2 \times 0.005^2} = \pm 2.024m^2$$

二、應用某全測站儀觀測 A 及 B 點間之斜距及縱角，以進行三角高程測量，若 A 點之高程及精度為 $H_A = 650.762 \pm 0.020$ m，儀器架設於 A 點（儀器高 $h_i = 1.658 \pm 0.005$ m），稜鏡架設於 B 點（稜鏡高 $h_r = 1.566 \pm 0.005$ m），觀測得其斜距 $S = 256.971$ m，而以正鏡及倒鏡觀測縱角（天頂距）之讀數如下表，首先請依據縱角正倒鏡讀數估計縱角，進而請依據上述數據計算 B 點高程，若此全測站儀之測距先驗精度為 $\pm(3\text{ mm} + 10\text{ ppm})$，縱角觀測先驗精度為 $\pm 20''$，請計算 B 點高程之中誤差。（20 分）

測站	觀測點	鏡位	縱角讀數
A	B	正	87°23′32″
		倒	272°36′06″

參考題解

（一）計算天頂距 Z：

$$Z = \frac{1}{2}(Z_{正} - Z_{倒}) + 180° = \frac{1}{2}(87°23'32'' - 272°36'06'') + 180° = 87°23'43''$$

（二）計算 B 點高程：

$$H_B = H_A + S \times \cos Z + h_i - h_r$$
$$= 650.762 + 256.971 \times \cos 87°23'43'' + 1.658 - 1.566 = 662.532m$$

（三）計算 B 點高程之中誤差：

$$\sigma_Z = \pm\sqrt{(\frac{1}{2})^2 \times 20^2 + (\frac{1}{2})^2 \times 20^2} = \pm 14.14'' \approx \pm 14''$$

$$\sigma_S = \pm\sqrt{3^2 + (256971\times10\times10^{-6})^2} = \pm5.98mm \approx \pm0.006m$$

$$\frac{\partial H_B}{\partial H_A} = 1$$

$$\frac{\partial H_B}{\partial S} = \cos Z = \cos 87°23'43'' = 0.045$$

$$\frac{\partial H_B}{\partial Z} = -S\times\sin Z = -256.706m$$

$$\frac{\partial H_B}{\partial h_i} = 1$$

$$\frac{\partial H_B}{\partial h_r} = 1$$

$$\sigma_{H_B} = \pm\sqrt{(\frac{\partial H_B}{\partial H_A})^2\times\sigma_{H_A}^2 + (\frac{\partial H_B}{\partial S})^2\times\sigma_S^2 + (\frac{\partial H_B}{\partial Z})^2\times(\frac{\sigma_Z}{\rho''})^2 + (\frac{\partial H_B}{\partial h_i})^2\times\sigma_{h_i}^2 + (\frac{\partial H_B}{\partial h_r})^2\times\sigma_{h_r}^2}$$

$$= \pm\sqrt{1^2\times0.020^2 + 0.045^2\times0.006^2 + (-256.706)^2\times(\frac{14''}{\rho''})^2 + 1^2\times0.005^2 + 1^2\times0.005^2}$$

$$= \pm0.027m$$

三、設有 A，B，C 三個點位，其中 A 及 B 兩點之 TWD97 投影平面之（E, N）坐標（m）為已知，即 A(168500.123, 2545003.361) 及 B(168589.981, 2544883.334)。依序於 A, B 及 C 三點架設經緯儀進行單角法觀測順鐘向水平角 θ_{BAC}，θ_{ABC} 及 θ_{BCA}，得觀測數據如下表。首先請依據讀數計算 θ_{BAC}，θ_{ABC} 及 θ_{BCA}，再依據敘述及角度值繪製點位及角度關係簡圖，並計算三角形閉合差，進而依據已知坐標及觀測值計算 AB，BC，CA 邊方位角 φ_{AB}，φ_{BC} 及 φ_{CA}。（20 分）

測站	測點	鏡位	水平角讀數	正倒鏡平均	角度
A	B	正	123°45′52″		
		倒	303°45′32″		
	C	正	42°59′35″		
		倒	222°58′52″		
B	A	正	56°25′56″		
		倒	236°26′12″		
	C	正	100°59′35″		
		倒	281°00′12″		
C	B	正	183°27′50″		
		倒	3°28′05″		
	A	正	238°07′15″		
		倒	58°07′12″		

參考題解

（一）角度計算如下表：

（為使三角形三內角經閉合差改正後能等於180°，故計算至0.1″位數）

測站	測點	鏡位	水平角讀數	正倒鏡平均	角度
A	B	正	123°45′52″	123°45′42″	279°13′31.5″
		倒	303°45′32″		
	C	正	42°59′35″	42°59′13.5″	
		倒	222°58′52″		
B	A	正	56°25′56″	56°26′04″	44°33′49.5″
		倒	236°26′12″		
	C	正	100°59′35″	100°59′53.5″	
		倒	281°00′12″		

<table>
<tr><th>測站</th><th>測點</th><th>鏡位</th><th>水平角讀數</th><th>正倒鏡平均</th><th>角度</th></tr>
<tr><td rowspan="4">C</td><td rowspan="2">B</td><td>正</td><td>183°27′50″</td><td rowspan="2">183°27′57.5″</td><td rowspan="4">54°39′16″</td></tr>
<tr><td>倒</td><td>3°28′05″</td></tr>
<tr><td rowspan="2">A</td><td>正</td><td>238°07′15″</td><td rowspan="2">238°07′13.5″</td></tr>
<tr><td>倒</td><td>58°07′12″</td></tr>
</table>

得：$\theta_{BAC}=279°13'31.5''$、$\theta_{ABC}=44°33'49.5''$及$\theta_{BCA}=54°39'16''$。

（二）A，B，C 三點的點位及角度關係簡圖如下：

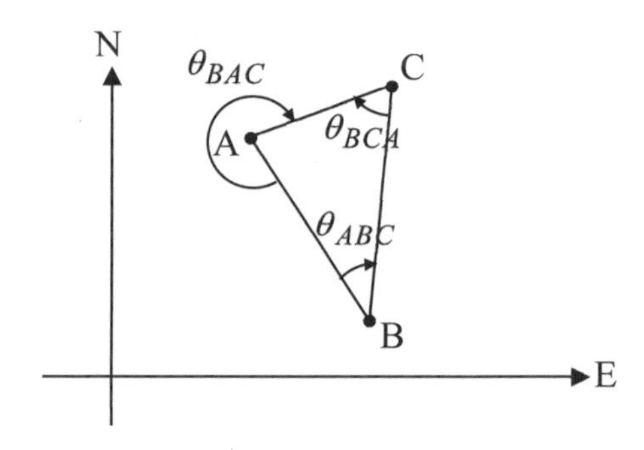

（三）計算三角形閉合差及改正後各內角：

$$\theta_{CAB}=360°-279°13'31.5''=80°46'28.5''$$

$$w=80°46'28.5''+44°33'49.5''+54°39'16''-180°=-26''$$

改正後 $\theta_{CAB}=80°46'28.5''-\dfrac{w}{3}=80°46'37.2''\approx 80°46'37''$

改正後 $\theta_{ABC}=44°33'49.5''-\dfrac{w}{3}=44°33'58.2''\approx 44°33'58''$

改正後 $\theta_{BCA}=54°39'16''-\dfrac{w}{3}=54°39'24.7''\approx 54°39'25''$

（四）計算方位角φ_{AB}，φ_{BC}及φ_{CA}：

$$\varphi_{AB}=\tan^{-1}\frac{168589.981-168500.123}{2544883.334-2545003.361}+180°=143°10'47''$$

$$\begin{aligned}\varphi_{BC}&=\varphi_{BA}+\theta_{ABC}=\varphi_{AB}+180°+\theta_{ABC}\\&=143°10'47''+180°+44°33'58''-360°=7°44'45''\end{aligned}$$

$$\begin{aligned}\varphi_{CA}&=\varphi_{CB}+\theta_{BCA}=\varphi_{BC}+180°+\theta_{BCA}\\&=7°44'45''+180°+54°39'25''=242°24'10''\end{aligned}$$

四、地形圖上表示地貌的等高線之最主要的兩種曲線類型為何？請分別説明這兩種曲線的用途及線型。何謂等高線間距？等高線間距與描述地貌的詳細程度有何關係？地形圖比例尺與等高線間距的選擇有何種關連？最後請描述等高線在山脊及山谷地區所呈現的樣貌。（20 分）

參考題解

（一）等高線之最主要的兩種曲線類型的用途及線型為：

1. 主曲線：亦稱為主曲線，其為表示地形的基本曲線，即依基本等高距所測繪的等高線，一般以均以 0.2 *mm* 實線條繪畫標示之。
2. 計曲線：為便於計讀首曲線，自水準基面起算將每逢五倍數的首曲線加粗，並註記其高程。一般以均以 0.4 *mm* 實線條繪畫標示之。

（二）等高線間距越小所描述的地貌會越詳細，但即使如此，實務上在繪製等高線時應使相鄰等高線條條清晰可辨，因此在不同坡度地區必須考量採用不同的等高線間距。等高線間距與地勢坡度起伏呈現正比現象，例如在地勢坡度起伏較大之山區應採用較大的等高線間距，避免因間距過小造成等高線過於密集而產生對地形的誤判。反之在平坦地區應應採用較小的等高線間距，避免因間距過大造成等高線過於稀疏而產生對地形的誤判或應用不便。

（三）等高線間距的選擇與地形圖比例尺呈現反比現象，亦即地形圖比例尺越大越須描述地形細微變化情形，因此須採用間距較小的等高線，若採用較大的間距也會導致等高線過於稀疏，可能造成對地形的誤判或應用不便。反之地形圖比例尺越小描述地形之細微程度越粗略，因此須採用間距較大的等高線，若採用較小的間距也會導致等高線過於密集，可能造成對地形的誤判。

（四）山脊地區的等高線走勢應是遠離山頂，山谷地區的等高線走勢應是朝向山頂。

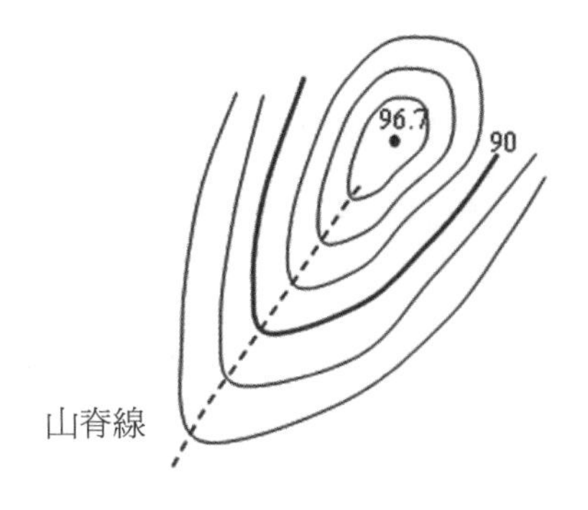

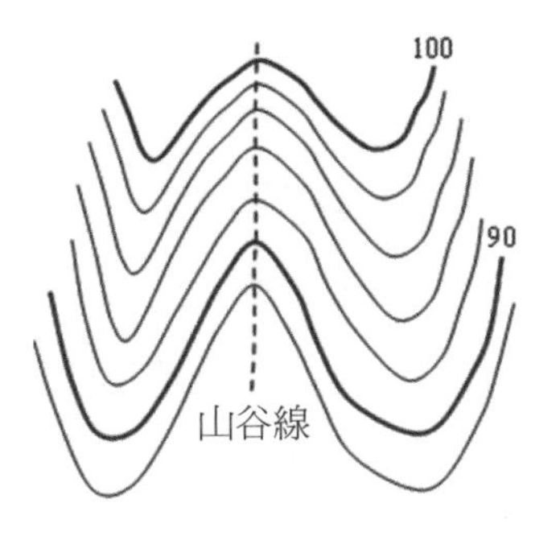

五、若有兩個地面點位 A 及 B 點，彼此相距不到一公里，今應用兩部 GNSS 衛星接收儀進行兩點間之靜態基線測量，觀測計算得這兩個點位間之基線分量為 $(\Delta X, \Delta Y, \Delta Z)$，請說明此基線分量的定義（請繪圖並以文字描述之）。若想從基線分量求得這兩點間之三度空間距離、平面距離及橢球高差，請說明其計算方法或程序。（20 分）

參考題解

（一）靜態基線測量得到 A、B 兩點間的基線分量 $(\Delta X_{AB}, \Delta Y_{AB}, \Delta Z_{AB})$ 是指在 GNSS 定義的空間直角坐標系下的坐標差值。

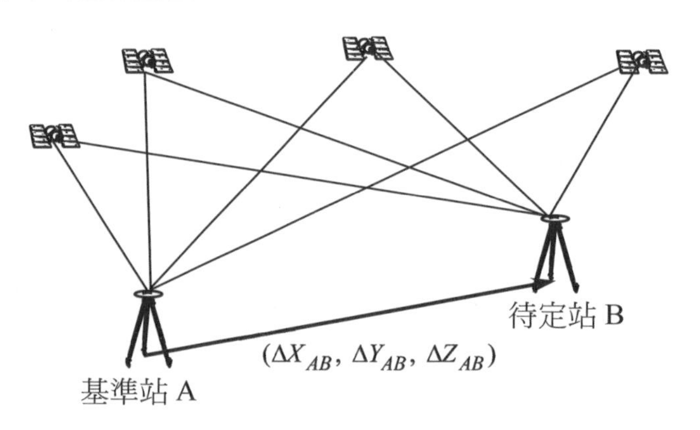

（二）A、B 兩點間的三度空間距離 $L=\sqrt{\Delta X_{AB}^2+\Delta Y_{AB}^2+\Delta Z_{AB}^2}$

（三）本題為 GNSS 空間直角坐標系和地平空間坐標系之間的轉換問題。如上圖，一般單基線測量是應用於測求未知點坐標，因此會將一部接收儀安置於已知點作為基準站（此處假設為 A 點），同時另一部接收儀會安置於待定點（此處假設為 B 點）。由於 A、B 兩點彼此相距不到一公里，屬於短距離的基線測量，一般應用時可以忽略地圖投影的尺度影響。空間直角坐標系和地平空間坐標系定義如下：

1. 空間直角坐標系：原點為參考橢球體的質心，X 軸指向格林威治子午圈與赤道面的交點，Z 軸指向北極，Y 軸與 X、Z 軸形成右旋空間直角坐標系。點位坐標以 (X,Y,Z) 表示。
2. 地平空間坐標系：原點為位於參考橢球體上的測站點位，N 軸指向北方，U 軸指向測站點位之天頂方向，E 軸指向東方且與 N、U 軸形成左旋空間直角坐標系。地平空間坐標系是以橢球面為參考基準面，點位坐標以 (N,E,U) 表示。

空間直角坐標系和地平空間坐標系之間的轉換公式如下：

$$\begin{bmatrix}\Delta X\\ \Delta Y\\ \Delta Z\end{bmatrix}=\begin{bmatrix}-\sin\varphi\cdot\cos\lambda & -\sin\lambda & \cos\varphi\cdot\cos\lambda\\ -\sin\varphi\cdot\sin\lambda & \cos\lambda & \cos\varphi\cdot\sin\lambda\\ \cos\varphi & 0 & \sin\varphi\end{bmatrix}\cdot\begin{bmatrix}\Delta N\\ \Delta E\\ \Delta U\end{bmatrix}$$

對本題之單基線測量而言，可以假設 A 點為地平空間坐標系的原點，即 $(N_A,E_A,U_A)=(0,0,0)$，則 B 點的坐標為 $(N_B,E_B,U_B)=(\Delta N_{AB},\Delta E_{AB},\Delta U_{AB})$，同時根據 A 點單點定位成果中可以得知 A 點的大地經度 λ_A 和大地緯度 φ_A，故轉換公式可以表示成下式：

$$\begin{bmatrix}\Delta X_{AB}\\ \Delta Y_{AB}\\ \Delta Z_{AB}\end{bmatrix}=\begin{bmatrix}-\sin\varphi_A\cdot\cos\lambda_A & -\sin\lambda_A & \cos\varphi_A\cdot\cos\lambda_A\\ -\sin\varphi_A\cdot\sin\lambda_A & \cos\lambda_A & \cos\varphi_A\cdot\sin\lambda_A\\ \cos\varphi_A & 0 & \sin\varphi_A\end{bmatrix}\cdot\begin{bmatrix}\Delta N_{AB}\\ \Delta E_{AB}\\ \Delta U_{AB}\end{bmatrix}$$

根據上式可得地平坐標系中的基線分量如下式：

$$\begin{bmatrix}\Delta N_{AB}\\ \Delta E_{AB}\\ \Delta U_{AB}\end{bmatrix}=\begin{bmatrix}-\sin\varphi_A\cdot\cos\lambda_A & -\sin\lambda_A & \cos\varphi_A\cdot\cos\lambda_A\\ -\sin\varphi_A\cdot\sin\lambda_A & \cos\lambda_A & \cos\varphi_A\cdot\sin\lambda_A\\ \cos\varphi_A & 0 & \sin\varphi_A\end{bmatrix}^{-1}\cdot\begin{bmatrix}\Delta X_{AB}\\ \Delta Y_{AB}\\ \Delta Z_{AB}\end{bmatrix}$$

$$=\begin{bmatrix}-\sin\varphi_A\cdot\cos\lambda_A & -\sin\varphi_A\cdot\sin\lambda_A & \cos\varphi_A\\ -\sin\lambda_A & \cos\lambda_A & 0\\ \cos\varphi_A\cdot\cos\lambda_A & \cos\varphi_A\cdot\sin\lambda_A & \sin\varphi_A\end{bmatrix}\cdot\begin{bmatrix}\Delta X_{AB}\\ \Delta Y_{AB}\\ \Delta Z_{AB}\end{bmatrix}$$

則平面距離 $S=\sqrt{\Delta N_{AB}^2+\Delta E_{AB}^2}$ ，因地平空間坐標系是以橢球面為參考基準面，故 ΔU_{AB} 即為橢球高差 Δh_{AB} 。

單元 7

司法特考三等

檢察事務官

111年 公務人員特種考試司法人員考試試題／結構設計（包括鋼筋混凝土設計與鋼結構設計）

「鋼筋混凝土設計」依據及作答規範：內政部營建署「混凝土結構設計規範」（內政部 110.3.2 台內營字第 1100801841 號令）；中國土木水利學會「混凝土工程設計規範與解說」（土木 401-100）。未依上述規範作答，不予計分。

一、有一簡支鋼筋混凝土梁，跨度為 8 m。矩形梁斷面寬度 b = 40 cm，總深度 h = 60 cm。簡支梁全跨承受均佈載重。梁全跨度皆配置 5 支 D25 撓曲拉力鋼筋與 D13 閉合剪力鋼筋，剪力鋼筋之混凝土淨保護層為 4 cm。D13 剪力鋼筋的配置如圖所示。混凝土抗壓強度 $f_c' = 280$ kgf/cm^2，撓曲拉力鋼筋降伏強度 $f_y = 4200$ kgf/cm^2，剪力鋼筋降伏強度 $f_{yt} = 2800$ kgf/cm^2。試依簡支梁配置之撓曲鋼筋，計算此梁所能承受之最大設計均佈載重 w_u。（25 分）

D13 鋼筋之直徑 $d_b = 1.27$ cm，斷面積 $A_b = 1.27$ cm^2。

D25 鋼筋之直徑 $d_b = 2.54$ cm，斷面積 $A_b = 5.07$ cm^2。

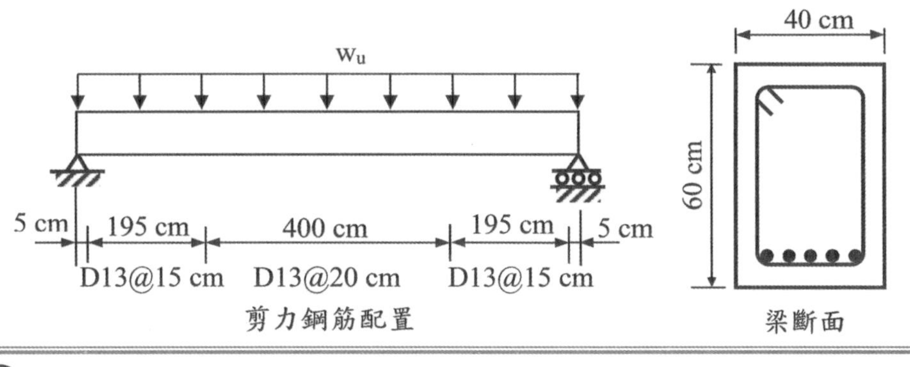

參考題解

（一）$A_s = 5(5.07) = 25.35\ cm^2$

$$d = h - i - d_s - \frac{d_b}{2}$$

$$= 60 - 4 - 1.27 - \frac{2.54}{2} = 53.46\ cm$$

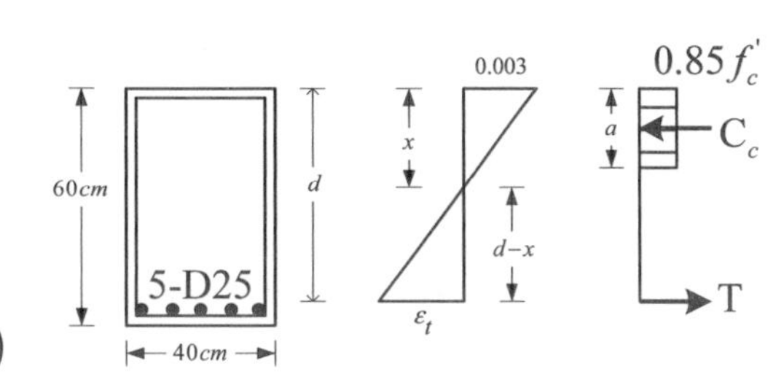

（二）中性軸位置：假設$\varepsilon_s > \varepsilon_y$

1. $C_c = 0.85 f_c' ba = 0.85(280)(40)(0.85x)$

$= 8092x$

2. $T = A_s f_y = 25.35(4200) = 106470\ kgf$

3. $C_c = T \Rightarrow 8092x = 106470 \therefore x \approx 13.16\ cm$

4. $\varepsilon_t = \dfrac{d-x}{x}(0.003) = \dfrac{53.46-13.16}{13.16}(0.003) = 0.0092 > \varepsilon_y\ (ok)$

（三）M_n 與 ϕM_n

1. $M_n = C_c\left(d - \dfrac{a}{2}\right) = 8092(13.16)\left(53.46 - \dfrac{0.85\times 13.16}{2}\right)$

$= 5097391\ kgf-cm \approx 50.97\ tf-m$

2. $\varepsilon_t > 0.005 \Rightarrow \phi = 0.9 \ \therefore \phi M_n = 0.9(50.97) \approx 45.873\ tf-m$

（四）$\phi M_n \ge M_u \Rightarrow 45.873 \ge \dfrac{1}{8} w_u L^2 = \dfrac{1}{8} w_u 8^2 \ \therefore w_u \le 5.734\ tf/m$

梁能承受之最大均佈載重 $w_u = 5.734\ tf/m$

二、承第一題，試依圖示剪力鋼筋的配置，計算此梁依剪力強度所能承受之最大設計均佈載重 w_u。（25 分）

參考題解

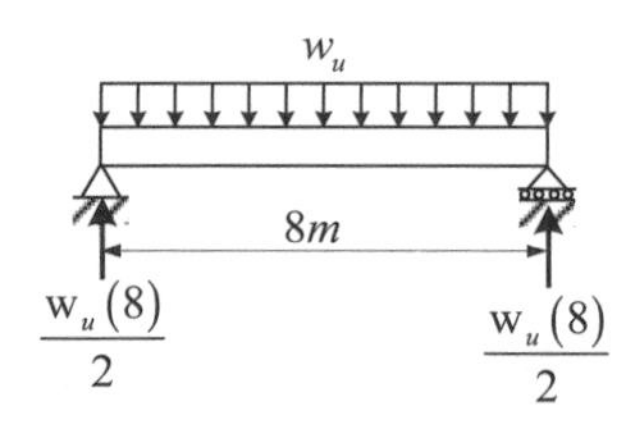

$d = h - i - d_s - \dfrac{d_b}{2}$

$= 60 - 4 - 1.27 - \dfrac{2.54}{2}$

$= 53.46\ cm$

（一）間距 S = 15cm 斷面剪力強度檢核

1. 支承處臨界斷面剪力設計強度 V_u

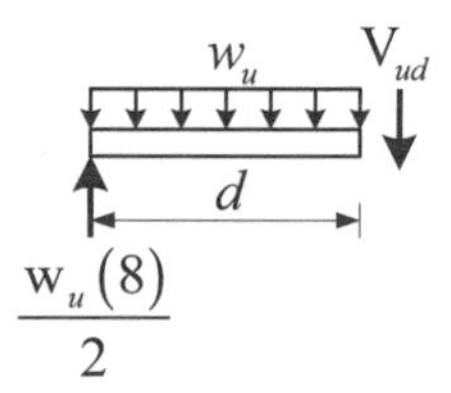

$V_u = \dfrac{w_u(8)}{2} - w_u d = \dfrac{w_u(8)}{2} - w_u(0.5346) = 3.4654 w_u$

2. 剪力計算強度 V_n

（1）混凝土剪力強度：

$V_c = 0.53\sqrt{f_c'} b_w d = 0.53\sqrt{280}(40\times 53.46) = 18965\ kgf \approx 18.97\ tf$

（2）剪力筋剪力強度：

$$V_s = \frac{dA_v f_y}{s} = \frac{(53.46)(2\times1.27)(2800)}{15} = 25347\ kgf \approx 25.35\ tf$$

（3）$V_n = V_c + V_s = 18.97 + 25.35 = 44.32\ tf$

3. $\phi V_n \ge V_u \Rightarrow 0.75(44.32) \ge 3.4654 w_u \ \Rightarrow w_u \le 9.59\ tf$.......①

（二）間距 S = 20 cm 斷面剪力強度檢核

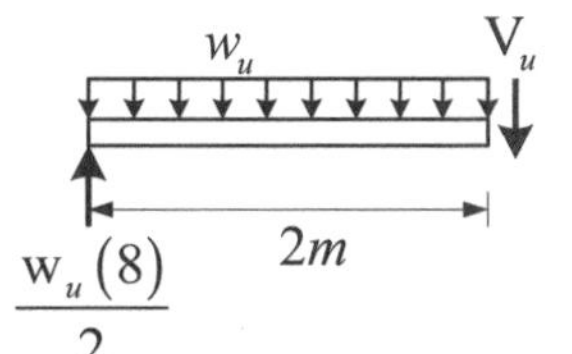

1. 設計剪力：$V_u = \dfrac{w_u(8)}{2} - w_u(2) = 2w_u$

2. 剪力計算強度 V_n

（1）混凝土剪力強度：$V_c = 18.97\ tf$

（2）剪力筋剪力強度：$V_s = \dfrac{dA_v f_y}{s} = \dfrac{(53.46)(2\times1.27)(2800)}{20} = 19010\ kgf \approx 19.01\ tf$

（3）$V_n = V_c + V_s = 18.97 + 19.01 = 37.98\ tf$

3. $\phi V_n \ge V_u \Rightarrow 0.75(37.98) \ge 2w_u \ \therefore w_u \le 14.2425\ tf/m$..........②

（三）FROM①② 可得，能承受之最大均佈載重 $w_u = 9.59\ tf/m$

三、承第一題，試計算此梁因自重造成梁跨度中點之瞬時撓度。（25 分）

參考資料與公式：

鋼筋混凝土單位重 2.4 tf/m³。

簡支梁承載均佈載重時，梁跨度中點之撓度為 $\dfrac{5wL^4}{384EI}$

$E_S = 2040\ \text{tf/cm}^2$

$E_c = 15{,}000\sqrt{f_c'}$

$f_r = 2.0\sqrt{f_c'}$

$I_e = (\dfrac{M_{cr}}{M_a})^3 I_g + [1-(\dfrac{M_{cr}}{M_a})^3]\, I_{cr} \le I_g$

參考題解

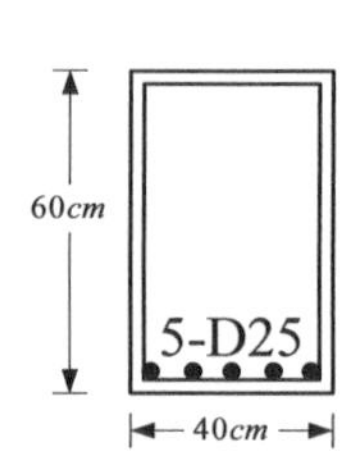

（一）$w_D = 2.4(0.4\times0.6) = 0.576\ tf/m = 5.76\ kgf/cm$

$$M_a = \frac{1}{8}w_D L^2 = \frac{1}{8}(0.576)(8)^2 = 4.608\ tf-m$$

（二）計算 M_{cr}

$$M_{cr} = \frac{bh^2}{6}\times 2\sqrt{f_c'} = \frac{40\times60^2}{6}\times2\sqrt{280} = 803194\ kgf-cm \approx 8.03\ tf-m$$

（三）計算自重造成之即時撓度 $(\Delta_i)_D$

1. $M_a < M_{cr} \Rightarrow$ 斷面未開裂 $\therefore I_e = I_g$

$$I_g = \frac{1}{12}\times40\times60^3 = 720000\ cm^4$$

2. $(\Delta_i)_D = \dfrac{5}{384}\dfrac{w_D L^4}{E_c I_e} = \dfrac{5}{384}\dfrac{5.76(800)^4}{(250998)(720000)} \cong 0.17\ cm$

PS：$E_c = 15000\sqrt{f_c'} = 15000\sqrt{280} \cong 250998\ kgf/cm^2$

四、H 型鋼梁通常會設置橫向加勁板，如圖所示。試述橫向加勁板有何功用。（25 分）

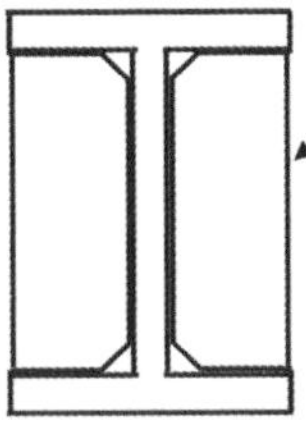

橫向加勁板

參考題解

（一）避免腹板局部挫曲

當外力引起的腹板剪應力大於規範規定之容許值時，則應在腹板配置中間加勁板，降低腹板局部挫曲的發生。

（二）可提高腹板抗剪強度

確保腹板因剪力發生剪力挫曲後，其加勁板能與梁翼板共同形成桁架般的力學行為，以繼續支撐新增的負載。

（三）讓力量順利地傳遞

在支承、梁柱接頭處、或受集中力的地方，配置與相鄰肢材對齊的加勁板，可以讓力量在肢材間順利地傳遞。

111年 公務人員特種考試司法人員考試試題／結構分析（包括材料力學與結構學）

一、下圖所示結構，c 點與 d 點為鉸支承，桿件 b 點為以銷接點（pin joint）方式與梁桿件 ac 連接。梁桿件 ac 為中空矩形斷面，其斷面尺寸如圖所示，已知楊氏係數（Young's modulus）E = 200 GPa，且容許正向應力為 100 MPa。假設有一均布載重 w 作用在 ab 段上，求梁之剪力圖與彎矩圖，並求梁內最大彎曲應力小於容許正向應力條件下之最大均布載重 w。（25 分）

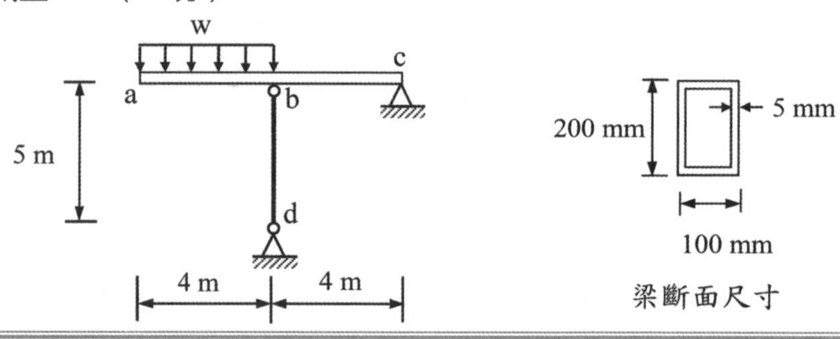

參考題解

計算單位：kN、m、kpa

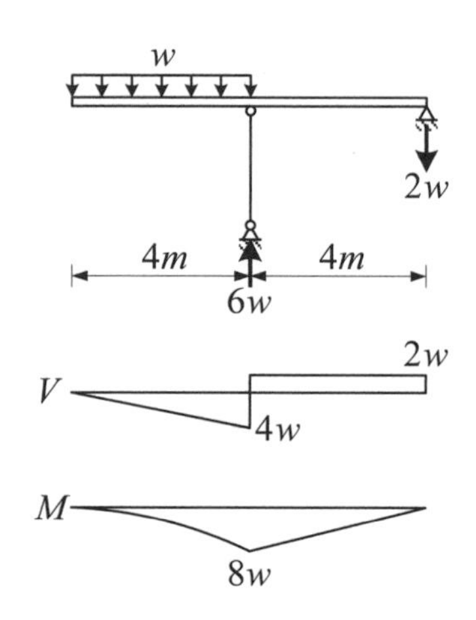

$$I = \frac{1}{12}\times 100\times 200^3 - \frac{1}{12}\times 90\times 190^3$$

$$= 15224167 mm^4$$

$$= 15224167\times 10^{-12} m^4$$

$$\sigma_{\max} \le \sigma_a \Rightarrow \frac{M_{\max} y}{I} \le \sigma_a$$

$$\Rightarrow \frac{8w(0.1)}{15224167\times 10^{-12}} \le 100\times 10^3 \ \Rightarrow w \le 1.903\ kN/m$$

二、下圖所示剛構架，a 點為固定支承，c 點為滾支承，各桿件之 EI 值皆相同，且材料的熱膨脹係數α為 11×10^{-6}/℃，在環境溫度上升 20℃的情況下，不考慮桿件軸力引起之軸向變形，求 c 點支承反力（R_c）及 b 點轉角（θ_b）。（25 分）

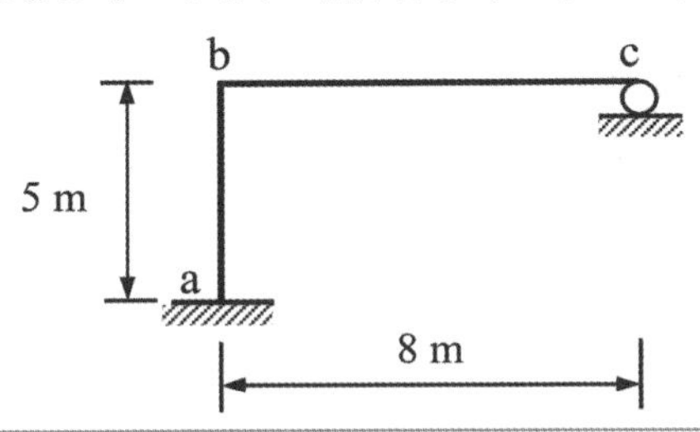

參考題解

（一）固端彎矩

$$H_{bc}^{F}=-\frac{3EI}{L^2}\delta_T=-\frac{3EI}{8^2}(0.0011)=-\frac{0.0033}{64}EI=-M_T$$

$$\left(\text{其中}M_T=\frac{0.0033}{64}EI\right)$$

（二）k 值比⇒ $2k_{ab}:2k_{bc}=\dfrac{EI}{5}:\dfrac{EI}{8}=8:5$

（三）R 值比 ⇒ 令 $R_{ab}=R$

（四）傾角變位式

$$M_{ab}=8[\theta_b-3R]=8\theta_b-24R$$

$$M_{ba}=8[2\theta_b-3R]=16\theta_b-24R$$

$$M_{bc}=5[1.5\theta_b]-M_T=7.5\theta_b-M_T$$

（五）力平衡

1. $\Sigma M_b=0$，$M_{ba}+M_{bc}=0\Rightarrow 23.5\theta_b-24R=M_T\cdots\cdots①$

2. $\Sigma F_x=0$，$\dfrac{M_{ab}+M_{ba}}{5}=0\Rightarrow 3\theta_b-6R=0\cdots\cdots②$

聯立①②，可得$\begin{cases}\theta_b=\dfrac{2}{23}M_T\\ R=\dfrac{1}{23}M_T\end{cases}$

（六）$M_{bc}=7.5\theta_b-M_T=7.5\left(\dfrac{2}{23}M_T\right)-M_T=-\dfrac{8}{23}M_T$

$$R_c=\frac{\frac{8}{23}M_T}{8}=\frac{1}{23}M_T=\frac{1}{23}\left(\frac{0.0033}{64}EI\right)=\frac{0.0033}{1472}EI$$

（七）b 點轉角

$M_{ab}=8(\theta_b-3R)$………相對式

$M_{ab}=\dfrac{2EI}{5}(\theta_b-3R)$.......真實式

$$\Rightarrow 8\not{\theta_b}^{\frac{2}{23}M_T}=\frac{2EI}{5}\theta_b\ \therefore\theta_b=\frac{40}{23}\frac{M_T}{EI}=\frac{40}{23}\frac{\left(\frac{0.0033}{64}EI\right)}{EI}=\frac{0.0165}{184}(\curvearrowright)$$

三、下圖所示桁架，a 點為鉸支承，f 點為滾支承，在下弦桿各節點承受集中載重 P。已知各桿件斷面尺寸皆一樣為 100 × 100 mm 實心方管，材料楊氏係數（Young's modulus）E = 200 GPa。求桁架中任一上弦桿件發生臨界挫屈載重時之集中載重 P。（25 分）

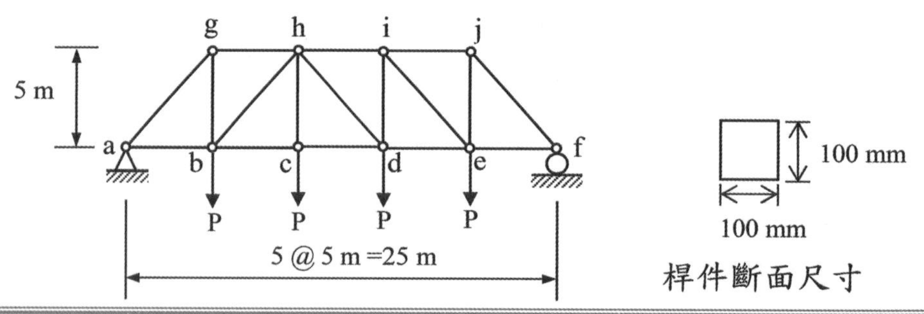

參考題解

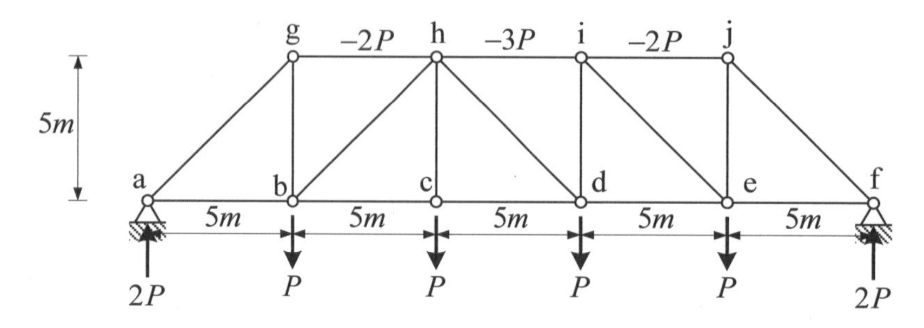

（一）上弦桿最大壓力桿為 hi 桿：$S_{hi}=3P$ (壓力)

（二）當 hi 桿挫曲時：$S_{hi}=P_{cr}=\dfrac{\pi^2 EI}{(KL)^2}=\dfrac{\pi^2(200)\left(\dfrac{1}{12}\times100\times100^3\right)}{(1\times5000)^2}=658kN$

（三）綜合（一）（二）：$3P=658kN\ \therefore P=219.33\ kN$

四、下圖所示一封閉剛構架，a 點為固定支承，c 點與 d 點為鉸支承，在桿件 ab 中點有一集中載重 16kN 及桿件 bd 上有一均布載重 2 kN/m，各桿件之 EI 值皆相同。利用傾角變位法（slope-deflection method）求各桿件端點之彎矩。（若使用其他方法，本題以零分計。）（25 分）

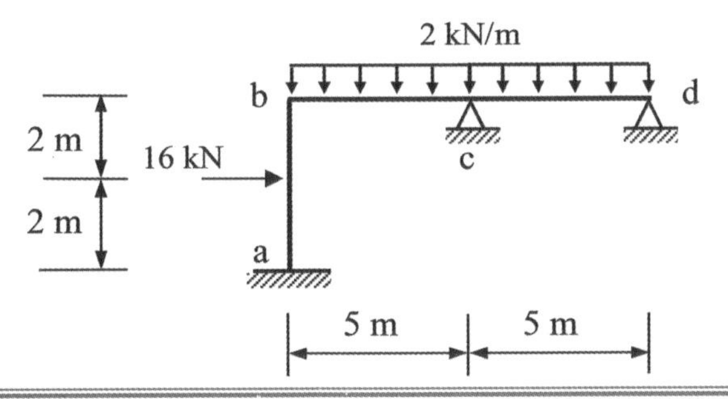

參考題解

（一）固端彎矩

$M_{ab}^F=-\dfrac{1}{8}\times16\times4=-8\ kN-m$　　　$M_{ba}^F=8\ kN-m$

$M_{bc}^F=-\dfrac{1}{12}\times2\times5^2=-4.17\ kN-m$　　　$M_{cb}^F=4.17\ kN-m$

$H_{cd}^F=-\dfrac{1}{8}\times2\times5^2=-6.25\ kN-m$

（二）K 值比 $\Rightarrow 2k_{ab}:2k_{bc}:2k_{cd}=\dfrac{EI}{4}:\dfrac{EI}{5}:\dfrac{EI}{5}=5:4:4$

（三）R 值比：沒有 R

（四）傾角變位式

$$M_{ab}=5[\theta_b]-8=5\theta_b-8$$

$$M_{ba}=5[2\theta_b]+8=10\theta_b+8$$

$$M_{bc}=4[2\theta_b+\theta_c]-4.17=8\theta_b+4\theta_c-4.17$$

$$M_{cb}=4[\theta_b+2\theta_c]+4.17=4\theta_b+8\theta_c+4.17$$

$$M_{cd}=4[1.5\theta_c]-6.25=6\theta_c-6.25$$

（五）力平衡條件

1. $\sum M_b=0$, $M_{ba}+M_{bc}=0\Rightarrow 18\theta_b+4\theta_C=-3.83$

2. $\sum M_c=0$, $M_{cb}+M_{cd}=0\Rightarrow 4\theta_b+14\theta_c=2.08$

聯立可得：$\begin{cases}\theta_b=-0.2624\\ \theta_c=0.2236\end{cases}$

（六）帶回傾角變位式，得各桿端彎矩

$$M_{ab}=5\theta_b-8=-9.31\ kN-m$$

$$M_{ba}=10\theta_b+8=5.37\ kN-m$$

$$M_{bc}=8\theta_b+4\theta_c-4.17=-5.37\ kN-m$$

$$M_{cb}=4\theta_b+8\theta_c+4.17=4.91\ kN-m$$

$$M_{cd}=6\theta_c-6.25=-4.91\ kN-m$$

111年 公務人員特種考試司法人員考試試題／施工法（包括土木、建築施工法與工程材料）

一、鋼筋之末端須設彎鉤時，除契約圖說另有約定或另有其他考量外，請繪圖說明主鋼筋、肋筋或箍筋之標準彎鉤規定。（25 分）

參考題解

依「混凝土結構設計規範」之規定，繪圖說明於下：

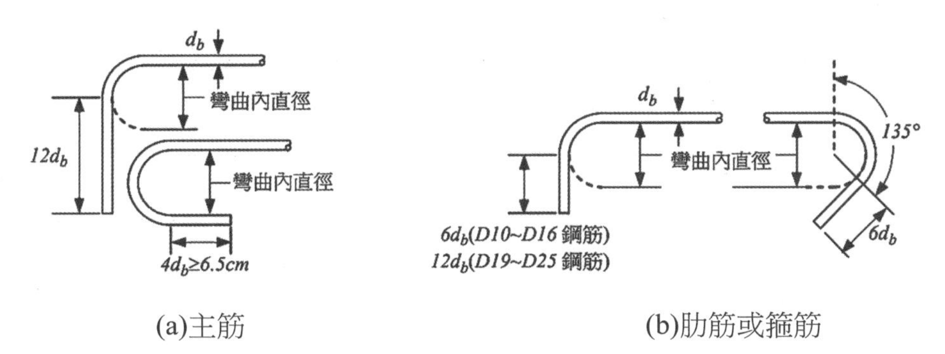

(a)主筋　　　　(b)肋筋或箍筋

（一）主筋：

1. 最小彎曲內直徑：

鋼筋稱號	最小彎曲內直徑
D10～D25	6 倍標稱直徑
D29～D36	8 倍標稱直徑
D39 以上	10 倍標稱直徑

2. 直線延伸：

彎鉤角度	直線延伸
90°	12 倍標稱直徑
180°	4 倍標稱直徑與 6.5 cm 取大值

（二）肋筋與箍筋：

1. 最小彎曲內直徑：

鋼筋稱號	最小彎曲內直徑
D10～D16	4 倍標稱直徑
D19～D25	6 倍標稱直徑

2. 直線延伸：

彎鉤角度	直線延伸	
90°	D10～D16	6 倍標稱直徑
	D19～D25	12 倍標稱直徑
135°	6 倍標稱直徑（*）	

*註：耐震彎鉤之規定為彎角不少於 135°，且直線延伸為 6 倍標稱直徑與 7.5 cm 取大值。

二、工程設計考量施工安全風險評估是營造業中提昇施工安全、減少工作危害的重要方法之一。請繪圖説明設計階段施工風險評估及管理實施流程，並説明設計階段施工風險評估成果彙整運用之重點。（25 分）

參考題解

依勞動部 110 年 2 月 17 日修正「營造工程風險評估技術指引」說明如下：

（一）設計階段施工風險評估及管理實施流程：

設計階段施工風險評估實施流程，如下圖：

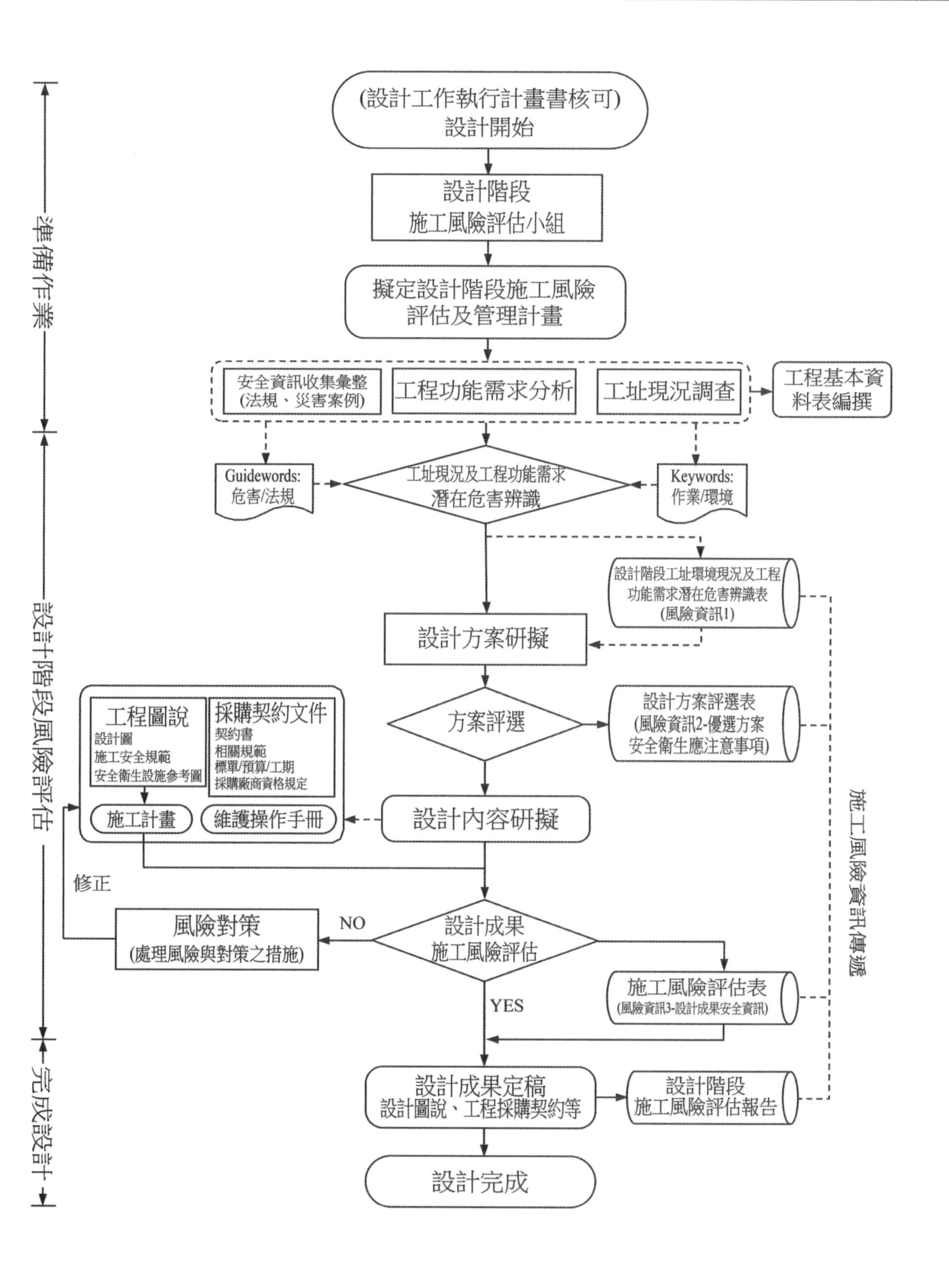

準備作業
設計階段風險評估
完成設計
(設計工作執行計畫書核可)
設計開始
設計階段
施工風險評估小組
擬定設計階段施工風險
評估及管理計畫
安全資訊收集彙整
(法規、災害案例)
工程功能需求分析
工址現況調查
工程基本資料表編撰
Guidewords:
危害/法規
工址現況及工程功能需求
潛在危害辨識
Keywords:
作業/環境
設計階段工址環境現況及工程功能需求潛在危害辨識表
(風險資訊1)
設計方案研擬
工程圖說
設計圖
施工安全規範
安全衛生設施參考圖
採購契約文件
契約書
相關規範
標單/預算/工期
採購廠商資格規定
方案評選
設計方案評選表
(風險資訊2-優選方案
安全衛生應注意事項)
施工計畫
維護操作手冊
設計內容研擬
修正
風險對策
(處理風險與對策之措施)
NO
設計成果
施工風險評估
施工風險評估表
(風險資訊3-設計成果安全資訊)
YES
施工風險資訊傳遞
設計成果定稿
設計圖說、工程採購契約等
設計階段
施工風險評估報告
設計完成

（二）成果彙整運用之重點：

設計者於設計階段辦理施工風險評估，應將過程及結果製作紀錄表單，傳遞予相關設計成員，據以辦理設計階段風險處理。設計者應彙整設計階段施工風險評估成果，編製「設計階段施工風險評估報告」，提交工程業主，以為施工階段及完工使用維護階段作業安全管理之重要參考。

1. 設計過程施工風險評估成果之運用：

（1）設計階段辦理施工風險評估相關結果包含：工程基本資料、工址環境現況及工程功能需求潛在危害辨識、設計方案評選、設計成果施工風險評估等。

（2）應分階段彙整風險評估成果，傳遞予設計單位內部相關人員據以辦理：設計方案研擬、設計內容研訂等。

（3）設計成果經施工風險評估後，應優先採行：修改設計、選用安全工法等風險處理；就殘留之風險研擬後續對策，包括：施工安全衛生設施參考圖說繪製、施工安全衛生規範訂定、施工安全衛生預算編列、合理工期編定、工程採購策略及廠商施工安全衛生管理能力建議等，以彙整為工程採購招標文件，傳遞予施工階段相關單位辦理施工規劃、施工安全監造等事宜。

2. 設計階段施工風險評估報告：

工程設計者應彙整所辦理之施工風險評估及風險處理等成果，編製為「設計階段施工風險評估報告」。其大綱如下表：

設計階段施工風險評估報告大綱建議表

設計階段施工風險評估報告大綱
一、工程計畫概要 （一）計畫緣起與目標　（三）規劃設計 （二）計畫範圍及環境　（四）工程基本資料表製作
二、設計階段施工風險評估辦理方式說明 （一）辦理依據 （二）設計階段施工風險評估辦理方式及實施流程（附圖說明） （三）施工風險評估使用表單
三、準備作業 （一）施工風險評估小組之組成　（四）法規彙整分析 （二）工址環境現況調查分析　（五）相關工程災害案例分析 （三）工程功能需求分析　（六）工址環境現況及工程功能需求潛在危害辨識
四、設計方案評選
五、設計成果摘要說明

六、設計成果施工風險評估
七、設計階段施工風險評估成果之運用
八、風險資訊傳遞及風險追蹤管理
九、結論

三、請說明整體粉光地坪處理之施工現場環境與施工程序。（25 分）

參考題解

依公共工程委員會施工綱要規範第 09611 章「整體粉光地坪處理」之規定，說明於下：

（一）施工現場環境：

1. 整體粉光地坪處理工作不得曝曬於烈日下，如為日正當中在室外施作時應搭建棚架，使氣溫維持常溫為度。如為室內施作時工作進行中及完成後均應保持對流、通風、維持適當溼度以利其養護。
2. 在施作中及施作完成 48 小時內應避免乾熱氣流吹襲。

（二）施工程序：

1. 準備工作：
   混凝土表面有泌水停止，可進行收水處理時，為施作整體粉光的適當時機。
2. 拍漿：
   混凝土澆置後，隨即進行拍漿或相同效果之動作，期使粗粒徑之粒料、碎塊不致突出於表層，以利整平與粉光。
3. 整平與粉光：
   （1）拍漿後，若於施工面出現泌水現象時，可在其上撒佈一層乾水泥粉粒後，即可應用各種經核可之整體粉光機具，施作整平及粉光動作。
   （2）重複施作相同之粉光動作直至達到平整為止。
   （3）必要時在少數狹窄區域內，無法以機具施作時，可採用人工整平、粉光之動作以輔助之。
4. 分割及切縫：
   除設計圖所示或另有規定外，應以≦3m 為原則作水平及垂直雙向之分割切縫，其切縫寬度及深度參照製造廠商之建議，並經工程司認可。
5. 填縫：
   應符合第 07921 章「填縫材」之材料辦理。

6. 清理：

（1）施工後應檢查施工面狀況，如表面仍有碎塊、油漬、柏油、膠類等物質，必須使用電動磨石機及輪機磨除突出處。

（2）混凝土面之小裂縫凹洞部分，須用樹脂補平並經研磨平整。

（3）以真空吸塵器吸除砂粒、雜物及灰塵。

7. 養護：

可採用經工程司核可之機具或方法，進行強制養護措施，其養護期限依據該機具製造廠商之建議。

四、依照「加強公共工程職業安全衛生管理作業要點」規定，請分別說明機關辦理工程時，要求設計單位與監造單位安全衛生應辦理事項為何？（25 分）

參考題解

依照勞動部 103 年 12 日 30 日修正「加強公共工程職業安全衛生管理作業要點」規定，說明於下：

（一）要求設計單位應辦理事項：

依該作業要點第 13 條之規定：

機關於工程規劃、設計時，應要求規劃、設計單位依職業安全衛生法規，規劃及提供下列資料，納入施工招標文件及契約，據以執行：

1. 安全衛生注意事項。
2. 安全衛生圖說。
3. 施工安全衛生規範。
4. 安全衛生經費明細表。
5. 機關規定之其他安全衛生規劃、設計資料。

機關委託廠商辦理規劃、設計時，應將前項事項納入規劃、設計之招標文件及契約，據以執行。

（二）要求監造單位應辦理事項：

依該作業要點第 12 條之規定：

機關辦理工程，應要求監造單位明定下列安全衛生監督查核事項：

1. 監督查核之管理組織、查核人員資格及人力配置。
2. 訂定工程監督查核計畫及實施方式。

3. 監督查核計畫列明安全衛生監督查核之查驗點、查核項目、內容、判定基準、查核頻率、查核人員及查核後之處理方式與改善追蹤。
4. 施工架、支撐架、擋土設施等假設工程、起重機具組拆，及具有墜落、滾落、感電、倒塌崩塌、局限空間危害之虞之作業項目及「勞動檢查法第二十八條所定勞工有立即發生危險之虞認定標準」情事，應列為查核重點。
5. 於各作業施工前，就施工程序設定安全衛生查核點，據以執行。
6. 於施工中、驗收或使用前，分別實施必要之查核，以確認其符合性；相關執行紀錄自查核日起保存三年。
7. 監督查核人員未能有效執行安全衛生監督查核者，經工程主辦機關通知後，應即更換之。
8. 因監督查核不實致機關受損害者，應明訂罰則。

機關委託廠商辦理監督查核時，應將前項監督查核事項納入招標文件及契約，據以執行。

111年 公務人員特種考試司法人員考試試題／營建法規

> 一、請依國土計畫法規定說明與評論那些地區得由目的事業主管機關劃定為國土復育促進地區，並說明與評論前述地區另應依國土復育促進地區劃定及復育計畫擬訂辦法規定所進行之可行性評估項目為何？（25 分）

參考題解

目的事業主管機關就本法第三十五條第一項各款地區，應依全國國土計畫評估必要性、迫切性及可行性後，劃定為國土復育促進地區。（復育辦法-2）

前項必要性、迫切性及可行性評估項目如下：

一、必要性評估項目：

（一）是否對人口集居地區或重大公共設施有潛在性威脅。

（二）是否屬於重要物種之棲息地。

（三）是否屬於具有重要生態功能或價值之地區。

二、迫切性評估項目：

（一）安全性評估：災害受損現況、風險潛勢等級、保全對象安全性評估、災害發生歷史、災害潛勢。

（二）生態環境劣化評估：棲地破壞或劣化現況、生物多樣性減少情形。

三、可行性評估項目：

（一）復育技術可行性。

（二）成本效益可行性。

（三）調查資料完整性及土地權屬或土地權利關係人意願。

> 二、照護弱勢是政府長期關注的重要工作，請以都市更新條例為法源基礎範圍，說明與評論依規定在都市更新事業計畫核定發布實施日一年前，或以權利變換方式實施於權利變換計畫核定發布實施日一年前，於都市更新事業計畫範圍內有居住事實，因其所居住建築物在都市更新事業計畫範圍內計劃拆除或遷移，而導致無屋可居住時，對符合住宅法之經濟、社會弱勢者身分或未達最小分配面積單元者的安置居住協助機制為何？（25 分）

參考題解

（都更條例-84）
都市更新事業計畫核定發布實施日一年前，或以權利變換方式實施於權利變換計畫核定發布實施日一年前，於都市更新事業計畫範圍內有居住事實，且符合住宅法第四條第二項之經濟、社會弱勢者身分或未達最小分配面積單元者，因其所居住建築物計畫拆除或遷移，致無屋可居住者，除已納入都市更新事業計畫之拆遷安置計畫或權利變換計畫之舊違章建築戶處理方案予以安置者外：
（一）建築物拆除或遷移前，直轄市、縣（市）主管機關應依住宅法規定提供社會住宅或租金補貼等協助。
（二）專案方式辦理，中央主管機關得提供必要之協助。
前項之經濟或社會弱勢身分除依住宅法第四條第二項第一款至第十一款認定者外，直轄市、縣（市）主管機關應審酌更新單元內實際狀況，依住宅法第四條第二項第十二款認定之。

三、國內建築物屋齡高齡化問題伴隨建物拆除問題日益顯著，請詳述依建築法之規定，直轄市、縣（市）（局）主管建築機關針對使用中之建築物得逕予（公告）強制拆除之要件為何？（25 分）

參考題解

得勒令強制拆除之建築物：（區計-21、都計-79、建築法-58、81、82、86、88、90、91、93）
（一）違反非都市土地分區及編定使用者。
（二）違反都市計畫法及其命令者。
（三）隨時加以勘驗，發現下列情況：
1. 妨礙都市計畫者。
2. 妨礙區域計畫者。
3. 危害公共安全者。
4. 妨礙公共交通者。
5. 妨礙公共衛生者。
6. 主要構造或位置或高度或面積與核定工程圖樣及說明書不符者。
7. 違反本法其他規定或基於本法所發布之命令者。
（四）直轄市、縣（市）（局）主管建築機關對傾頹或朽壞而有危害公共安全之建築物，應通知所有權人或占有人停止使用，並限期命所有人拆除；逾期未拆者，得強制拆除之。
（五）因地震、水災、風災、火災或其他重大事變，致建築物發生危險不及通知其所有人或占有人予以拆除時，得由該管主管建築機關逕予強制拆除。

（六）擅自建造、擅自使用者。

（七）建築物突出建築線或未退讓建築線者。

（八）擅自變更使用者。

（九）建築物所有權人、使用人未維護建築物合法使用與其構造及設備安全。

（十）供公眾使用及經內政部認為有必要之非供公眾使用建築物，建築物所有權人、使用人規避或妨礙主管建築機關複查者。

（十一）勒令停工之建築物，擅自復工。

（※拆除建築物時，應有維護施工及行人安全之設施，並不得妨礙公眾交通。）

四、供公眾使用建築物之公共空間的使用安全問題不容忽視，為強化及維護其使用安全，請說明在建築技術規則建築設計施工編的第四章之一建築物安全維護設計規定中，監視攝影裝置應依循那些設置規定與應注意事項。（25 分）

參考題解

監視攝影裝置：（技則-II-116-4）

設置前項裝置，應注意隱私權保護。

（一）應依監視對象、監視目的選定適當形式之監視攝影裝置。

（二）攝影範圍內應維持攝影必要之照度。

（三）設置位置應避免與太陽光及照明光形成逆光現象。

（四）屋外型監視攝影裝置應有耐候保護裝置。

（五）監視螢幕應設置於警衛室、管理員室或防災中心。

讀者回函卡

年　　月　　日

※ 請寄回讀者回函卡。讀者如考上國家相關考試，**我們會頒發恭賀獎金**。

讀者姓名：

手機：　　　　市話：

地址：　　　　E-mail：

學歷：□高中　□專科　□大學　□研究所以上

職業：□學生　□工　□商　□服務業　□軍警公教　□營造業　□自由業　□其他________

購買書名：

您從何種方式得知本書消息？

□九華網站　□粉絲頁　□報章雜誌　□親友推薦　□其他________

您對本書的意見：

內　容	□非常滿意	□滿意	□普通	□不滿意	□非常不滿意
版面編排	□非常滿意	□滿意	□普通	□不滿意	□非常不滿意
封面設計	□非常滿意	□滿意	□普通	□不滿意	□非常不滿意
印刷品質	□非常滿意	□滿意	□普通	□不滿意	□非常不滿意

※讀者如考上國家相關考試，**我們會頒發恭賀獎金**。如有新書上架也盡快通知。謝謝！

□□□-□□

廣告回信
台北郵局登記證
台北廣字第 04586 號

1 0 0 - 7 8

台北市中正區南昌路一段 161 號 2 樓

台北市私立九華土木建築工商短期職業補習班

收

111 土木國家考試試題詳解

編 著 者：九華土木建築補習班
發 行 者：九樺出版社
地 址：台北市南昌路一段 161 號 2 樓
網 址：http://www.johwa.com.tw
電 話：(02) 2351－7261~4
傳 真：(02) 2391－0926
定 價：新台幣 550 元
I S B N ：978-626-95108-7-0
出版日期：中華民國一一二年三月出版
官方客服：LINE ID：@johwa
總 經 銷：全華圖書股份有限公司
地 址：23671 新北市土城區忠義路 21 號
電 話：(02) 2262-5666
傳 真：(02) 6637-3695、6637-3696
郵政帳號：0100836-1 號
全華圖書：http://www.chwa.com.tw
全華網路書店：http://www.opentech.com.tw